“十三五”国家重点出版物出版规划项目
现代机械工程系列精品教材

现代工程训练基础实践教程

主　编　胡庆夕　张海光　何岚岚
参　编　吴钢华　王　珏　李晨阳　李佳俊　李　洁
　　　　陈　杰　胡金根　黄　鑫　刘江丽　董笑凡

机械工业出版社

本教材是根据教育部工科基础课教学指导委员会“21世纪教学内容和课程体系改革计划”，以及教育部机械基础教学指导分委员会工程材料与机械制造基础课程指导小组《工程训练的教学基本要求》，并结合上海大学本科教学大纲和计划编写的。本教材以实用为宗旨，强化工程实践，强调系统性、层次性、实例丰富性、项目多样性，注重人才工程能力和创新素质的综合培养。

本教材简要总结了各种机械工艺的基本原理、种类、特点和应用，详细介绍了常见机械加工工艺方法，并通过实践案例给出了各种加工工艺的实现方法和手段。主要包括：“工程训练实践项目”，包括工程训练须知与考评标准、机械制造系统、材料热处理实践、铸造实践、焊接实践、数控技术实践、电火花加工实践、激光加工实践、3D打印实践、现代精密测量实践、钳工实践、机械装配实践，共12章，涉及11个训练项目。

本教材可作为普通高等学校机械、材料、自动化、计算机、通信等机械类及近机械类相关专业学生的基础工程训练教材，也可作为相关领域工程技术人员的参考教材。

图书在版编目（CIP）数据

现代工程训练基础实践教程/胡庆夕，张海光，何岚岚主编．—北京：机械工业出版社，2021.4

“十三五”国家重点出版物出版规划项目　现代机械工程系列精品教材

ISBN 978-7-111-67859-5

Ⅰ.①现…　Ⅱ.①胡…　②张…　③何…　Ⅲ.①机械制造工艺-高等学校-教材　Ⅳ.①TH16

中国版本图书馆CIP数据核字（2021）第054908号

机械工业出版社（北京市百万庄大街22号　邮政编码100037）
策划编辑：丁昕祯　责任编辑：丁昕祯　徐鲁融
责任校对：张　薇　封面设计：张　静
责任印制：郜　敏
涿州市京南印刷厂印刷
2021年6月第1版第1次印刷
184mm×260mm · 12.5印张 · 303千字
标准书号：ISBN 978-7-111-67859-5
定价：39.80元

电话服务
客服电话：010-88361066
010-88379833
010-68326294

网络服务
机　工　官　网：www.cmpbook.com
机　工　官　博：weibo.com/cmp1952
金　书　网：www.golden-book.com
机工教育服务网：www.cmpedu.com

前言

21世纪是中华民族实现伟大复兴的重要时期，为国家培养高层次人才则是战略任务。人才培养如何面向国民经济与社会发展主战场、如何直接为我国现代化建设服务是教育界关心的问题。21世纪人才竞争在不断加剧，社会对学校培养高层次人才提出了更高的要求，突出能力、加强创新、强调合作、不断探索新的培养模式一直是教育界探索的永恒主题。

当前大工程、大制造的工程教育背景，以及“中国制造2025”战略，都对我国高校在学生的工程技能和工程创新能力的培养方面提出了更高的要求。为了适应21世纪背景下对高层次人才培养的要求，工程实践教学已经成为我国高等教育的重要组成部分，是促使学生掌握现代制造工艺的工程能力、推动学生尽快了解和掌握现代制造技术、培养学生的创新精神和创新能力，以及启发学生掌握符合企业需求的现代制造技术的有效途径，也是高校不可替代的重要教学环节。

本教材是根据教育部机械基础教学指导分委员会工程材料与机械制造基础课程指导小组关于《工程训练的教学基本要求》和教育部工科基础课教学指导委员会“21世纪教学内容和课程体系改革计划”的基本要求，结合上海大学本科教学大纲和计划要求编写的。

机械制造工程实践是一门实践性很强的技术基础课程，是工科院校的学生了解机械制造的概念、理解机械制造的基本工艺、掌握机械制造的相互关系，以及培养工程意识、动手能力、团队素质、创新精神的必修课程，可为学生学习机械制造的后续专业知识奠定基础。

本教材以学生自主学习为实践教学理念，以项目化工程实际为实践教学目标，以典型化工程实例为实践教学内容，以“案例教学法”和“项目教学法”为实践教学思想，将制造技术的实践教学工程化，既重视学生基础工程能力的培养，也重视学生创新能力的培养，将创新意识贯穿在工程实践教学过程中，突出全面的、实用的、分层次的、形象的实践教学，引导学生作为学习实践主体积极参与实践教学，并给学生留有自主创新的空间，培养学生分析问题和解决问题的能力。

本教材打破常规工程训练的实践教学模式，在保留热加工教学内容的基础上，注重先进制造技术的实践教学。本教材共分12章，具体内容为：第1章主要介绍工程实践中应该注意的安全知识；第2章主要介绍机械制造基本概念、基本原理、种类及应用；第3章为材料热处理实践；第4章为铸造实践；第5章为焊接实践；第6章为数控技术实践；第7章为电火花加工实践；第8章为激光加工实践；第9章为3D打印实践；第10章为现代精密测量实践；第11章为钳工实践；第12章为机械装配实践。

本教材由上海大学工程技术训练中心组织编写，参加编写的既有在工程实践教学岗位辛勤耕耘几十年的教授、高级工程师和高级技师，也有热心从事工程实践教育的年轻讲师、工程师和实验师，更有在一线岗位承担工程实践教学并具有丰富经验的实践教师、实验技术人员和工程技术人员。

本教材由胡庆夕、张海光、何岚岚任主编，参加本教材编写的有吴钢华、王珏、李晨阳、李佳俊、李洁、陈杰、胡金根、黄鑫、刘江丽、董笑凡。

在本教材的编写过程中，编者参考了部分科技文献及资料，并将主要参考文献附在书末，在此谨向有关作者致以深深的谢意。本教材亦涉及相关软件及装备，也在此向相关企业表示衷心感谢！

由于机械制造工程实践涉及多种机械制造工艺，限于编者水平，书中内容难免有不妥与疏漏之处，敬请广大读者批评指正。

编者

于上海大学

目录

第1章

工程训练须知与考评标准

1.1　工程训练须知

1.1.1　工程训练中心安全注意事项

工程训练是学校培养具有工程意识、创新意识和工程实践综合能力的高素质人才的重要实践教学环节。作为主动实践、开阔视野的重要环节，学生必须自己动手操作各种设备和仪器来提高动手能力。为了保障学生在实践操作中的人身安全和设备安全，防范安全事故的发生，切实有效降低和控制事故危害，要求学生进入工程训练中心时，必须遵守以下安全规则：

1）禁止携带危险品进入实训教室，实训教室内禁止吸烟。

2）进入实训教室的人员必须穿好工作服或其他防护用品，扎好袖口，不准穿拖鞋、凉鞋、高跟鞋，不准穿裙子、短裤、吊带背心等，头发长的同学必须戴工作帽。

3）严格遵守训练中心的各项规章制度和安全操作规程。在训练期间严禁违章操作，必须听从指导教师的指导。未经指导教师的许可，不得擅自操作任何仪器设备，不听劝阻者将取消其训练资格。

4）学生因违反训练纪律和安全规则造成人身、设备事故，以及出现重大事故或造成严重后果时，按其程度严肃处理，直至追究相应的经济和法律责任。

5）出现各种事故时，必须保护好现场，并立即报告指导教师。若故意破坏现场，则必须承担相应责任。

6）训练必须在指定地点、设备上进行，未经允许不准动用他人的设备和工夹量具，不得任意开动或关闭他人设备的电源、电闸。特别是多人使用同一台设备时，只允许一人操作（包括配套的计算机），禁止多人同时操作。

7）出入实训教室，必须在规定的绿色安全通道内行走，严禁在操作中的吊车、行车下通过和站立停留。

8）按照实训教室操作规范，合理安全地使用电源、水源、气源和各类化学试剂，严禁湿手操作电源和仪器设备，确保人身安全。

9）在仪器设备运行过程中，发现设备有异常声音或产生异味时，应立即停机并切断电源，及时报告指导教师，严禁带故障操作或擅自处理。

10）一旦发生火灾，必须首先切断火源或电源，并尽快使用有效的灭火设施灭火。同时，迅速从安全通道撤离，拨打“119”火灾报警电话。

11）在教师讲解设备操作时，或者在设备运行过程中，不得随意触摸设备上的任何按键，不得随意打开设备门，不得随意使用或关闭控制设备的计算机。

1.1.2 工程训练注意事项

1）参加实训前必须提交学校“实验室安全知识考试合格证书”及“安全承诺书”，后续的训练成绩方为有效。

2）在训练期间注意爱护和保养机器设备、仪器仪表、工具、量具、刀具等公共财产，保持工位整洁，规范放置工件，不得乱拿工具和工件，不得将公物纳为己有，损坏公物须照价赔偿。

3）文明训练，进出工程训练场所时，不得大声喧哗和追逐打闹，禁止乱扔杂物，不得将食物带入实训教室，保持良好的实训环境。

4）实践过程中不能戴耳机、听音乐等，不得做与训练无关的或其他违反课堂纪律的事情，不听劝告者将取消其该训练项目资格，对造成恶劣影响的，直至取消所有项目的训练资格并严肃处理。

5）因病请假时，必须持校医院或合同医院的病假单（急诊可先行请假，事后补假），事假、公假必须持有关院系的证明，由中心主管部门审批，否则一律做旷课处理，旷课的实践项目成绩均为不及格。

6）按照训练计划的要求，全面完成训练任务，因病事假所漏缺的训练内容必须补足，当病事假天数超过实践总天数1/4以上时，训练成绩做不及格处理，需要重修本课程。

7）各实践项目和各项目实践报告的单科成绩均须在及格以上，否则需要重修本课程。

8）在参加实践的过程中，应严格遵守训练中心的各项规章制度，遵守实践时间，不得迟到、早退、无故缺席、擅自离岗、串岗，如不在岗时间超过10分钟，则该训练项目成绩不及格，无故出现1/4以上训练项目成绩不及格的，训练总成绩不及格。

9）每次训练结束后，均应做好设备和环境的清洁和整理工作，拒不执行的，按照未完成训练任务处理。

10）注意节约材料，反对浪费，训练中所加工零件出现报废、需重新申请材料进行加工时，必须支付相应新增材料的费用，从而培养学生的成本意识和质量意识。

11）在规定时间内，个人没有及时交还从训练中心借用的工具、工作服等财物的，训练成绩不及格。

1.2 工程训练考评标准

实践教学的考评必须坚持公平、公开、透明的基本原则，要客观、全面地评价学生的训练质量，要注重实践能力，兼顾理论。学生工程训练评价满分为100分，其中，基础训练成绩占80%，实践报告成绩占20%。工程训练成绩主要包括训练任务、操作技能、安全规范、文明态度、纪律执行五个方面，具体的考评准则见表1-1。各实践项目应在此准则的基础上，制定具有针对性的详细评分准则，要求具有明确的分数计算办法。

表 1-1　工程训练成绩考评准则

序号	评价项目	分数	评价内容	给分要点
1	训练任务	35	1）按时、按质、超额完成教学任务	35
			2）按时、按质、按量完成基本教学任务	25
			3）按时、按量完成基本教学任务	20
			4）实践所加工零件报废，但按时、按量完成	10
			5）超时 10 分钟以内完成基本教学任务	5
			6）没有完成基本教学任务	0
2	操作技能	20	1）设备操作熟练，工装夹量具使用正确，独立完成	20
			2）设备操作一般，工装夹量具使用比较正确，在指导下独立完成	15
			3）需重点指导设备操作、工装夹量具使用，动手能力较弱	10
			4）动手能力较差，问题较多	5
3	安全规范	10	1）完全按照安全操作要求，无事故	10
			2）不完全按照安全操作要求，无事故	5
			3）出现小事故（设备、工装夹量具或人身）	0
			4）出现较大事故或造成严重后果	−10
4	文明态度	5	1）设备干净，工作场地清洁，工装夹量具干净整齐	5
			2）设备、工作场地、工装夹量具清理一般	3
			3）不整理设备，不打扫工作场地，不清理、工装夹量具	−5
5	纪律执行	10	1）不迟到，不早退，遵守规章制度，听从教师指导	10
			2）迟到或早退在 10 分钟以内，或者不听从教师指导	5
			3）违反训练纪律（包括违反要求使用手机、计算机等，以及睡觉、训练中交头接耳等）	−5
			4）违反训练纪律（包括违反要求使用手机、计算机等，以及睡觉、训练中交头接耳等），并且不听教师劝阻，继续违反	−10
6	工程训练报告	20	按照报告评分要求	20

思　考　题

1. 工程训练为什么有安全要求？
2. 安全注意事项与训练注意事项有什么区别？目的各是什么？
3. 实践中如何防范事故的发生？

第2章

机械制造系统

长期以来，人们对于机械制造领域所涉及的各种问题，往往都是孤立地看待，仅限于分别地、单个地加以研究。因此，在很长的时期内，机械制造领域中的许多研究和开发工作尽管已有卓越的成就，然而尚未取得重大的突破。直到20世纪60年代后期，人们才逐渐认识到只有把机械制造系统的各个组成部分看成一个有机的整体，以控制论和系统工程学为工具，用系统的观点进行分析和研究，才能对机械制造过程实行最有效的控制，并大幅度地提高加工质量和加工效率。本章就基于这个观点对机械制造系统的相关概念和各个组成环节进行初步的介绍，以便在后续各实践环节的学习中形成系统的观念和联系。

2.1 实　践　目　的

1）了解制造及制造技术的概念。

2）了解机械产品制造的基本工艺过程。

3）了解机械制造系统的基本组成架构。

4）了解产品全生命周期的概念。

5）了解产品设计、加工、装配及检测四个过程所涉及的基础知识和概念。

2.2 机械产品制造内涵

1. 制造概念

狭义理解：制造是指在从原材料到产品的过程中直接起作用的那部分工作内容，包括毛坯制造、零件加工、产品装配、检验、包装等具体操作。

广义理解：制造包括制造企业的产品设计、材料选择、制造生产、质量保证、管理和营销等一系列有内在联系的运作和活动。

2. 制造技术

狭义理解：制造技术是在产品生产中，使原材料转化为产品的过程所施行的各种手段的总和。

广义理解：制造技术涉及生产活动的各个方面和生产的全过程，被认为是一个从产品概念到最终产品的集成活动，是一个功能体系和信息处理系统。

3. 机械制造工艺过程

机械制造工艺过程实质上是一个由原材料向产品或零件的转变过程，通常是将原材料用成形的方法制成毛坯，再经机械加工得到符合技术要求的零件（见图 2-1），最后将各种零件装配成机器。该过程中间还要穿插不同的热处理和表面处理，并在各个环节中进行质量检测和控制。因此，机械产品制造工艺过程包括毛坯成形、切削加工、热加工、热处理、装配及质量检测等环节（见图 2-2）。

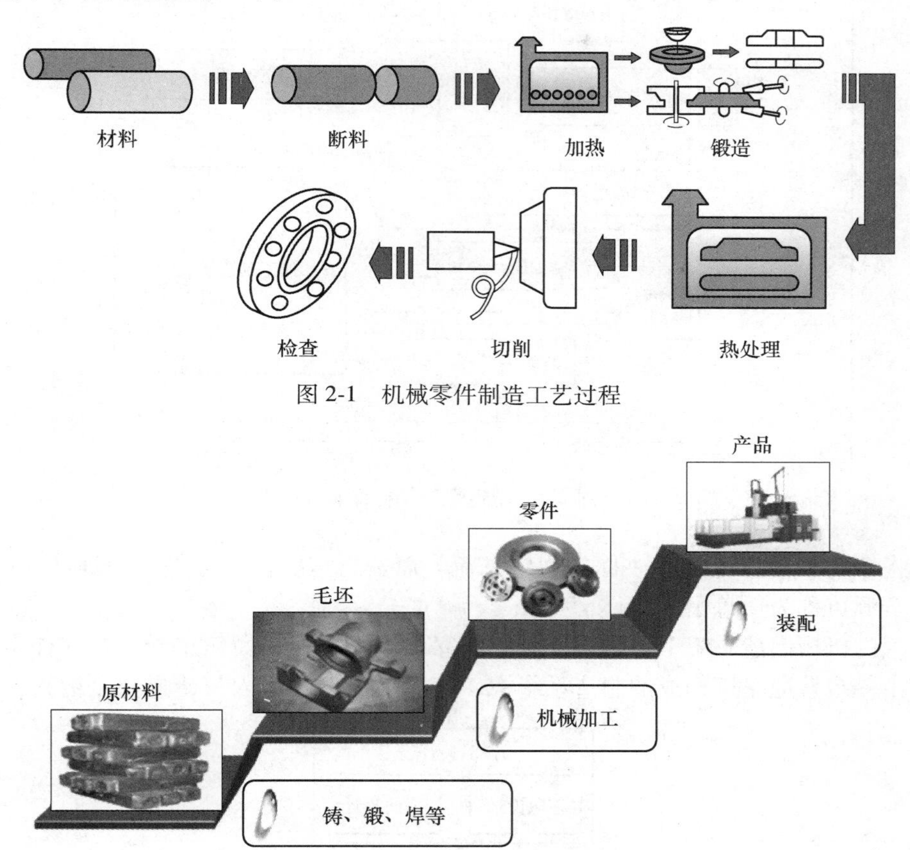

图 2-1　机械零件制造工艺过程

图 2-2　机械产品制造工艺过程

2.3　制造系统的基本组成

1. 制造系统功能结构

为了使原材料向产品或零件的转变得以实施，一般制造系统的功能结构如图 2-3 所示。

2. 机械制造系统构成

针对机械制造系统，其输入就是一定的材料或毛坯，而输出则为加工后的零件或装配后的部件及产品等，包括物质子系统（物质流）和信息子系统（信息流）。

（1）物质子系统　把毛坯、刀具、夹具、量具及其他辅助物料作为原材料输入，经过存储、运输、加工、检验等环节，最后输出成品，这个流程是物质的流动，故称之为物质流。而负责物料存储、运输、加工、检验的各元件可总称为物质子系统。

（2）信息子系统　加工任务、加工顺序、加工方法及物质流所要确定的作业计划、调

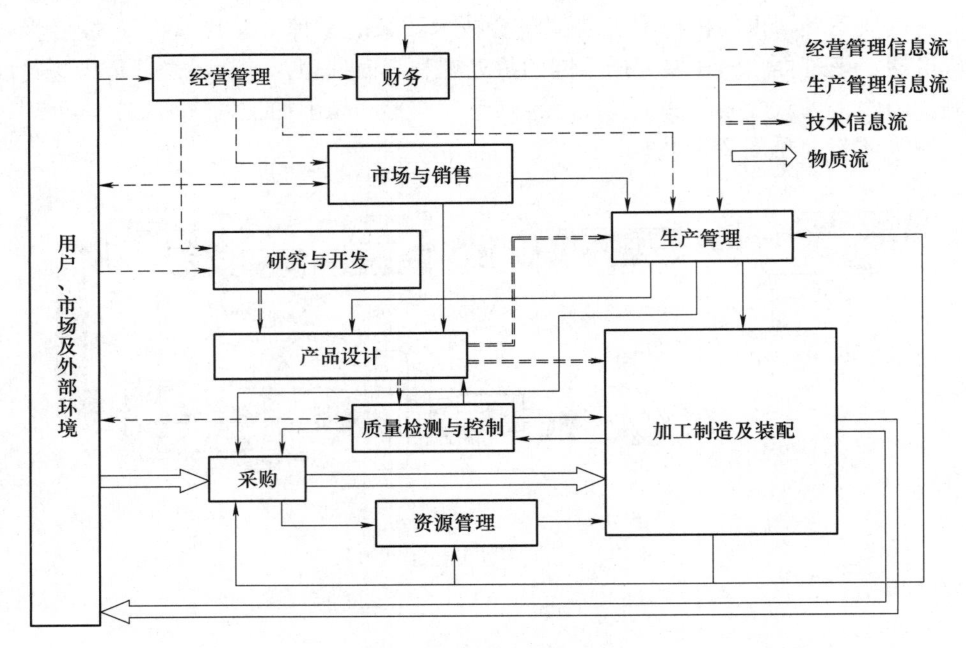

图 2-3　制造系统功能结构

度和管理指令属于信息范畴，故称之为信息流。而负责这些信息存储、处理和交换的有关软、硬件资源可称为信息子系统。

在传统的机械制造系统中，物质子系统的存在较为普遍，而信息子系统往往是缺乏的。例如，在由一台普通车床构成的制造系统中，其加工信息的输入与传递都是由人工完成的；

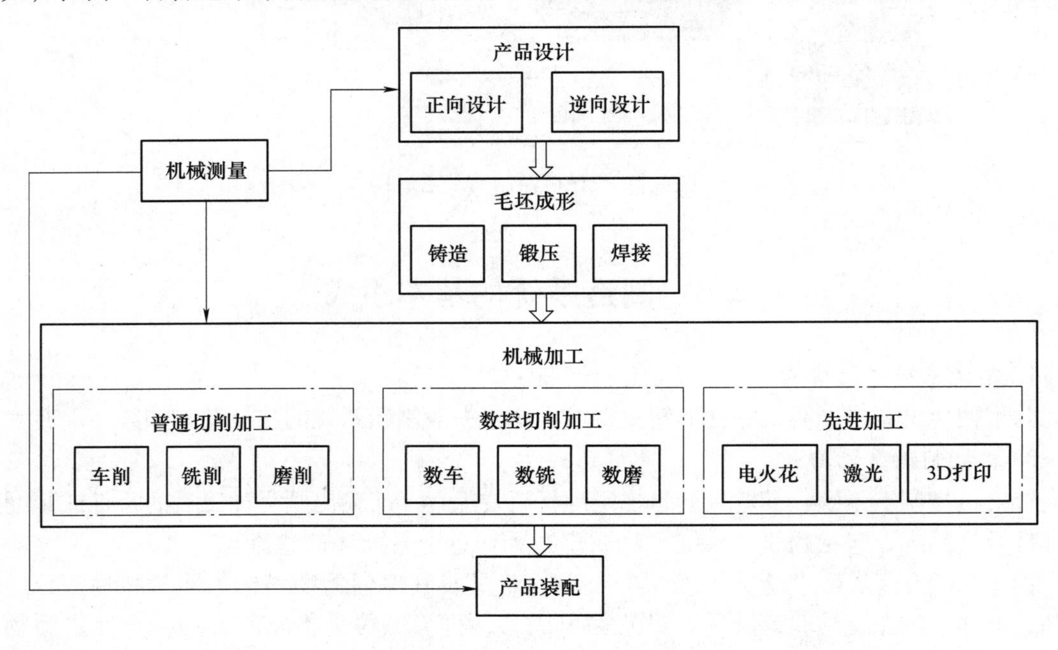

图 2-4　机械产品制造基本流程

而现代制造系统则较普遍地增加了信息子系统，如数控机床的计算机数字控制系统（CNC）就是典型的信息系统，它能通过其内部的计算机进行零件加工信息的存储，并发送加工指令，控制加工过程。

3. 机械产品制造基本流程

机械产品制造的基本流程如图 2-4 所示，本教材的实践内容以此为主线进行展开。

2.4 产品设计方法概述

产品设计工作直接决定了机械制造过程中其他后续工作如何展开以及最终产品效果，机械产品设计是整个机械制造系统的基础，属于创造性的工作。

2.4.1 机械产品设计过程

机械产品的一般设计过程如图 2-5 所示。

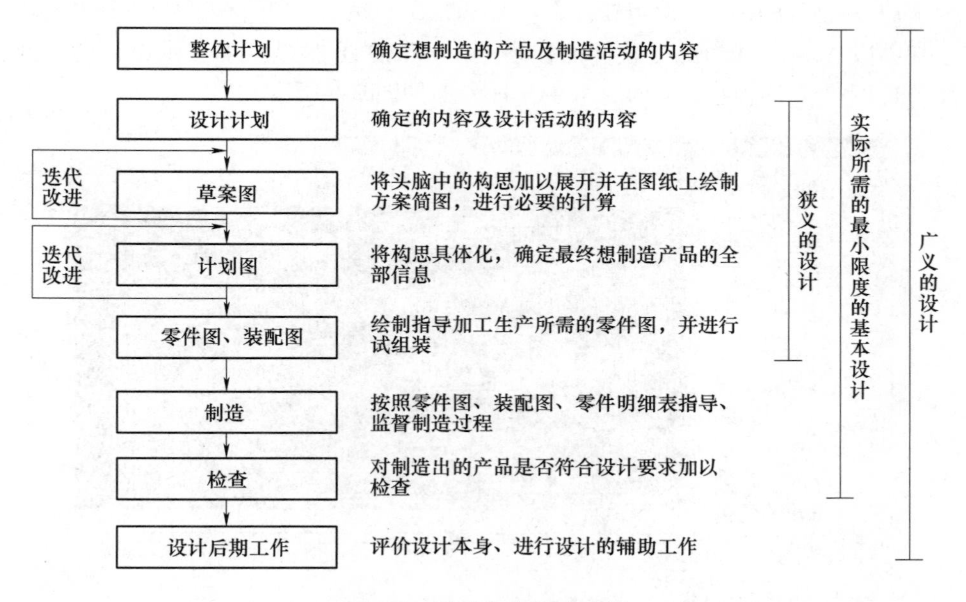

图 2-5　机械产品设计过程

2.4.2 设计方法分类

传统设计方法：以经验总结为基础，以力学和数学的经验公式、图表、设计手册等为设计依据，运用经验公式法、近似系数法等方法进行设计。其特点是所进行的设计是手工的、静态的、经验的，进行产品性能分析较困难。

现代设计方法：以市场产品的质量、性能、成本和价格等的综合效益最优化为目的，以计算机辅助设计技术为主体，研究、改进、创造产品活动过程中所用到的科学方法、理论和技术手段。其特点是所进行的设计是数字化的、动态的、科学的，便于分析产品性能。其内容主要包括设计方法学、计算机辅助设计、有限元分析、优化设计和可靠性设计等。

2.4.3 计算机辅助设计

计算机辅助设计（Computer Aided Design，CAD）是将计算机应用于产品设计全过程的一门综合技术，是使得现代设计方法得以实施的关键技术。随着计算机技术的不断发展和普及，各种 CAD 软件迅速进入机械设计和制造领域。目前已有不少企业把产品的设计、分析、制造、数据管理和信息技术集于一体，这种先进的管理设计方式将引发机械行业的巨大变化。CAD 软件的应用使企业全面提升了对产品的研发与制造能力，从而使其产品在同业竞争中更具有优势。

目前机械行业用到的 CAD 软件种类繁多，功能和应用领域各有不同，可以分为入门级、中级和高级。

1. 入门级 CAD 软件

入门级 CAD 软件是以二维为主的设计绘图软件，其优点是尺寸标注清楚，加工者不易搞错，设计和加工的责任区分也较明显，在制造上仍有优势。在仍广泛使用二维工程图进行制造的加工厂或设计单位中，常用软件有：AutoCAD、CAXA、开目 CAD 、中望 CAD、清华天河等，其中以 AutoCAD 为此类软件的代表。AutoCAD 虽然提供了三维设计的功能，但功能过于简单且不符合三维主流架构。AutoCAD 界面如图 2-6 所示。

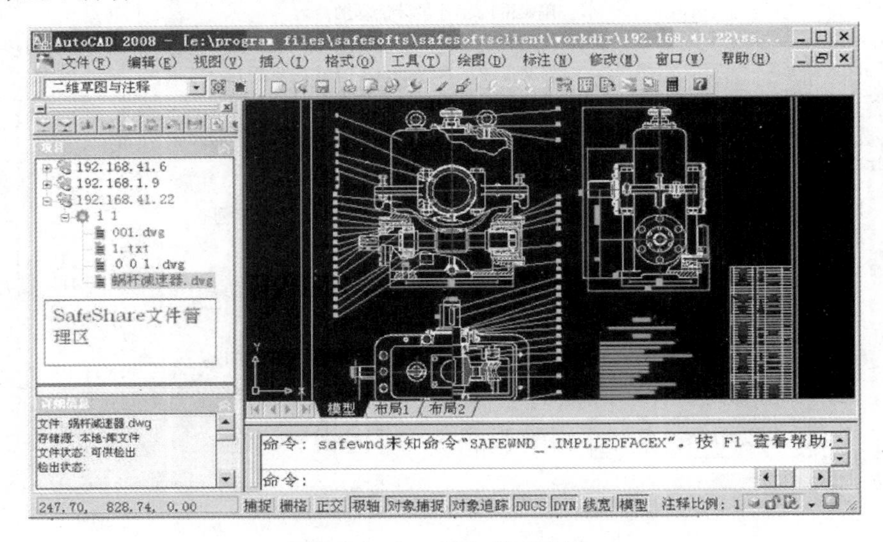

图 2-6 AutoCAD 界面示例

2. 中级 CAD 软件

中级 CAD 软件已正式步入了三维领域，具有操作简单、易上手和界面人性化的优点，适合不牵涉复杂曲线产品的企业，尤其是以零部件生产为主的企业。其常用软件有：SolidWorks、SolidEdge、Inventor 等，其中以 SolidWorks 为此类软件的代表。SolidWorks 界面如图 2-7 所示。

3. 高级 CAD 软件

高级 CAD 软件都具有完整的 CAD/CAM/CAE 模块，其功能强大，各有所长。其常用软件有：CATIA、Creo、UG 等。对于那些原创性强、制造要求高、具有开发或研发需求的企

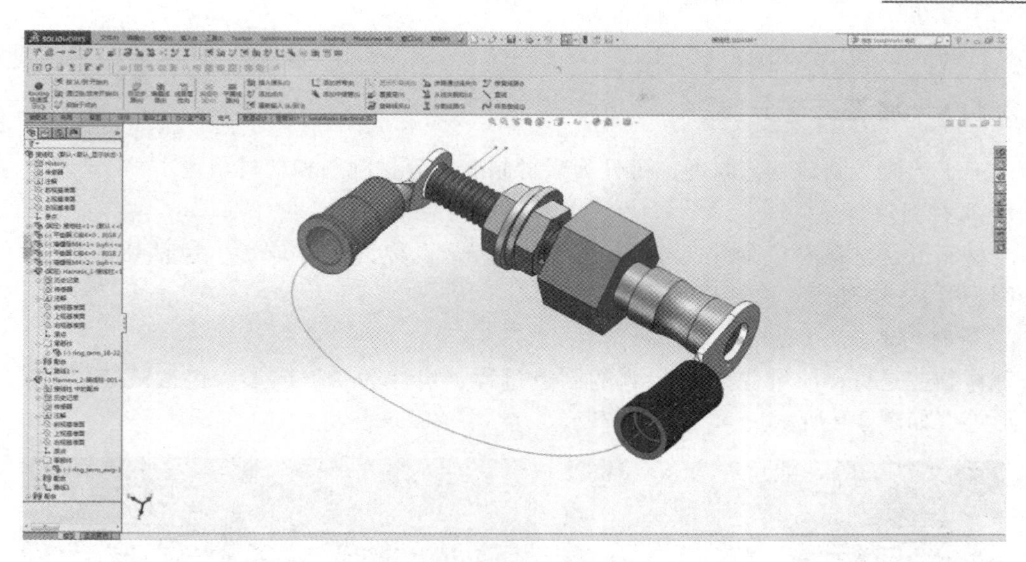

图 2-7　SolidWorks 界面示例

业，其产品是按工业设计的标准流程来设计制造的，这类企业就需要功能更强大但成本高的大型 CAD 软件，这类软件常用于汽车、3C 产品、家电用品、航空航天等企业。其中，Creo 的优势在于造型设计，然而即便是造型设计，单纯就功能面和曲面精密度来讲，CATIA（见图 2-8）也要比 Creo 更优，而 UG 则在计算机辅助制造方面相对占有优势，因此在汽车业、制造业中有很多企业在使用。

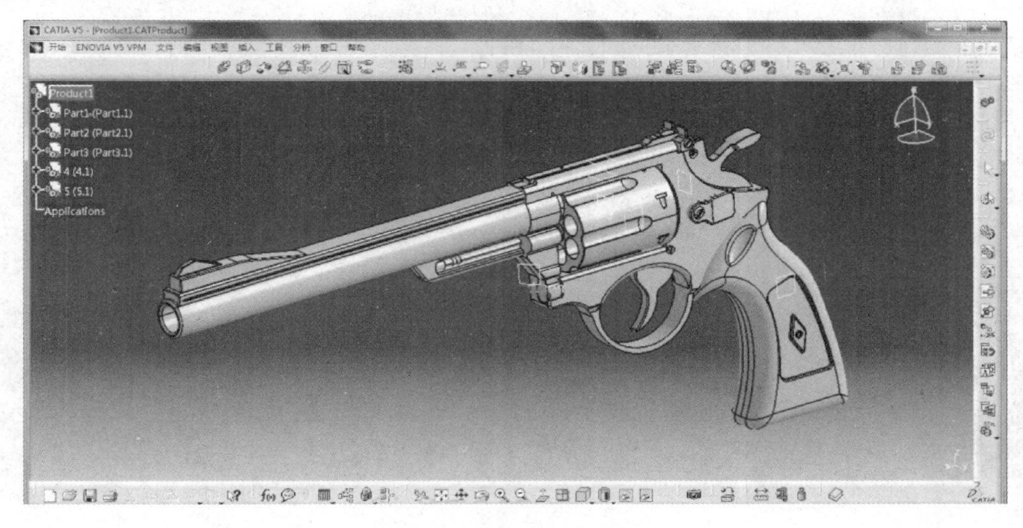

图 2-8　CATIA 界面示例

2.5　机械制造加工工艺概述

在完成产品设计的基础上，进入零件制造加工过程，即直接改变原材料形状、尺寸和性能，使之成为零件的过程，称为机械制造加工工艺过程，是机械制造系统的主要组成部分之一。

2.5.1 加工工艺分类

加工工艺按照制造工艺原理，可分为减材制造、等材制造和增材制造。

1. 减材制造

减材制造是材料质量变化 $\Delta m<0$ 的制造过程，也称为去除成形，包括切削加工（车、铣、刨、磨）、电加工、高能束加工等。

2. 等材制造

等材制造是材料质量变化 $\Delta m=0$ 的制造过程，也称为受迫成形，包括铸造、锻压、模具成形等，如图 2-9 所示。

a) 铸造

b) 锻压

图 2-9 等材制造工艺

3. 增材制造

增材制造是材料质量变化 $\Delta m>0$ 的制造过程，也称为堆积成形，包括焊接、涂覆、3D 打印等，如图 2-10 所示。

a) 焊接

b) 3D打印

图 2-10 增材制造工艺

2.5.2 加工工艺过程

加工工艺过程是由一个或若干个顺序排列的工序组成的，工序是工艺过程的基本组成单位。所谓工序是指在一个工作地点，对一个或一组工件所连续完成的那部分工艺过程。构成一个工序的主要特点是不改变加工对象、设备和操作者，而且工序的内容是连续完成的。毛坯依次通过这些工序就成为成品。工序又是由一个或若干个顺序排列的工步组成的，在加工表面、切削刀具、切削用量等均保持不变的情况下，所连续完成的那部分工序内容，称为工步。

若生产规模不同，则工序的划分及每一道工序所包含的加工内容会有所不同。一般在单件、小批量生产时，将工艺过程划分到工序，写明工序内容，画出必要的工序图。但在大批量生产时，为保证加工质量和生产率，就必须对工艺过程进行更细的划分。

现以阶梯轴为例（图 2-11），简单介绍其加工工艺的制订过程，具体工序见表 2-1。

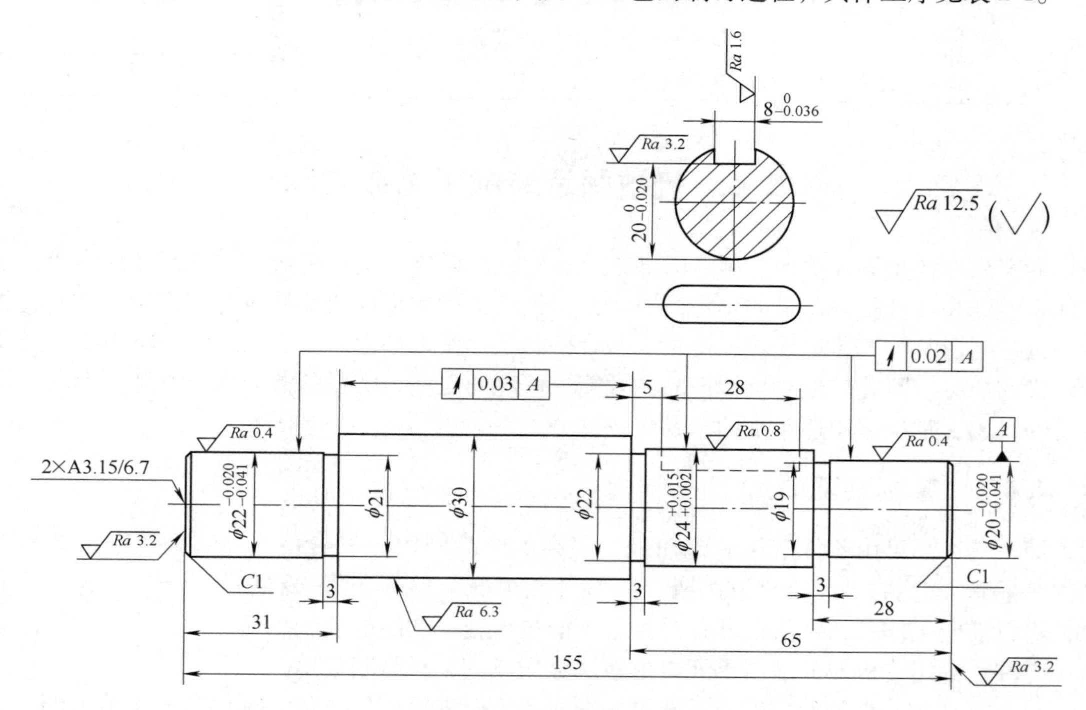

图 2-11　阶梯轴零件图

表 2-1　阶梯轴加工工序

工序号	工序名称	工　序　内　容	设备
1	车	1）车一端面，钻中心孔 2）车另一端面，保证长度为 155，钻中心孔	卧式车床
2	车	1）粗车左端外圆分别至 $\phi32\times98$、$\phi24\times30$ 2）半精车该段外圆分别至 $\phi30\times94$、$\phi22.4_{-0.21}^{0}\times31$ 3）车槽 $\phi21\times3$；车倒角 $C1$ 4）粗车右端外圆分别至 $\phi26\times64$、$\phi22\times27$ 5）半精车该段外圆分别至 $\phi24.4_{-0.21}^{0}\times65$，$\phi20.4_{-0.21}^{0}\times28$ 6）车槽分别至 $\phi22\times3$、$\phi19\times3$；车倒角 $C1$	卧式车床
3	钳	划键槽线	钳工平板

（续）

工序号	工序名称	工 序 内 容	设备
4	铣	粗、精铣键槽至 $8_{-0.036}^{0}\times 20.2_{-0.020}^{0}\times 28$	立式铣床
5	热处理	两端轴径高频淬火，回火至 40~50HRC	热处理设备
6	钳	研修两端中心孔	钻床
7	磨	1）粗磨一端外圆至 $\phi 22.1_{-0.033}^{0}$ 2）精磨该段外圆至 $\phi 22_{-0.041}^{-0.020}$ 3）粗磨另一端外圆分别至 $\phi 24.1_{-0.021}^{0}$、$\phi 20_{-0.033}^{0}$ 4）精磨该段外圆分别至 $\phi 24_{+0.002}^{+0.015}$、$\phi 20_{-0.041}^{-0.020}$	磨床
8	检	按图样要求检查	量具

2.6 机械制造装配工艺概述

在产品设计及零部件加工制造的基础上，按照图样要求实现机械零件或部件的连接，使零件、组件和部件获得一定的相对位置关系，最终把机械零件或部件组合成机器，这一过程称为机械制造装配工艺过程。即使是全部合格的零部件，如果装配不当，往往也不能形成质量合格的产品，因此装配对机械产品的效能、修理的工期、工作的劳力和成本等都起着非常重要的作用，是机械制造系统的主要组成部分之一。

2.6.1 基本装配单元

简单的产品可由零件直接装配而成，复杂的产品则须先将若干零件装配成部件（称为部件装配），然后将若干部件和另外一些零件装配成完整的产品（称为总装配）。为保证有效地进行装配工作，通常将机器划分为若干能进行独立装配的装配单元。

零件：是组成机器的最小单元，由整块金属或其他材料制成。

组件：是在一个基准零件上，装上一个或若干个零件而构成的。例如车床主轴组件，如图 2-12 所示。

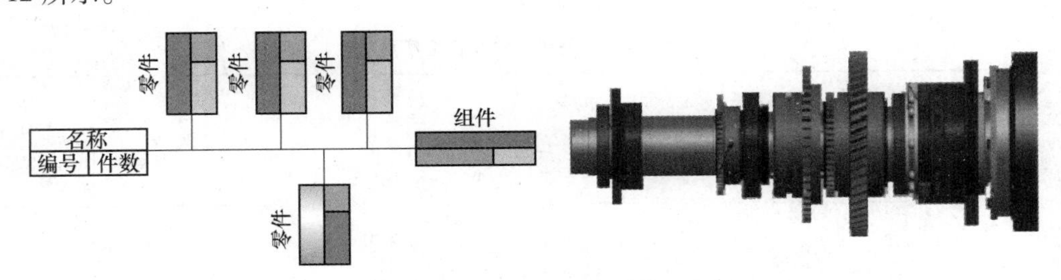

图 2-12 车床主轴组件

部件：是在一个基准零件上，装上若干组件和零件而构成的，在机器中能完成一定的、完整的功能。例如车床主轴箱部件，如图 2-13 所示。

总装：在一个基准零件上，装上若干个部件、组件和零件，就成为机器，或者称为产品。例如车床，如图 2-14 所示。

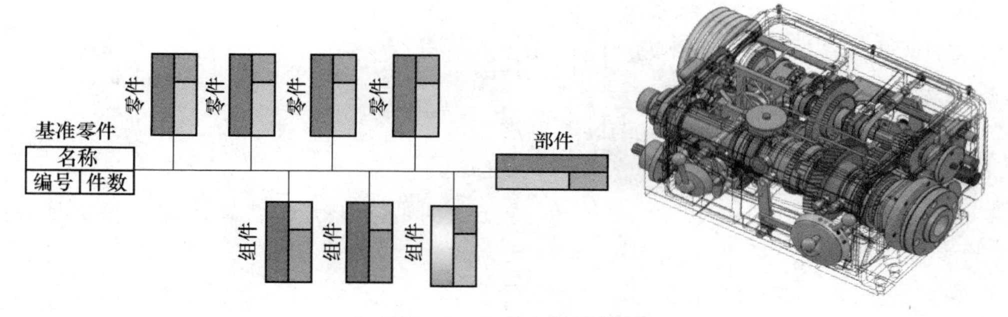

图 2-13　车床主轴箱部件

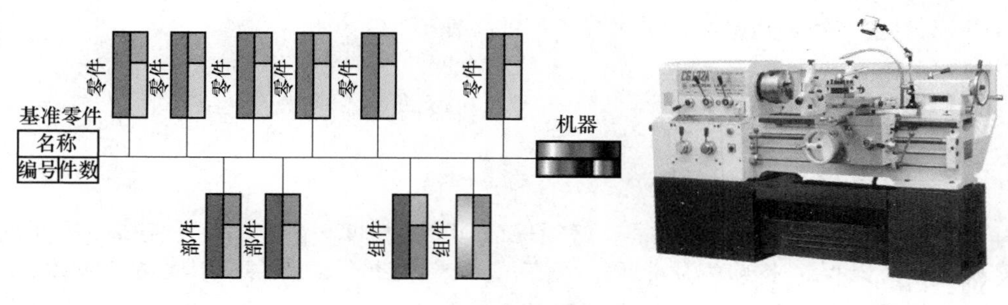

图 2-14　车床总装

2.6.2　装配工艺过程基本原则

1）保证产品的装配质量，以延长产品的使用寿命。

2）合理安排装配顺序，尽量减少钳工手工劳动量，缩短装配周期，提高装配效率。

3）尽量减少装配占地面积。

4）尽量减少装配工作的成本。

2.6.3　基本装配工艺过程

1. 研究产品的装配图及验收技术条件

1）审核产品图样的完整性、正确性。

2）分析产品的结构工艺性。

3）审核产品装配的技术要求和验收标准。

4）分析和计算产品装配尺寸链。

2. 确定装配方法与组织形式

1）装配工艺方法的确定：主要取决于产品结构的尺寸大小和重量，以及产品的生产纲领。

2）装配组织形式：①固定式装配，即全部装配工作在一个固定的地点完成，适用于单件、小批生产和体积大、重量大的设备装配；②移动式装配，就是将零部件按装配顺序从一个装配地点移动到下一个装配地点，分别完成一部分装配工作，各装配地点工作的总和就是整个产品的全部装配工作，适用于大批量生产。

3. 划分装配单元，确定装配顺序

1）将产品划分为组件和部件等装配单元，进行分级装配。

2）确定装配单元的基准零件。

3）根据基准零件确定装配单元的装配顺序。

4. 划分装配工序

1）划分装配工序，确定工序内容（如清洗、刮削、平衡、过盈连接、螺纹连接、校正、检验、试运转、涂装、包装等）。

2）确定各工序所需的设备和工具。

3）制订各工序装配操作规范，如过盈配合的压入力等。

4）制订各工序装配质量要求与检验方法。

5）确定各工序的时间定额，平衡各工序的工作节拍。

5. 编制装配工艺文件

按要求编制装配工艺的相关图、表、文字资料形成文件。

2.6.4 装配精度

为了使产品具有正常的工作性能，必须保证其装配精度，即产品装配完成后需要进行各种检验和试验，以保证其装配质量和使用性能；有些重要的部件，其装配完成后要进行测试。

相互位置精度：指产品中相关零部件之间的距离精度和相互位置精度，如平行度、垂直度和同轴度等。

相对运动精度：指产品中有相对运动的零部件之间在运动方向和相对运动速度上的精度，如车床溜板移动在水平面内的直线度，溜板移动轨迹相对主轴回转中心的平行度等。

运动位置上的精度：如滚齿机滚刀主轴与工作台的相对运动精度，车螺纹时主轴与刀架移动的相对运动精度。

相互配合精度：指配合表面间的配合质量和接触质量，如轴和孔的配合间隙或配合过盈的变化范围。

2.7 产品质量检测与控制方法概述

产品质量检测是制造系统中不可缺少的部分，只制造产品是不够的，更要保证产品质量。

2.7.1 测量过程

一个完整的测量过程应包含四个要素：测量对象、测量单位、测量方法和测量精度。

1. 测量对象

测量对象是指测量过程需要检测的物理量。这里主要针对机械制造过程中涉及的参数，如长度、角度、几何误差、表面粗糙度及硬度等，如图 2-15 所示。

2. 测量单位

普遍采用的测量单位制是国际单位制，即公制（也称为米制），其基本的长度单位为：

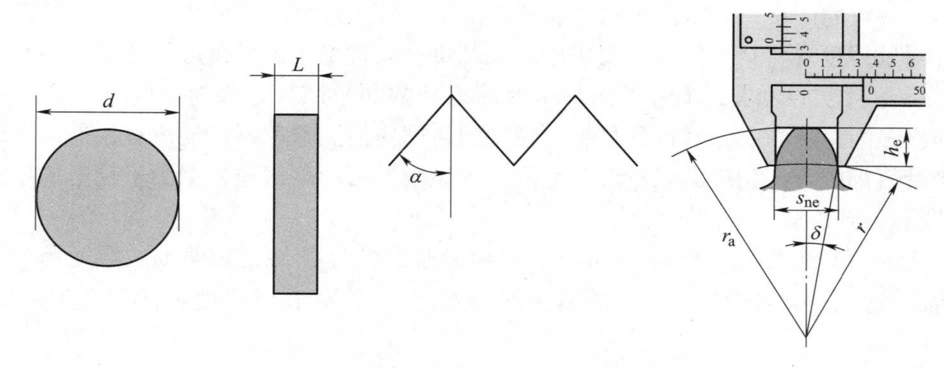

图 2-15　被测对象

米（m），在机械制造中常用的单位为毫米（mm）；角度单位为弧度（rad）。

3. 测量方法

测量方法是指根据一定的测量原理，在测量的实施过程中对测量原理的运用及其实际操作，广义的测量方法可以理解为测量原理、测量器具和测量条件的总和。

在测量的实施过程中，应该根据被测对象的特点（如材料硬度、外形尺寸、生产批量、制造精度、测量目的等）和被测参数的定义来拟订测量方案，选择合适的测量器具，规定测量条件，合理地获得可靠的测量结果。

4. 测量精度（不确定度）

测量精度表示测量结果与真值的一致程度，不考虑测量精度而得到的测量结果是没有任何意义的。每一个测量值都应给出相应的测量误差范围，以说明其可信度。

2.7.2　测量方法分类及选择原则

测量方法是测量过程四要素中的核心部分。

1. 测量方法的分类

按照被测量是否为直接测量，可以将测量方法分为直接测量和间接测量。

按照测量技术在机械制造工艺过程中所起的作用，可以将测量方法分为主动测量和被动测量。

按照被测对象与测量器具之间是否有机械作用的测量力，可以将测量方法分为接触测量与非接触测量。

按照测量过程中被测对象与测量器具之间是否存在相对运动，可以将测量方法分为静态测量和动态测量。

按照被测对象需要同时测得的被测量数量的多少，可以将测量方法分为单项测量和综合测量。

2. 测量方法的选择原则

正确的测量结果是依据测量方法和测量仪器而做出的正确选择、正确操作和测量数据的正确处理。其中测量方法的选择原则主要考虑以下因素。

（1）被测量本身的特性　被测对象的特性包括其大小、形状、重量、材料、批量及精度要求等。

例如，一般的中小尺寸工件可放在仪器上测量，特大尺寸工件应考虑将测量仪器放在工件上进行测量；过软材料工件应采用非接触式测量；大批量测量可考虑设计专用测量夹具。

（2）测量精度的要求　不考虑测量精度而得到的测量结果是没有任何意义的。由于测量会受到许多因素的影响，其过程总是不完善的，即任何测量都不可能没有误差，因此对于每一个测量值都应给出相应的测量误差范围，以说明其可信度。应根据测量精度的要求选择最适合的测量器具。

（3）测量环境的要求　测量环境是指在测量时的外界条件，如温度、湿度、气压、振动、气流、灰尘、腐蚀气体等。应根据被测对象的精度要求相应地配置测量环境，具体如下。

1）被测量与标准量的线膨胀系数相差越大，误差越大，尽量实现二者等温处理。

2）被测量与标准量的温度相差越大，误差越大，尽量采用恒温测量。

3）室内的相对湿度应控制在50%~60%范围以内，配置湿度调节装置。

4）应避免外界振动产生的影响，应有防振措施，例如防振沟的设置。

5）应注意防尘和防腐蚀气体等，保持测量室的密封性。

（4）测量定位基准的确定　被测对象的定位应尽量做到测量基准与设计、工艺基准面相统一，这是减小测量误差的有效手段。

2.7.3　测量内容

目前，测量仪器几乎可以实现所有的长度、轴孔、角度及锥度、几何误差、表面粗糙度、螺纹及齿轮、硬度等的测量和校准以及用于实现产品逆向工程。

1. 尺寸测量

尺寸测量内容主要包括长度、厚度、高度、轴径、孔径、角度、锥度等，根据不同的测量元素特征、公差要求、零件尺寸等，需要选用不同的测量仪器，例如厚度、高度尺寸的测量常用二维测高仪，轴孔类测量常用万能测长仪，角度和锥度测量常用光学影像仪。

2. 几何误差测量

几何误差对零件的使用功能影响较大。为了控制零件的几何误差，提高使用寿命和机器精度，保证零件互换性，有必要对几何误差进行测量，常用的精密测量仪器是三坐标测量机。

3. 表面粗糙度测量

零件或工件的表面是指物体与周围介质区分的物理边界。加工形成的实际表面一般呈非理想的状态，其微观几何形状误差即为表面粗糙度，常用的精密测量仪器是表面粗糙度仪。

4. 螺纹测量

螺纹参数包括螺距、牙型角及内、外螺纹的半径、中径等，万能工具显微镜是螺纹测量最常用的现代精密测量仪器。

5. 硬度测量

硬度值是表示材料软硬程度的条件性的定量反映，它本身不是一个单纯的确定的物理量，而是由材料的弹性、塑性、韧性等一系列力学性能组成的综合性指标，显微硬度计是测量硬度的常用仪器。

6. 逆向测量

一件拟制的产品如果没有原始设计图，要想进行加工制造或翻模，必须首先有加工数据，逆向测量就是利用3D数字化扫描仪对样品或模型进行准确快速地扫描，获取点云数据，然后可以直接用3D打印机成型，也可以利用3D软件进行面和体的构建，最终由软件生成加工代码并由数控机床加工。

思 考 题

1. 什么是制造？什么是制造技术？
2. 机械制造工艺过程包括哪些环节？
3. 机械制造系统的基本组成包括什么？
4. 产品设计的一般流程是什么？简述常用的CAD软件及其区别。
5. 机械加工工艺有哪些分类？对应的特点是什么？
6. 什么是机械装配？基本的装配单元有哪些？
7. 检测的功能是什么？一个完整的检测过程包括哪些要素？
8. 常用的测量仪器有哪些？各自的特点是什么？

第3章

材料热处理实践

3.1 实 践 目 的

1）了解工程材料的分类和常用钢铁材料的牌号及其应用。

2）了解金属材料的性能，掌握力学性能的概念及硬度的测试方法。

3）了解常用热处理工艺（退火、正火、淬火）的目的、方法及应用。

4）了解常用金相试样的制备过程，掌握金相显微组织的观察方法。

3.2 金属材料的基本知识

材料是现代文明的三大支柱之一，也是发展国民经济和机械工业的重要物质基础。材料作为生产活动的基本投入之一，对生产力的发展有深远的影响。科学技术的进步，推动了材料工业的发展，使新材料不断涌现。工程材料也随之扩展为金属材料、有机高分子材料（聚合物）和无机非金属材料三大系列，而热处理材料专指金属材料，金属材料也是在工程材料的各个领域中应用最为广泛的。

3.2.1 金属材料的分类

正确认识各种金属材料的性能及其在加工过程中的变化，是合理选用材料、确定毛坯成形工艺、合理编制工艺过程、保证产品质量及提高企业技术经济效益的重要前提。

金属材料可分为黑色金属和有色金属两类。其中，黑色金属是以铁为基本成分的金属及其合金，主要是指铁、铬、锰及其合金，如钢铁、生铁、铸铁、不锈钢等都属于黑色金属。常说的“黑色冶金工业”主要是指钢铁工业。因为最常见的合金钢是锰钢与铬钢，这样，人们把锰与铬也算成是“黑色金属”了。因此除了铁、锰、铬以外，其他的金属，如铜、铝及其合金、轴承合金、硬质合金等，都算是有色金属。

常用的黑色金属材料分为碳钢和铸铁两大类。

1. 碳钢

1）按质量，可分为普通质量钢、优质钢、高级优质钢、特级优质钢等。

2）按化学成分，可分为低碳钢（$w_c \leqslant 0.25\%$）、中碳钢（$w_c = 0.25\% \sim 0.6\%$）、高碳钢（$w_c > 0.6\%$）、合金钢（低合金钢、中合金钢、高合金钢）等。

3）按照金相法，可以分为亚共析钢（$0.028\% < w_c < 0.77\%$）、共析钢（$w_c = 0.77\%$）、过共析钢（$0.77\% < w_c < 2.11\%$）。其中，亚共析钢的主要金相显微组织特征为：珠光体+铁

素体；共析钢的主要金相显微组织为：珠光体；过共析钢的主要金相显微组织为：珠光体+渗碳体。高碳钢是共析钢和过共析钢的总称。

4）按用途，可分为结构钢（工程结构钢、机器零件用钢等）、工具钢（制造刃具、模具、量具等）、特殊性能钢（不锈钢、耐热钢、耐磨钢、磁钢等）。

2. 铸铁

铸铁按生产方法和组织性能，可分为可锻铸铁、球墨铸铁及特殊性能铸铁等。

常用的黑色金属材料分类见表3-1。

表3-1 常用的黑色金属材料

名称	分类	编号方法		用途
		举例	说明	
碳钢	碳素结构钢	Q235-AF	表示屈服强度为235MPa、质量为A级的沸腾钢	一般以型材供应的工程结构件，制造不太重要的机械零件及焊接件
碳钢	优质碳素结构钢	45	表示平均 w_c = 0.45%的优质碳素结构钢	用于制造曲轴、传动轴、齿轮、连杆等重要零件
碳钢	碳素工具钢	T8 T8A	表示平均 w_c = 0.8%的碳素工具钢，A表示高级优质	制造需较高硬度、耐磨性、又能承受一定冲击的工具，如手锤、冲头等
碳钢	一般工程铸造碳钢	ZG200-400	表示屈服强度为200MPa、抗拉强度为400MPa的碳素铸钢	铸造用钢、低碳铸钢，ZG310-570为中碳铸钢，ZG340-640为高碳铸钢
铸铁	灰口铸铁	HT200	表示试样直径为30mm，平均抗拉强度为200MPa的灰口铸铁	承受较大载荷的和较重要的零件，如汽缸、齿轮、底座、飞轮、床身等
铸铁	可锻铸铁	KTZ450-06	表示平均抗拉强度不小于450MPa，断后伸长率不小于6%的珠光体可锻铸铁	制造载荷较高的耐磨损零件，如曲轴、连杆、齿轮、凸轮轴等薄壁小铸件
铸铁	球墨铸铁	QT450-10	表示抗拉强度大于450MPa，断后伸长率为10%的球墨铸铁	承受冲击振动的零件，如曲轴、蜗杆等
铸铁	蠕墨铸铁	RuT340	表示平均抗拉强度大于340MPa的蠕墨铸铁	制造大截面复杂铸件，主要用来代替高强度灰口铸铁、合金铸铁

3.2.2 金属材料的性能

金属材料的性能主要包括使用性能和工艺性能，见表3-2。使用性能是指在使用过程中金属材料所表现出来的性能，主要包括物理性能、化学性能、力学性能等；工艺性能是物理、化学、力学性能的综合，是指金属材料在各种加工过程中表现出来的性能，按加工方法，可分为铸造性能、锻造性能、焊接性能、热处理性能和切削加工性能等。

表 3-2　金属材料的性能

性能名称			性　能
使用性能	物理性能		密度、熔点、导电性、导热性、磁性等
	化学性能		金属材料抵抗各种介质侵蚀的能力，如抗腐蚀性能等
	力学性能	强度	指在外力作用下材料抵抗变形和破坏的能力，分为抗拉强度 R_m、抗压强度 R_{mc}、抗弯强度 σ_{bb}、抗剪强度 τ_b，单位均为 MPa
		硬度	衡量材料软硬程度的指标，较常用的硬度测定方法有布氏硬度（HBW）、洛氏硬度（HRA、HRB、HRC）和维氏硬度（HV）等
		塑性	指在外力作用下材料产生永久变形而不发生破坏的能力。常用指标是断后伸长率 A（%）和断面收缩率 Z（%），A 和 Z 越大，材料塑性越好
		冲击韧度	指材料抵抗冲击的能力。常把各种材料受到冲击破坏时，消耗能量的数值作为冲击韧度的指标，用 α_K（J/cm^2）表示。冲击韧度值主要取决于塑性、硬度，尤其是温度
		疲劳强度	指材料在多次交变载荷作用下不发生断裂的最大应力
工艺性能			热处理工艺、铸造、锻造、焊接、切削加工等的性能

3.2.3　金属材料的力学性能

金属材料的力学性能是指金属材料在外力作用下表现出来的特性，如强度、塑性、硬度、冲击韧度等。在热处理中，最主要的目标之一就是根据金属材料的使用要求和使用场合改变其力学性能。常见的金属材料力学性能及其常见测试计算方法如下。

1. 强度

强度指材料在静载荷作用下，抵抗变形和破坏的能力，以下屈服强度 R_{eL}（MPa）和抗拉强度 R_m（MPa）最为常用。

屈服强度的计算公式为

$$R_{eL}=\frac{F_s}{S_o}$$

式中，R_{eL}为屈服强度（MPa）；F_s为屈服载荷（N）；S_o为试样原始横截面积（mm^2）。

抗拉强度的计算公式为

$$R_m=\frac{F_b}{S_o}$$

式中，R_m为抗拉强度（MPa）；F_b为试样拉断前承受的最大载荷（N）；S_o为试样原始横截面积（mm^2）。

2. 塑性

塑性指材料在外力作用下产生永久变形而不破坏的能力，常用断后伸长率 A（%）和断面收缩率 Z（%）作为材料的塑性指标。

断后伸长率的计算公式为

$$A=\frac{L_u-L_o}{L_o}\times 100\%$$

式中，A 为断后伸长率（%）；L_u 为试样拉断后的标距（mm）；L_o 为试样原始标距（mm）。

断面收缩率的计算公式为

$$Z=\frac{S_o-S_u}{S_o}\times 100\%$$

式中，Z 为断面收缩率（%）；S_o 为试样原始横截面面积（mm^2）；S_u 为试样拉断后的最小横截面面积（mm^2）。

3. 硬度

硬度指材料局部抵抗硬物压入其表面的能力，特别是抵抗塑性变形、压痕或划痕的能力。硬度是评定金属材料力学性能最常用的指标之一，是衡量金属材料软硬程度的一项重要的性能指标。硬度测试可以反映金属材料在不同的化学成分、组织结构和热处理工艺条件下性能的差异，因此广泛地应用于金属性能的检验、热处理工艺质量的监督和新材料的研制。

硬度试验方法可分为三类：压入法（如布氏硬度、洛氏硬度、维氏硬度、显微硬度等）、划痕法（如莫氏硬度）、回跳法（如肖氏硬度）。其中，洛氏硬度试验通常采用三种试验力、三种压头，共有 9 种测试组合，对应于洛氏硬度的 9 个标尺：HRA、HRB、HRC、HRD、HRE、HRF、HRG、HRH 和 HRK。这 9 个标尺的应用涵盖了几乎所有常用的金属材料，因此洛氏硬度试验也是应用最多的，被广泛用于产品的检验，下面重点介绍洛氏硬度最常用的测试、原理和方法。

（1）洛氏硬度的原理　洛式硬度测试原理如图 3-1 所示，符号标识为 HR，洛氏硬度值为

$$洛氏硬度=N-\frac{h}{s}$$

式中，N 为给定标尺的全量程常数；h 为卸除主试验力后，在试验力下压痕残留的深度，$h=h_3-h_1$；s 为给定标尺的标尺常数。

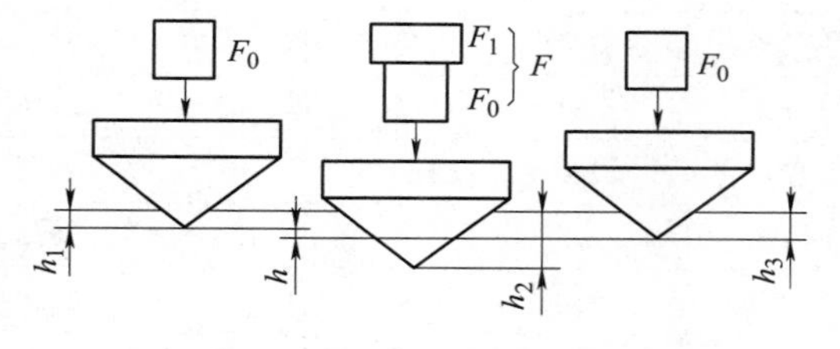

图 3-1　洛氏硬度原理

洛氏硬度值在试验时可直接从硬度计的表盘上读出。

（2）洛氏硬度的标尺及适用范围　试验条件参照 GB/T 230.1—2018 规定，应用范围见表 3-3。

表 3-3　常见洛氏硬度标尺的试验条件和适用范围

硬度标尺	测量压头类型	总试验力/N	硬度值有效范围	应用举例
HRC	120°金刚石圆锥体	1471.0	20~67 HRC	测量淬火钢、调质钢
HRB	ϕ1.588mm 钢球	980.7	25~100 HRB	测量有色金属、退火及正火钢等
HRA	120°金刚石圆锥体	588.4	60~85 HRA	测量硬质合金、表面淬火层等

（3）硬度的测定　对热处理中退火、正火、淬火后的试样，可采用对应的测量压头并设定相应的试验力（载荷），利用数显洛氏硬度计进行硬度测定，对测出的结果也可按照见表 3-4 换算成其他硬度（如布氏、维氏等）。若没有对应数据，则需对照该表使用插值法进行换算。对常用钢材，洛氏硬度（HRC）、布氏硬度（HBW）、维氏硬度（HV）的数值均

可按照如下关系进行换算：

HRC = 2HRA − 104

HB = 10HRC （HRC = 40～60 范围）

HB = 2HRB

表 3-4　部分硬度值对照表

维氏 HV	布氏 HBW	洛氏 HR②			维氏 HV	布氏 HBW	洛氏 HR②		
	10/3000①	HRA	HRB	HRC		10/3000①	HRA	HRB	HRC
410	388	71.4		41.8	250	238	61.6	99.5	22.2
400	379	70.8		40.8	245	233	61.2		21.3
390	368	70.3		39.8	240	228	60.7	98.1	20.3
380	360	69.8	110.0	38.8	230	219		96.7	18.0
370	350	69.2		37.7	220	209		95.0	15.7
360	341	68.7	109.0	36.6	210	200		93.4	13.4
350	331	68.1		35.5	200	190		91.4	11.0
340	322	67.8	108.0	34.4	190	181		89.5	8.5
330	313	67.0		33.3	180	171		87.1	6.0
320	303	66.4	107.0	32.2	170	162		85.0	3.0
310	294	65.8		31.0	160	152		81.7	0.0
300	284	65.2	105.5	29.8	150	143		78.7	
295	280	64.8		29.2	140	133		75.0	
290	275	64.5	104.5	28.5	130	124		71.2	
285	270	64.2		27.8	120	114		66.7	
280	265	63.8	103.5	27.1	110	105		62.3	
275	261	63.5		26.4	100	95		58.2	
270	256	63.1	102.0	25.6	95	90		52.0	
265	252	62.7		24.8	90	86		48.0	
260	247	62.4	101.0	24.0	85	81		41.0	
255	243	62.0		23.1					

① 10/3000 代表测头直径 10mm，测试压块重量 3000kg。

② HRA 测试压力 588.4N，HRB 测试压力 980.7N，HRC 测试压力 1471.0N。

（4）常用的硬度测量设备包括　洛氏硬度计、布氏硬度计、维氏硬度计、显微硬度计，具体介绍如下：

洛氏硬度计：主要用于金属材料热处理后的产品性能检验。

布氏硬度计：应用于黑色、有色金属原材料检验，也可测退火、正火后试件硬度。

维氏硬度计：应用于薄板材料及材料表层的硬度测定，以及较精确的硬度测定。

显微硬度计：主要应用于测定金属材料的显微组织及各组成相的硬度。

以洛氏硬度计为例，洛氏硬度计类型较多，外型构造也各不相同，但构造原理及主要部件均相同。HRS-150 数显洛氏硬度计结构如图 3-2 所示，面板按钮如图 3-3 所示，按钮及其含义见表3-5。

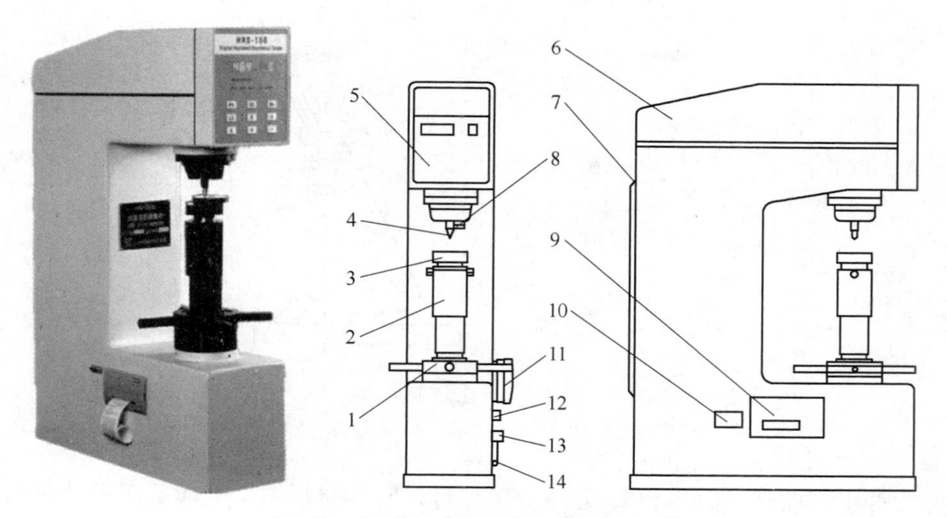

图3-2　HRS-150数显洛氏硬度计结构

1—手轮　2—升降螺杆保护帽　3—测试台　4—压头　5—面板　6—上盖　7—后盖　8—压头紧定螺钉　9—面板式打印机　10—RS-232C插座　11—载荷手轮　12—开关　13—保险丝座　14—电源插座

图3-3　HRS-150数显洛氏硬度计面板按钮

表3-5　按钮及其含义

按钮名称	按钮含义
“PR”按钮	打印按钮
“SC”按钮	修改硬度单位按钮
“No”按钮	测试点数按钮
“LD”按钮	设定加载时间按钮
“$\overline{H}$”按钮	平均硬度按钮
“R”按钮	数据复位按钮
“0”按钮	数据变更为0按钮
“+”按钮	增加数据按钮
“-”按钮	减少数据按钮

4. 冲击韧度

冲击韧度是指材料抵抗冲击载荷的能力，金属材料韧度的好坏用冲击韧度值衡量，以冲击韧度 a_K 表示。一般常用大能量一次摆锤冲击试验测定，原理如图3-4所示。

$$A_K = GH_1 - GH_2 = G(H_1 - H_2)$$

式中，A_K 为冲击功（J）；G 为摆锤重量（N）；H_1 为摆锤初始高度（m）；H_2 为冲击试样后，摆锤回升高度（m）。

$$a_K = \frac{A_K}{S_o}$$

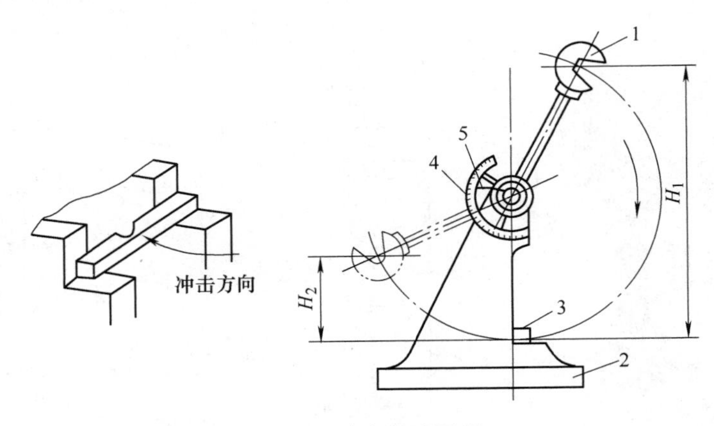

图 3-4　冲击试验原理

1—摆锤　2—机架　3—试样　4—刻度盘　5—指针

式中，a_K为冲击韧度（J/cm^2）；A_K 为冲击功（J）；S_o 为试样缺口处横截面积（cm^2）。

3.3　热处理的基本知识

3.3.1　热处理概念

1. 基本概念

热处理定义：将固态金属或合金采用适当的方法进行加热、保温和冷却三个阶段的处理，以获得所需要的组织结构与性能的工艺。汽车、拖拉机零件大部分（70%~80%）需要进行热处理。各种刀具、模具、量具、轴承等的几乎全部零部件都需要经过热处理。

热处理目的：充分发挥材料的内部潜力，改善材料的工艺性能和使用性能，保证零件质量，延长产品的使用寿命。

热处理方法：热处理通常分为退火、正火、淬火、回火、表面淬火和化学热处理等几种主要方法。

热处理分为预备热处理和最终热处理两类。退火、正火通常是预备热处理，目的是消除铸、锻件的缺陷和内应力，改善切削加工性能，为最终热处理做组织准备；淬火加回火常作为最终热处理，目的是改善零件的力学性能，从而延长零件的寿命。

以钢的热处理为例，在热处理的过程中组织会发生转变。先加热到一定温度使钢材进行组织转化（奥氏体转化），之后对其进行冷却。转化完成的组织（奥氏体）在冷却时再次发生转变，此时转变的温度通常都低于临界点，即有了一定的过冷度。不同的冷却速度（如退火的炉冷、正火的空气冷、淬火的油冷、淬火的水冷）下，奥氏体转变的效果不同。奥氏体转变出来的不同组织决定了钢材的不同性能。奥氏体的冷却条件与组织转变间的相互关系，是钢热处理的理论基础。

温度是热处理生产中一个非常重要的工艺参数。只有对炉温进行准确的测量和控制，对冷却速度进行准确地把握，才能正确执行热处理工艺，保证零件最终所需的各项性能。

常用的热处理工艺简介见表 3-6。

表 3-6　常用的热处理工艺简介

热处理名称	材料种类	热处理方法	热处理后的组织	应用场合
完全退火	亚共析钢	将亚共析钢加热到 Ac_3（亚共析钢加热时，铁素体向奥氏体转变的终了温度）以上 30～50℃，保温后随炉冷到 600℃以下，再出炉空气冷却	平衡组织铁素体+珠光体	用于亚共析钢和合金钢的铸、锻件，目的是细化晶粒，消除应力，软化钢
等温退火	亚共析钢	将亚共析钢加热到 Ac_3 以上，共析钢加热到 Ac_1（加热时，珠光体向奥氏体转变的温度，一般为 727℃）以上 20～30℃，保温后快速冷却到稍低于 Ar_1 的温度，再进行等温处理使 A 转变为 P，然后在空气中冷却	平衡组织铁素体+珠光体，组织较为均匀	主要用于奥氏体较为稳定的合金工具钢和高合金钢，与完全退火相比，可大大缩短整个退火时间
球化退火	过共析钢	将过共析钢加热到 Ac_1 以上 20～30℃，保温后随炉冷到 700℃左右，再出炉空气冷却	在铁素体基体上均匀分布着球状渗碳体组织	用于共析和过共析成分的碳钢和合金钢，能降低硬度，改善切削加工性能
去应力退火		将钢加热到 500～650℃，保温后随炉冷却	无组织变化	消除铸、锻、焊、机加工件的残余应力
正火		将钢加热到 Ac_3（或 $Accm$：过共析钢加热时，二次渗碳体向奥氏体溶入的终了温度）以上 30～50℃，保温后在空气中冷却	可细化普通结构钢晶粒；使共析钢获得索氏体组织；对过共析钢，可以消除二次渗碳体网；对于亚共析钢，可减少铁素体含量，使珠光体含量增多	低、中碳钢的预备热处理；为球化退火做准备；普通结构零件的最终热处理
淬火		将钢件加热到 Ac_3 或 Ac_1 以上 30～50℃，保温后在水、油等淬火介质中快速冷却	亚共析钢为细小马氏体组织；过共析钢为马氏体和颗粒状二次渗碳体组织	提高钢件的硬度和耐磨性，是强化钢材最重要的热处理方法
表面淬火		主要有感应加热和火焰加热表面淬火	表层获得硬而耐磨的马氏体组织，心部保持原来塑性、韧性较好的退火、正火或调质状态的组织	表面耐磨，不易产生疲劳破坏，而心部要求有足够的塑性和韧性的工件
高温回火		淬火后，加热到 500℃以上，保温后在空气中冷却。又称为调质处理	回火索氏体，由细粒状渗碳体和多边形铁素体组成，硬度为 25～35HRC	重要零件，如轴、齿轮等
中温回火		淬火后，加热到 350～500℃，保温后在空气中冷却	回火屈氏体，由极细粒状渗碳体和针状铁素体组成，硬度为 35～45HRC	各种弹簧类工件
低温回火		淬火后加热到 150～250℃，降低应力和脆性	回火马氏体，高硬度，58～62HRC，耐磨性好	各种工模具及渗碳或表面淬火的工件

2. 热处理常见设备

热处理设备是对工件进行退火、回火、淬火、加热等各种热处理工艺操作的设备。从功能上区分，热处理设备基本为四类：热处理电阻炉、热处理盐浴炉、表面加热设备、特殊热处理设备，简要介绍如下。

（1）热处理电阻炉　热处理电阻炉应用最广，结构、类型最多。按作业方式，可分为间歇式和连续式两类；按使用温度，可分为高温、中温、低温三类。常用的炉型有箱式、井式、密封箱式、振底式、转底式、辊底式等。最常用的是箱式电阻炉。

中温箱式电阻炉最高使用温度为950℃，其结构如图3-5所示。

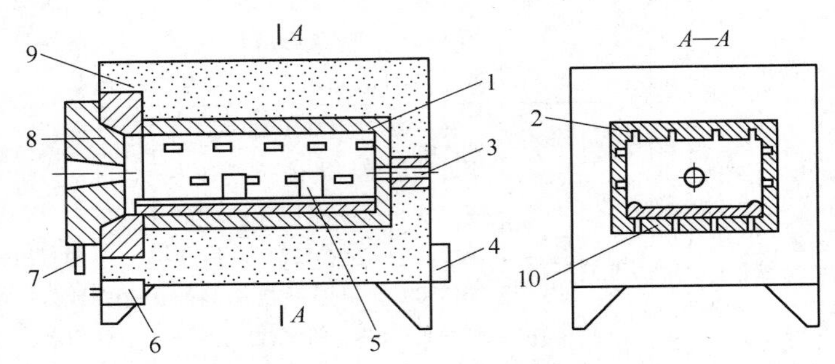

图3-5　中温箱式电阻炉结构示意图

1—加热室　2—电热丝孔　3—测温孔　4—接线盒　5—试样
6—控制开关　7—挡铁　8—炉门　9—隔热层　10—炉底板

（2）热处理盐浴炉　盐浴炉是采用熔盐作为加热介质的热处理设备，结构简单，制造容易，加热速度快且均匀，工件氧化脱碳少，便于细长工件悬挂加热和局部加热。盐浴炉广泛用于工件的淬火、正火、退火、回火、化学热处理、分级淬火和等温淬火等。

（3）表面加热设备　主要包括感应加热装置和与之配套的热处理淬火机床，可适应各种零件感应加热的需要。感应加热由于具有加热速度快、节省能源、质量可靠、氧化脱碳少、不污染环境、易于实现机械化和自动化等优点，因此在工业上的应用十分广泛，技术与设备也不断地发展完善。

（4）特殊热处理设备　随着科学技术的发展，生产制造对机械零件的使用性能和精度提出了更高的要求。在零件的热处理工艺中，普通的热处理设备已经不能达到工艺要求，因此各种新的热处理技术不断出现，这些技术所使用的特殊设备迅速发展，如真空热处理炉、等离子热处理炉、激光表面处理装置、电子束热处理装置及气相沉积装置等。

3.3.2　研究试样的制作

金相试样的制作可以帮助研究人员观察、分析及研究金属材料的微观组织结构及其性能，通常包括四个步骤，分别为取样、磨制、抛光和浸蚀。

（1）取样　取样是金相试样制备的第一道工序，是在金属材料或零件所需观察的部位上取下一小块来制作成金相试样。取样时要考虑取样的部位、数量、磨面方向和取样方法等几个方面，且必须避免试样发热而导致内部组织的变化。

（2）磨制　磨制是为了获得一个平整的磨面试样。试样的磨制分粗磨和细磨两道主要工序。粗磨一般在砂轮机上或粗砂纸上进行。细磨是在粒度不同的金相砂纸上按由粗到细的顺序进行。磨制后的试样表面平整、泛光，隐约可见均匀细磨痕。

（3）抛光　抛光分粗抛和精抛。粗抛在粗帆布上进行，精抛在丝绒上进行。在抛光时需滴注适量抛光液，抛光液一般由三氧化二铬（Cr_2O_3）或氧化铝（Al_2O_3）配成。抛光后的试样表面如镜面。金相抛光机主要用于试样抛光，P-2 型金相抛光机是利用电动机带动两个抛光盘以 1350r/min 的转速旋转而进行抛光的，如图 3-6 所示。

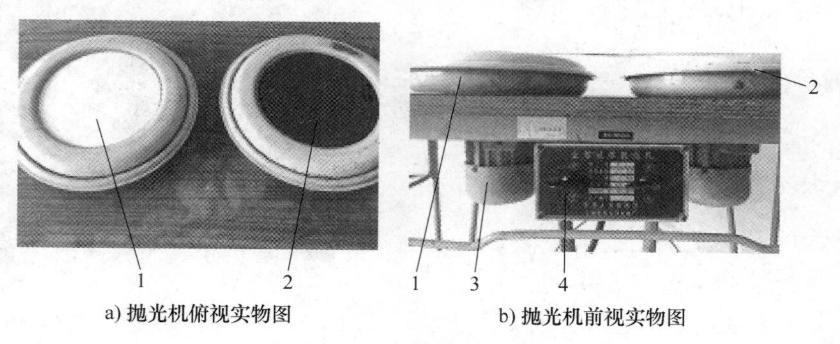

a) 抛光机俯视实物图　　b) 抛光机前视实物图

图 3-6　P-2 型金相抛光机

1—粗抛盘　2—精抛盘　3—电动机　4—开关

（4）浸蚀　抛光后的试样磨面是平整光亮的镜面，置于金相显微镜下观察时，看不到试样的显微组织，必须经过适当的化学浸蚀，其显微组织才能显示。化学浸蚀是将抛光好的试样浸入到一定的化学试剂溶液中（如钢铁材料一般浸入 3%~4%浓度的硝酸酒精），或者用化学试剂擦拭试样的磨面。试样进行适当的化学浸蚀，其反应时间一般不超过 30s，当试样表面变暗沉后应迅速用水冲洗，以停止浸蚀作用，然后用酒精擦洗，再用电吹风吹干后即可利用金相显微镜进行组织观察。金相显微镜是专门用于观察金属和矿物等不透明物体金相组织的光学显微镜，主要有台式、立式和卧式三大类，其基本构造大致相同，金相显微镜主要由光学系统、照明系统和机械系统组成。一般将放大倍率选择在 100~1500 倍之间，以达到研究金属表面微观组织的要求，4X 型台式金相显微镜如图 3-7 所示。

3.3.3　金相试样平衡组织观察

对制备好的试样，用金相显微镜观察平衡状态的金相组织，并与金相照片比较，确定材料牌号。平衡状态的显微组织是指合金在极为缓慢的冷却状态下所得到的组织。室温下铁碳合金的组织都由铁素体和渗碳体两个基本相组成，但由于碳质量分数不同，铁素体和渗碳体的相对数量、析出条件及分布情况均有所不同，因此不同成分的铁碳合金呈现不同的组织形态，主要有以下几种。

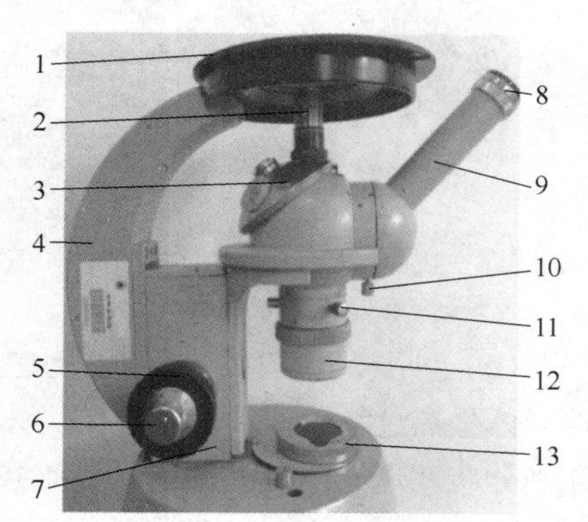

图 3-7　4X 型台式金相显微镜

1—载物台　2—物镜　3—物镜转换器　4—传动箱　5—粗微调焦手轮　6—微调焦手轮　7—支架　8—目镜　9—目镜筒　10—固定螺钉　11—调节螺钉　12—视场光阑　13—孔径光阑

（1）工业纯铁　室温组织为单相铁素体组织，呈白亮色多边形晶粒，块状分布。有时在晶界处可观察到不连续的薄片状三次渗碳体，工业纯铁的铁素体显微组织如图 3-8 所示。

（2）亚共析钢　室温组织为铁素体和珠光体。当碳的质量分数较低时，白色的铁素体包围黑色的珠光体。随着碳质量分数的增加，铁素体量逐渐减少，珠光体量逐渐增多，45 号钢的铁素体和珠光体显微组织如图 3-9 所示。

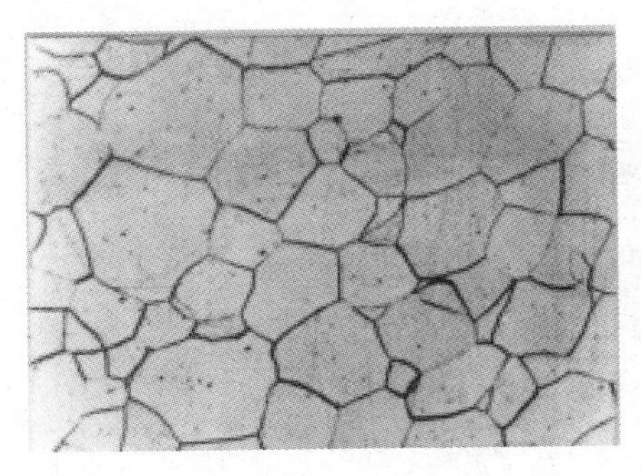

图 3-8　工业纯铁显微组织（铁素体）

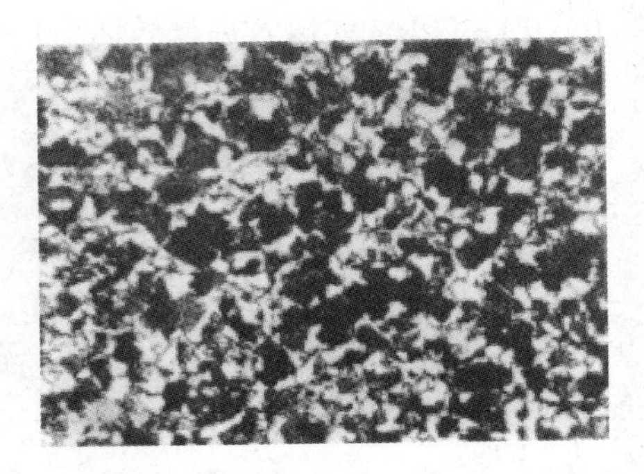

图 3-9　45 号钢显微组织（铁素体和珠光体）

（3）共析钢　室温组织全部为珠光体。在金相显微镜下可看到铁素体和渗碳体呈片层状交替排列。若金相显微镜分辨率低，则分辨不出片层状结构，看到的会是指纹状或暗黑块组织，共析钢的珠光体显微组织如图 3-10 所示。

（4）过共析钢　室温组织为珠光体和二次渗碳体。经 4% 硝酸酒精溶液浸蚀后，Fe_3C_{II} 为白色细网状，暗黑色的是珠光体。若采用苦味酸钠溶液浸蚀，则渗碳体被染成黑色，铁素体仍保留白色，过共析钢显微组织如图 3-11 所示。

图 3-10　T8 钢显微组织（珠光体）

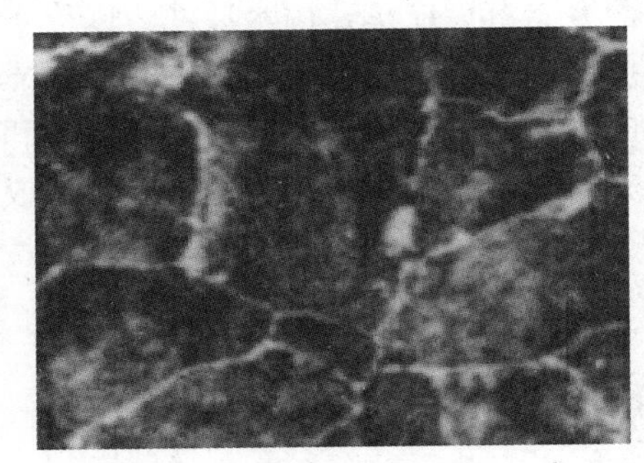

图 3-11　T12 钢显微组织（珠光体和二次渗碳体）

（5）亚共晶白口铁　室温组织为珠光体、二次渗碳体和低温莱氏体。在金相显微镜下，珠光体呈黑色块状或树枝状，莱氏体呈白色基体上散布黑色麻点和黑色条的状态。二次渗碳体则分布在珠光体枝晶的边缘，亚共晶白口铁显微组织如图 3-12 所示。

（6）共晶白口铁　室温组织为低温莱氏体。金相显微镜下可看到的是黑色粒状或条状珠光体散布在白色渗碳体基体上，共晶白口铁显微组织如图 3-13 所示。

（7）过共晶白口铁　室温组织由先结晶的一次渗碳体与低温莱氏体所组成。金相显微镜下可看到的是一次渗碳体呈亮白色条状分布在莱氏体基体上。过共晶白口铁显微组织如图 3-14 所示。

经过不同热处理工艺后，金属材料内部组织会发生转变。如优质碳素结构钢中的 45 号钢（45 号钢属于亚共析钢），其淬火后可得到的组织为马氏体（条状和片状马氏体的混合组织），如图 3-15 所示。正火后可得到珠光体和铁素体，如图 3-16 所示。退火后可得到珠光体和铁素体，如图 3-17 所示。

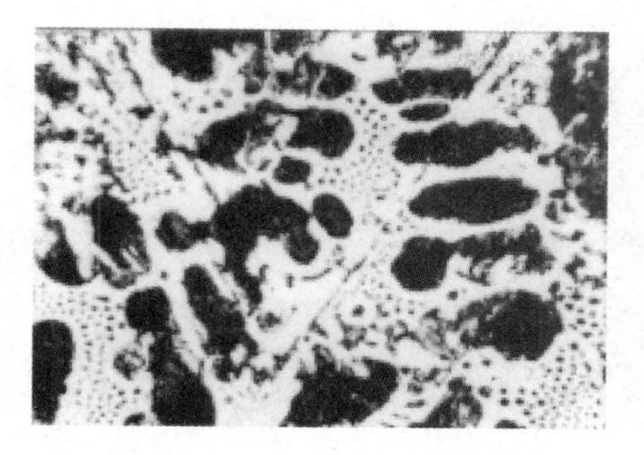

图 3-12　亚共晶白口铁显微组织
（珠光体、二次渗碳体和低温莱氏体）

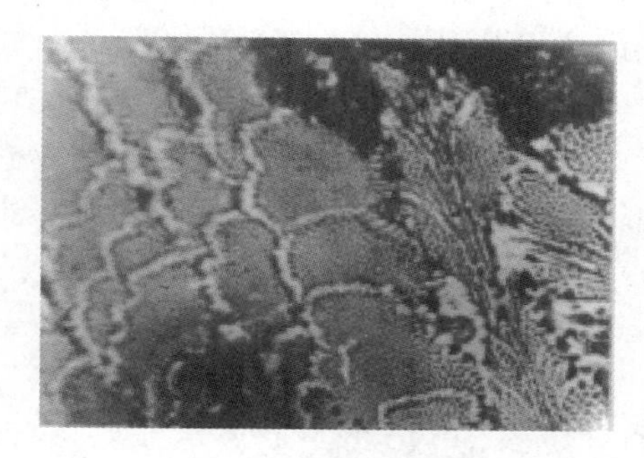

图 3-13　共晶白口铁显微
组织（低温莱氏体）

对比可以发现，45 钢在正火和退火后所得到的组织都是铁素体及珠光体，但其组织比例不同，因此可知正火的效果与退火相似，只是得到的组织更细，常用于改善材料的切削性能，有时也用于对一些要求不高的零件做最终热处理。

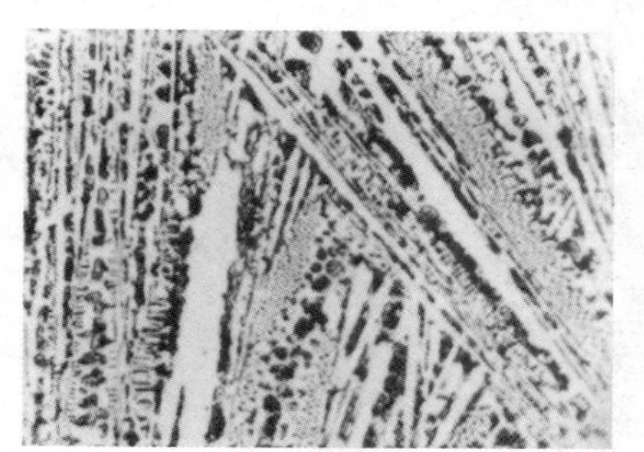

图 3-14　过共晶白口铁显微组织
（一次渗碳体与低温莱氏体）

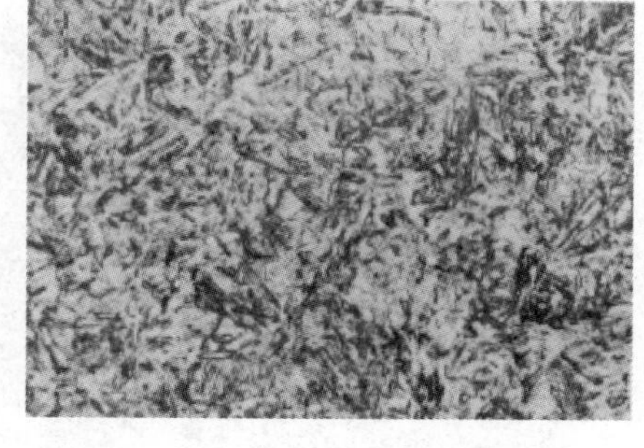

图 3-15　45 号钢淬火显微组织
（条状和片状马氏体的混合组织）

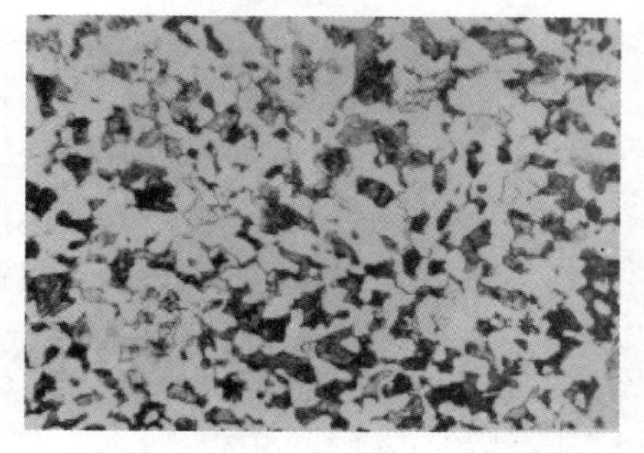

图 3-16　45 号钢正火显微组织
（珠光体和铁素体）

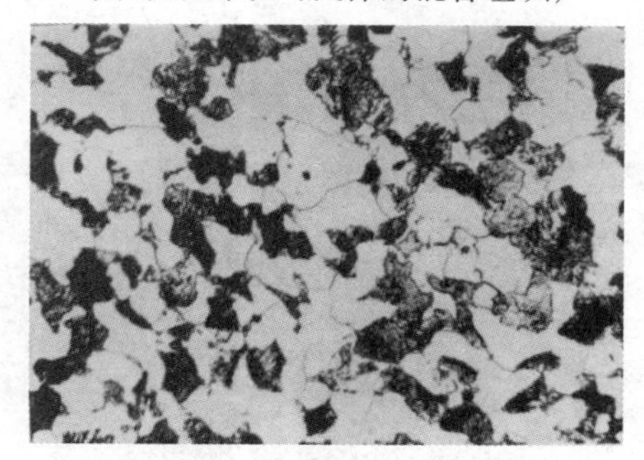

图 3-17　45 号钢退火显微组织
（珠光体和铁素体）

3.4　热处理实践案例

本案例选取 $\phi20\times25$ 圆柱体的 45 号钢为试样（图 3-18），通过试样的制作与使用热处理炉、硬度计、金相显微镜、金相抛光机等了解热处理的各种工艺方法。

1. 金相试样的制备

（1）取样　在所需观察的部位上取下一小块来制成金相试样，一般采用线切割进行取样。取下样品的尺寸，通常采用如图 3-19 所示直径为 12～15mm 的圆柱体或边长为 12～15mm 的正方体以便于试样的制备。

图 3-18　45 号钢圆柱体试样

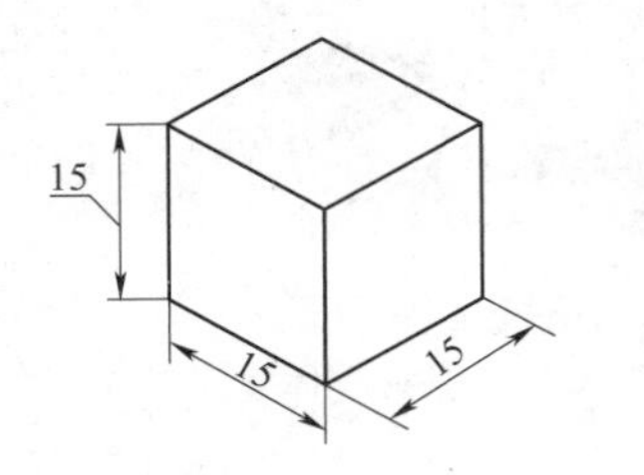

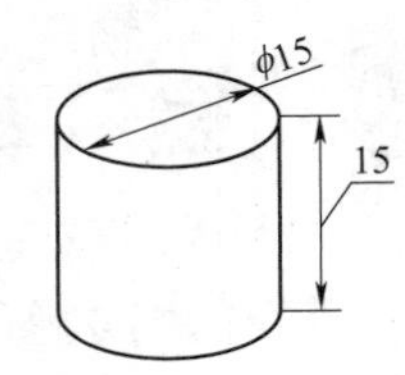

图 3-19　取样尺寸

（2）磨制　对试样选用粗砂纸进行粗磨（图 3-20a），选用粗糙程度不同的金相砂纸由粗到细顺序进行细磨（图 3-20b），进行细磨后的试样如图 3-20c 所示。

a) 粗磨

b) 细磨

c) 细磨后的试样

图 3-20　磨制试样

（3）抛光　首先在 P-2 型金相抛光机上用帆布对试样进行粗抛、精抛（图 3-21a），然后用丝绒抛光布对试样进行精抛（图 3-21b），抛光完成后用清水和毛刷冲洗去除试样表面残余抛光液（图 3-21c），最后利用无水酒精对试样表面进行滴注，以防生锈（图 3-21d）。

（4）浸蚀　将抛光好的试样浸入到一定的化学试剂（一般为 4%的硝酸酒精）溶液中

a) 粗抛、精抛

b) 精抛后的试样面

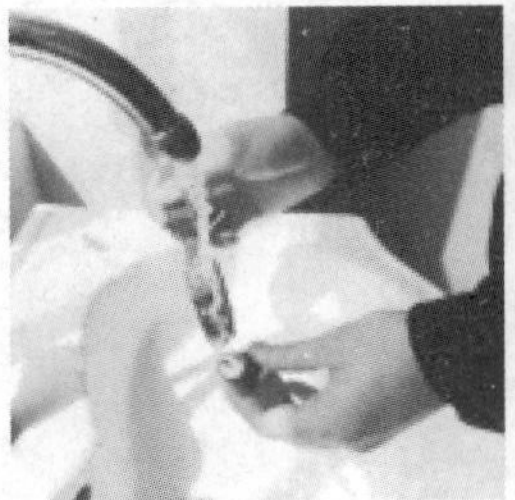

c) 清洗精抛后的试样

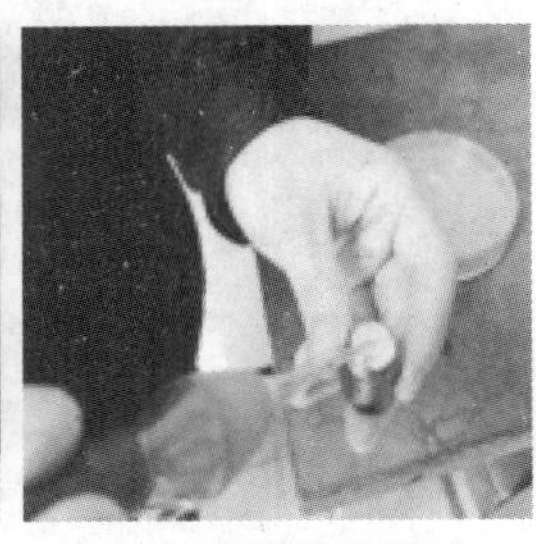

d) 无水酒精清洗样面

图 3-21　试样抛光过程

(图3-22a)，或者用化学试剂擦拭试样的磨面。试样经适当化学浸蚀表面变暗后（图3-22b），应迅速用水冲洗（图3-22c），然后用酒精擦洗（图3-22d），再用电吹风吹干后（如图3-22e所示）即可进行金相显微镜组织观察。

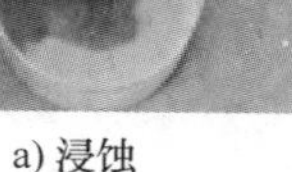

a) 浸蚀

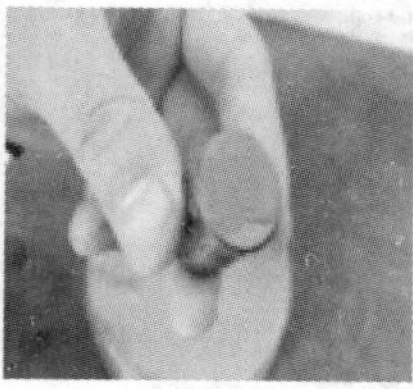

b) 磨面变暗

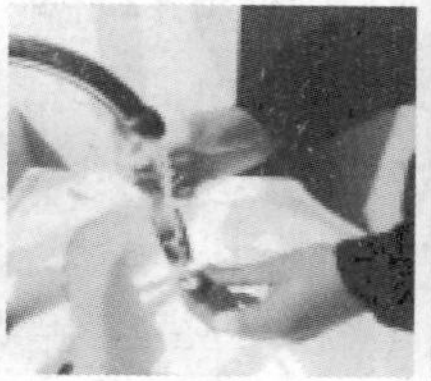

c) 冲洗磨面

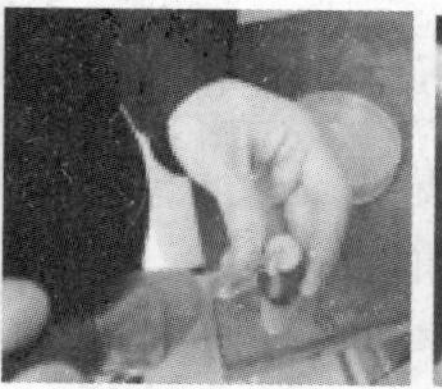

d) 无水酒精清洗磨面

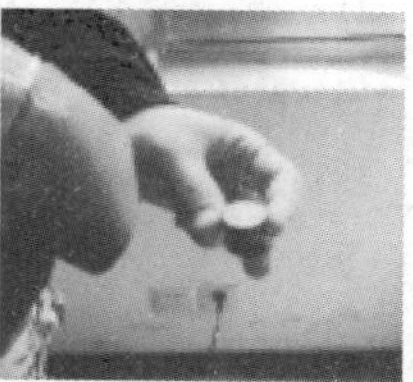

e) 吹风机吹干磨面

图3-22　浸蚀

（5）观察金相组织　用金相显微镜观察，浸蚀后试样的金相组织如图3-23所示。

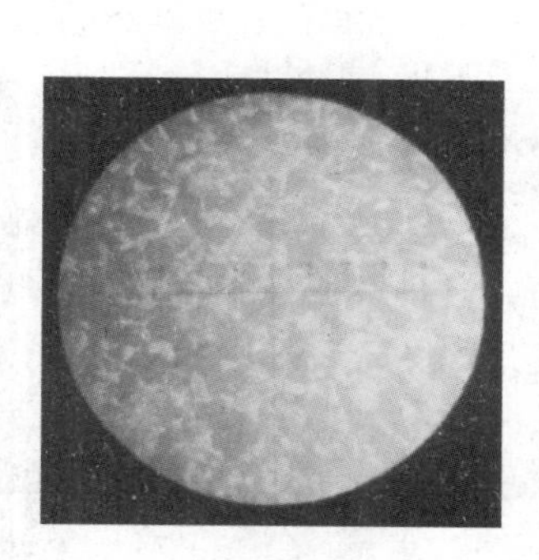

图3-23　试样显微金相组织

2. 铁碳合金的金相平衡组织观察

1）按观察要求选择目镜和物镜，并将试样磨面对着物镜放在金相显微镜载物台上。显微镜的放大倍数由物镜和目镜在一定的范围内配合确定，依据实际情况取得最佳观察效果。45号钢一般采用400倍放大倍率为宜。

2）接通金相显微镜电源。

3）用手慢慢旋转金相显微镜的粗调焦手轮，可见视场由暗到亮，调至看到组织，然后再旋转微调焦手轮，直到图像清晰为止。

4）逐个观察全部试样，并与金相照片比较，确定材料牌号。

3. 退火、正火、淬火热处理操作

首先进行空炉升温（注意：不同材料的炉温要求不同），空炉升温至规定温度后切断电源。将磨制好的试样装炉（注意：装炉时应佩戴好专业防护装备与专用夹具），关闭炉门，通电升温加热并保温。达到规定保温时间后切断电源（注意：不同材料和大小的零件保温时间不同），打开炉门，取出试样，再按照如下要求进行冷却。

1）淬火：将45号钢试样加热至860℃，保温15min，后水冷淬火。

2）正火：将45号钢试样加热至860℃，保温15min，后放入空气中冷却。

3）退火：将45号钢试样加热至860℃，保温15min，后随炉冷却。

4. 热处理后试样硬度测定

分别将退火、正火、淬火后的试样去掉氧化皮，用装载120°金刚石压头的HRS-150数显洛氏硬度计进行硬度测定。以测量淬火钢硬度为例，其操作方法如下。

a) 显示面板

b) 试验载荷手轮

图3-24　洛氏硬度计操作面板

1）确保试样上、下两面磨平整。

2）接通电源，面板指示灯亮，

如图 3-24a 所示。

3）按“SC”按钮，选择 C 标尺（注意：若测量退火钢和正火钢，则需调整为 B 标尺，总试验力为 980N）。

4）顺时针转动载荷手轮，确定总试验力为 1471N（图 3-24b），对应指示灯亮。

5）按“LD”按钮，选择总试验力的加载时间 5s，复零。

6）按“No”按钮，选择操作次数为 3 次，复零。

7）按照表 3-3，选择 120°金刚石圆锥体压头。安装金刚石压头时，用手的中指顶住金刚石头部并轻轻地朝压头杆孔中推进（图 3-25a），贴紧支承面，将压头柄缺口平面对着螺钉，把压头紧定螺钉略微拧紧，然后将试件放在测试台上。

8）顺时针转动手轮，螺杆上升，应使试件慢慢无冲击地与压头接触，直至硬度计显示屏显示“590”（图 3-25b），此时已施加 1471N 的初试验力，而且螺杆与旋轮间自动反馈锁合。若螺杆上升速度过快，则在显示值超过 610 时，蜂鸣器长鸣，提示操作错误，应下降测试台，改换测试点位置再测试。

9）电动机转动，自动施加主试验力，当总试验力保持一定时间（5s）后，电动机转动，自动卸除主试验力，保留初试验力，蜂鸣器声响，显示屏的数值即为被测试件的硬度值，如图 3-26a 所示。

a) 金刚石压头安装

b) 硬度显示

图 3-25　洛氏硬度计金刚石压头安装及硬度显示

a) 测试中

b) 测试结束

图 3-26　洛氏硬度计显示测试结果

10）反向旋转手轮，使测试台下降，更换测试点，重复上述操作，每一试件测试4点（注：第1点不记录）。

11）当选择的测试次数操作完成，“OVER”指示灯亮（图3-26b），操作手轮使测试台下降。按面板上的“$\overline{H}$”按钮，数显屏显示“57.4”，即得硬度测试的平均值为57.4HRC。

12）对于退火钢和正火钢，其硬度也可用布氏硬度表示，洛氏硬度计测量出的数据可用于进行布氏硬度和维氏硬度的换算，如28.5HRC可换算结果为275HBW。同样，可把此结果转换为维氏硬度290HV。

思 考 题

1. 什么是热处理？常用的热处理工艺有哪些？
2. 分析比较退火、正火、淬火状态硬度的区别及这三种工艺的作用？
3. 低碳钢和中、高碳钢在淬火后出现硬度误差，主要原因可能是什么？
4. 常用的洛氏、布氏、维氏硬度各适用何种类型的材料测试？

第4章

铸造实践

4.1 实 践 目 的

1）了解铸造生产的工艺过程及其特点。

2）了解型砂、型芯砂等造型材料的组成、性能及其制备过程。

3）了解砂型铸造的基本造型方法，能正确选取分型面和分模面位置，熟悉常用的手工造型工具，掌握整模、分模、挖砂等基本造型工艺的操作过程和简单型芯的制作。

4）了解浇注系统的组成、作用和常见铸件缺陷产生的原因。

4.2 铸造技术概述

铸造是将加热熔化的金属材料浇入制造好的铸型，凝固后获得一定形状、尺寸、成分、组织和性能的铸件的成形方法，一般用于毛坯制造。被铸物质多原为固态但加热至液态的金属（如铜、铁、铝、锡、铅等），而铸型的材料可以是砂、金属，甚至陶瓷。

1. 铸造的分类

按照生产方式铸造，可以分为砂型铸造和特种铸造。

（1）砂型铸造　砂型铸造是采用型砂紧实成型的原理实现铸件成形的铸造方法。型砂来源广泛，价格低廉，且砂型铸造方法适应性强，因而是目前生产中用得最多、最基本的铸造方法，主要分为手工造型和机器造型，砂型铸造分类如图 4-1 所示，砂型铸造特点及应用范围见表 4-1。

表 4-1　砂型铸造特点及应用范围

造型方法	特　　点	应用范围
手工造型	用手工完成紧砂、起模、修型 特点为：1）操作灵活，可按铸件尺寸、形状、批量与现场生产条件灵活地选用具体的造型方法；2）工艺适应性强；3）生产准备周期短；4）生产效率低；5）质量稳定性差，铸件尺寸精度、表面质量较差；6）对工人技术要求高，劳动强度大	单件、小批量铸件或难以用造型机器生产的形状复杂的大型铸件
机器造型	采用机器完成全部造型过程，或者至少完成紧砂操作的造型方法 特点是效率高、铸型和铸件质量好，但投资较大	大量或成批生产的中、小型铸件

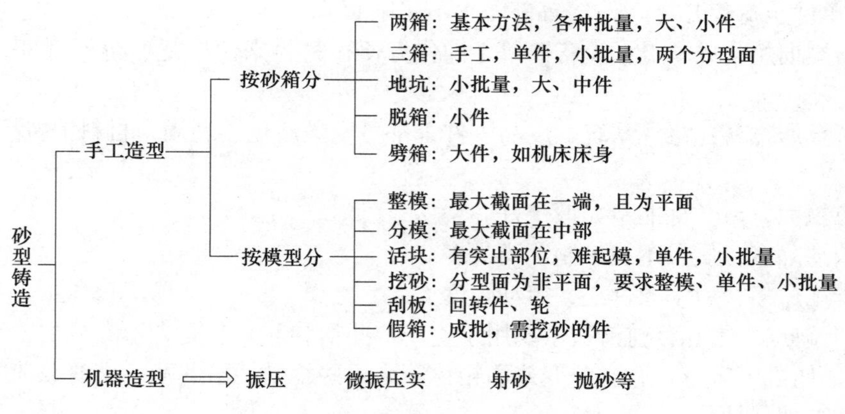

图 4-1　砂型铸造分类

（2）特种铸造　特种铸造是砂型铸造的其他铸造方法，常见的特种铸造方法如图 4-2 所示。特种铸造具有适用性强、灵活性大、经济性好、质量好、精度高的特点，因此得到广泛应用。

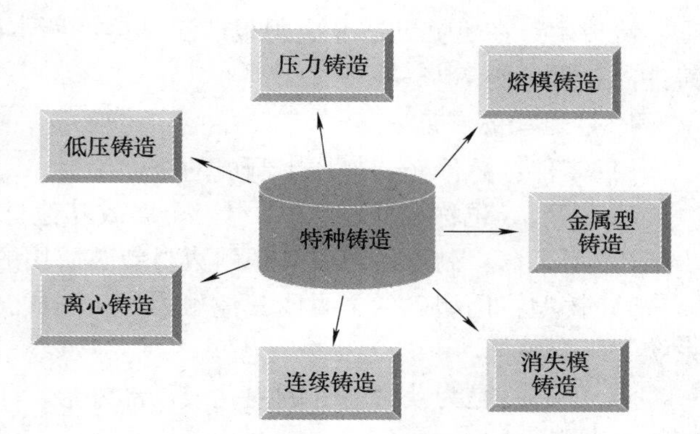

图 4-2　常见的特种铸造方法

1）金属型铸造：是利用金属材料制成铸型，在重力作用下将熔融金属浇注到铸型中制造铸件的一种铸造方法，也称永久型铸造。

2）熔模铸造：在易熔模样（简称熔模）的表面包覆多层耐火材料，然后将模样熔去，制成无分型面的型壳，经焙烧、浇注而获得铸件的方法。

3）压力铸造：熔融金属在高压下高速充型并凝固而获得铸件的方法称为压力铸造，简称压铸。

4）低压铸造：是用较低的压力（0.02~0.06MPa），使金属液自下而上充填型腔并在压力下结晶，以获得铸件的方法。

5）离心铸造：是将液态金属浇入高速旋转的铸型，使其在离心力作用下凝固成形的铸造方法。

6）连续铸造：是将熔融金属连续不断地浇注到被称为结晶器的特殊容器中，凝固的铸件不断从结晶器的另一端被引出，从而获得任意长度的等横截面铸件的铸造方法。

7）消失模铸造：是指用聚苯乙烯泡沫塑料制成带有浇冒系统的模型，覆上涂料，用干砂造型，不需取模而直接浇注的铸造生产方法。

2. 铸造特点

（1）优点

1）毛坯复杂程度高：无论外形还是内腔都可以相当复杂，是其他方法无法比拟的。

2）适应性广：合金种类（铸铁、铸钢、铸铝、铸铜）、铸件大小（从几克到几百吨）、生产批量（单件至每年几百万件）等都无乎不受限制。

3）生产周期短、成本低：设备简单、操作方便，材料来源广泛、价格低廉，可实行少或无切削加工。

4）节省金属材料：浇注系统、废品零件等都可回炉熔化再利用，材料浪费极少。

（2）缺点

1）晶粒粗大，力学性能不如锻件好。

2）铸造缺陷多，质量不易控制，废品多。

3）生产工序多，劳动条件差，劳动强度大。

由于以上缺点，因此目前铸造主要用于生产那些形状复杂、受力不大或主要承受静载荷的机械零件，如机床床身、底座、变速箱箱体等，那些承受冲击载荷、交变载荷的重要零件不能采用铸件，而要用锻件。

3. 铸造的应用

铸造生产在机械制造业应用很广泛，铸件所占的比重相当大。例如在机床、内燃机中，铸件占总重量的70%~90%。

4. 铸造相关术语

1）零件：铸件经切削加工制成的金属件。

2）模型（也称模样）：由木材、金属或其他材料制成，用来形成铸型型腔的工艺装备。

3）型芯盒：制造砂芯或其他耐火材料芯所用的装备。

4）铸型：用型砂、金属或其他耐火材料制成，包括形成铸件形状的空腔、型芯和浇冒系统的组合整体。

5）型芯：是为获得铸件的内孔或局部外形，用芯砂或其他材料制成的，安放在型腔内部的铸型组元。

6）型腔：铸型中造型材料所包围的空腔部分。

7）铸件：铸造所获得的零件或毛坯。

4.3 造型材料及常用工具

用砂、陶瓷等造型材料制造出与铸件形状、尺寸相符的铸型的过程称为造型。造型是铸造生产中十分关键的环节。

1. 造型材料的组成

制造砂型和型芯的材料称为型砂和芯砂，统称为造型材料。型（芯）砂由原砂、黏结剂、附加物和水混制而成。

1）原砂：是耐高温材料，是型砂的主体。高质量的型（芯）砂要求SiO_2含量高、杂质少、砂粒均匀且呈圆形。一般在生产铸钢件时，选用SiO_2含量>90%的石英砂；在生产铸铁件时，选用SiO_2含量>85%的石英-长石砂；而在生产铸铜件、铸铝件时，选用SiO_2含量在80%左右的红砂（黏土砂）。

2）黏结剂：主要起黏结作用。常用的黏结剂有普通黏土和膨润土。膨润土比普通黏土黏结力强。在膨润土中加入少量Na_2CO_3进行活化处理，能进一步提高型（芯）砂的强度和透气性。加入适量的水可使黏结剂与黏土形成黏土膜而增加砂粒的黏结作用。对于要求较高的芯砂，常采用特殊黏结剂，如桐油、亚麻仁油、复合脂或树脂等。由这种黏结剂配制而成的芯砂称为油砂或树脂砂，具有良好的溃散性。

3）附加物：指煤粉、锯木屑等。煤粉在液态金属作用下燃烧形成气膜，避免铁液与型腔直接接触，使铸件表面光洁，防止黏砂。加入木屑则能提高型（芯）砂的透气性和退让性。

2. 造型材料的性能

经适当配制和均匀混合的型（芯）砂，应具备如下的基本性能。

1）强度：指型（芯）砂抵抗外力破坏的能力。足够的强度可保证铸型不致塌箱、掉砂、夹砂和胀大。但强度过高会使铸型透气性、退让性变差，使铸件产生内应力，甚至开裂，因此强度要适中。

2）透气性：是指型（芯）砂孔隙透过气体的能力。浇注时，铸型会产生大量气体，液态金属也会析出气体，若型（芯）砂透气性差，气体不能从铸型中顺利排出，会使铸件产生气孔、呛火和浇不足等缺陷。

3）可塑性：是指型砂在外力作用下变形，去除外力后仍保持所得到形状的能力。可塑性好会易于得到形状复杂、轮廓清晰的型腔，也便于起模。

4）耐火性：是指型（芯）砂经受高温热作用的能力。耐火性差，铸件易产生黏砂缺陷。原砂中 SiO_2 的含量越高，其耐火性越好。

5）退让性：是指铸件冷凝收缩时，型（芯）砂可被压缩的能力。型砂退让性差，则铸件易产生内应力而引起变形和开裂。由于型芯被金属液所包围，故对芯砂的退让性要求比型砂高。

6）耐用性：也称为复用性或回用性，是指型砂在浇注后可保持原来的性能、重复使用的能力。耐用性差的型砂，经反复使用后，强度、透气性、可塑性会下降，故需要经常补充较多的新砂来恢复其性能，这将会增加铸件的成本。

型砂的性能一般靠经验来判断。用手捏一把砂时感到柔软容易变形，不沾手，掰断时断面不粉碎，就说明砂的性能合格。

3. 造型常用工具

手工造型常用工具如图4-3所示，其作用如下。

1）舂砂锤：用尖头锤舂砂，用平头锤打紧砂箱顶部的砂。

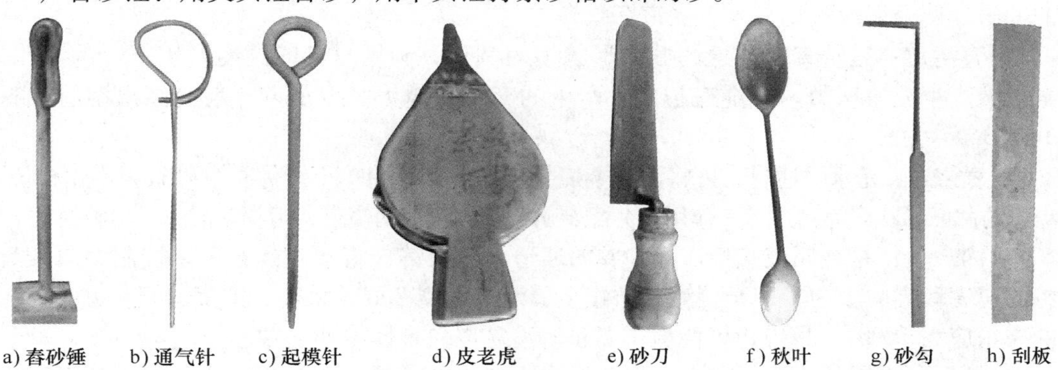

a) 舂砂锤　b) 通气针　c) 起模针　d) 皮老虎　e) 砂刀　f) 秋叶　g) 砂勾　h) 刮板

图4-3　手工造型常用工具

2）通气针：用于扎砂型通气孔。

3）起模针：比通气针粗，用于起模。

4）皮老虎：用于吹去模型上的分型砂及散落在型腔中的散砂。

5）砂刀：用于修平面及挖沟槽。

6）秋叶：用于修凹的曲面。

7）砂勾：用于修凹的底部或侧面，以及勾出砂型中的散砂。

8）刮板：用于刮平砂箱表面的型砂。

4.4 砂型铸造系统

砂型铸造系统由浇注系统、上砂型、下砂型、型腔、型芯和出气孔组成，如图 4-4 所示。

1. 浇注系统

浇注系统是为了填充型腔而开设于铸型中的一系列通道，通常由外浇口、直浇道、横浇道、内浇道和冒口组成，如图 4-5 所示。

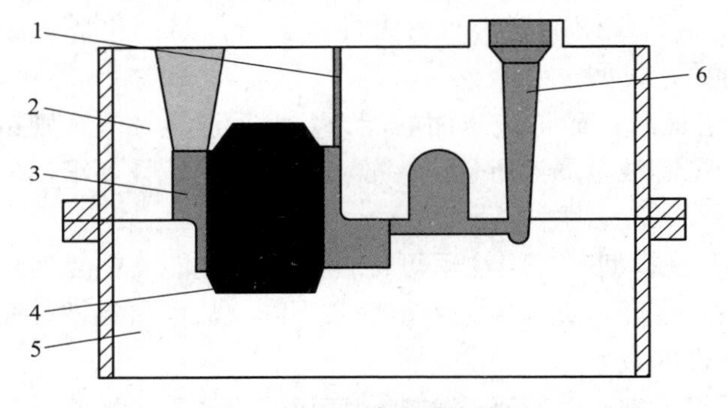

图 4-4 砂型铸造系统简图

1—出气孔 2—上砂型 3—型腔 4—型芯 5—下砂型 6—浇注系统

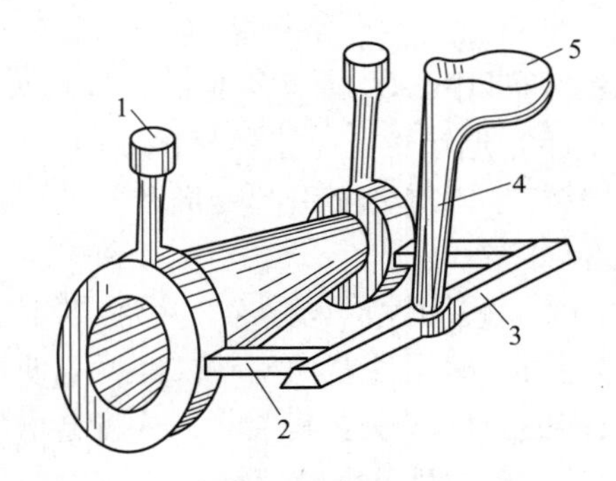

图 4-5 浇注系统

1—冒口 2—内浇道 3—横浇道 4—直浇道 5—外浇口

1）外浇口：又称浇口杯，作用是承接从浇包中倒出来的液态金属，减轻金属液流对铸型的冲击，使金属液平稳流入直浇道。

2）直浇道：是竖直的通道，截面形状多为圆形，利用自身的高度产生一定的静压力，使金属液产生充填压力。直浇道越高，产生的充填力越大，直浇道一般要高出型腔最高处 100~200mm。

3）横浇道：是水平通道，可将液态金属导入内浇道，简单小铸件有时可省去不用横浇道。横浇道的截面形状多为梯形，其作用是分配金属液使其流入内浇道，阻止熔渣进入型腔内。

4）内浇道：是金属液直接流入型腔的通道，它与铸件直接相连，可以控制金属液流入型腔的速度和方向。为了利于挡渣和防止金属液冲刷型芯或铸型壁，内浇道倾斜方向与横浇道的夹角应大于 90°；另外，内浇道不要正对型芯以免金属液冲坏砂芯。

5）冒口：金属从以液态浇入铸型到形成固态铸件，通常会发生体积收缩，从而产生缩孔、缩松等铸造缺陷，设置冒口的主要作用就是补缩，此外，冒口还有出气和集渣的作用。

2. 上、下砂型

上、下砂型是以型砂为造型材料而制成的铸型组元，上、下砂型的结合面称为分型面。

3. 型腔

型腔是指铸型中造型材料所包围的空腔部分，与模样完全一致，是形成铸件的主要空间。

4. 型芯

型芯是依据铸件空心处的形状制造而成，以用于放入型腔中将空心处填满，使金属材料浇不进去，那么就形成了铸件的空心部分，而芯头就是型芯的支撑点。

5. 出气孔

在铸型中，用通气针扎出气孔，以便排气，防止铸件产生气孔缺陷。

4.5　砂型铸造工艺及基本造型方法

砂型铸造的基本工艺流程如图 4-6 所示，下面重点介绍三种最基本的砂型铸造方法。

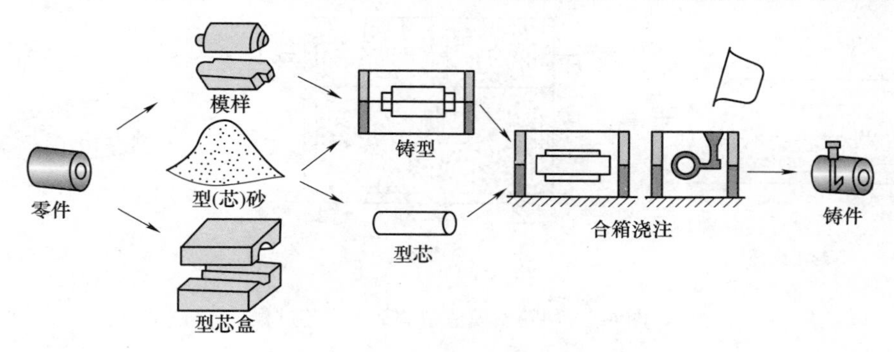

图 4-6　砂型铸造的基本工艺流程

1. 两箱整模造型

两箱整模造型的特点是采用整体模样，模样截面由大到小，放在一个砂箱内，可一次性

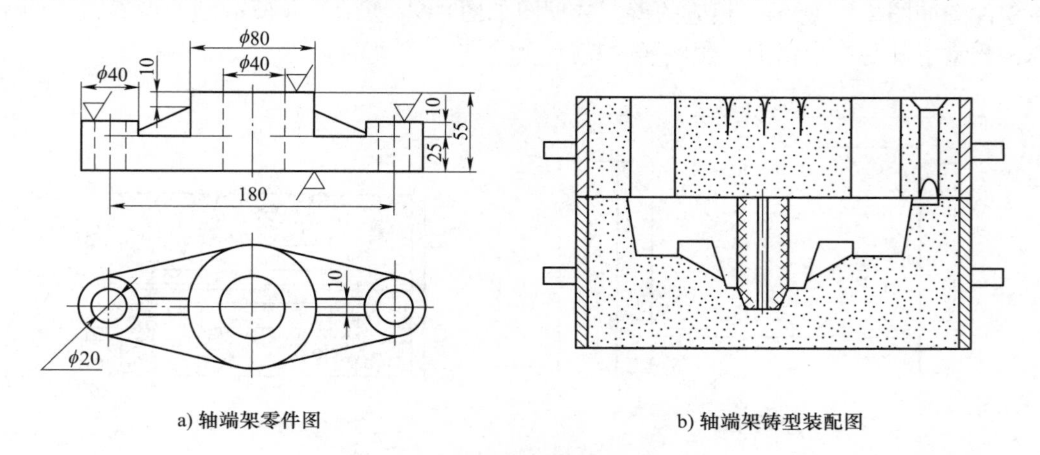

图 4-7　轴端架两箱整模造型

从砂型中取出，造型比较方便。轴端架零件图如图 4-7a 所示，该铸件的最大截面位于一端，且是平面，适合采用两箱整模造型。相应的铸型装配图如图 4-7b 所示。整模造型的型腔位于一个砂箱中，不会错型，铸件形状、尺寸精度较高，多用于形状简单铸件的生产。

两箱整模造型的基本工艺过程如图 4-8 所示。

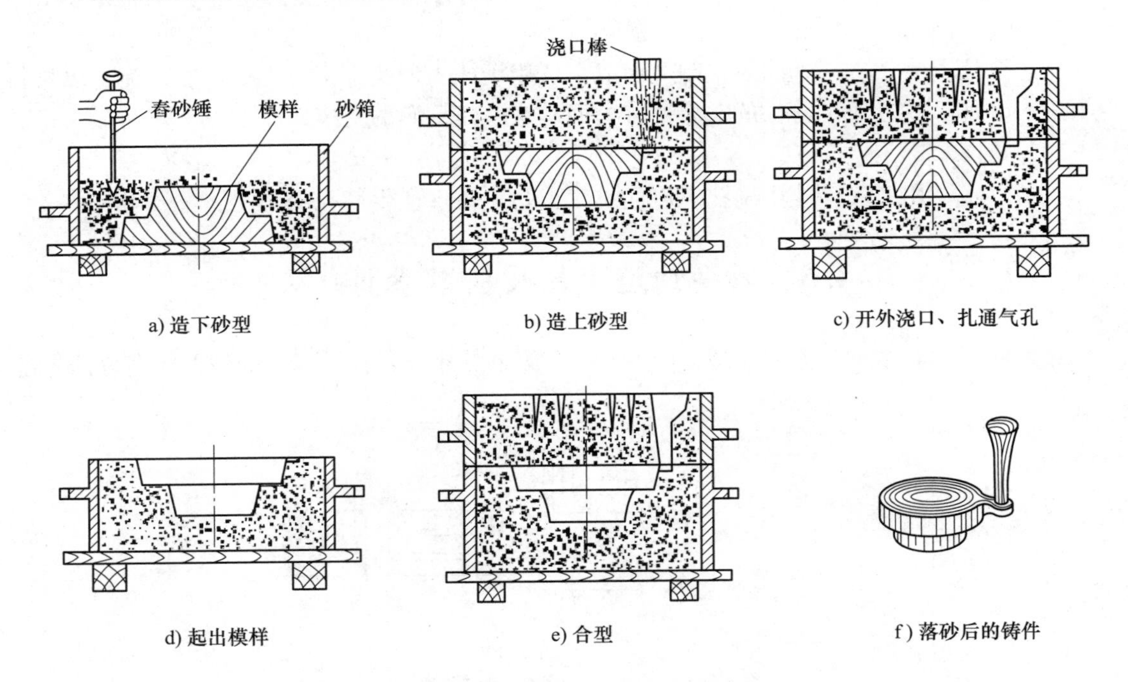

图 4-8　两箱整模造型的基本工艺过程

2. 两箱分模造型

分模造型的特点就是当铸件截面不是由大到小逐渐递减时，将模样在最大水平截面处分开，使其能在不同的铸型或分型面上顺利起出。最简单的分模造型方法即为两箱分模造型，套筒零件图如图 4-9a 所示，相应的铸型装配图如图 4-9b 所示。分模造型的型腔位于两个砂箱内，合型不准易产生错型，影响铸件精度。

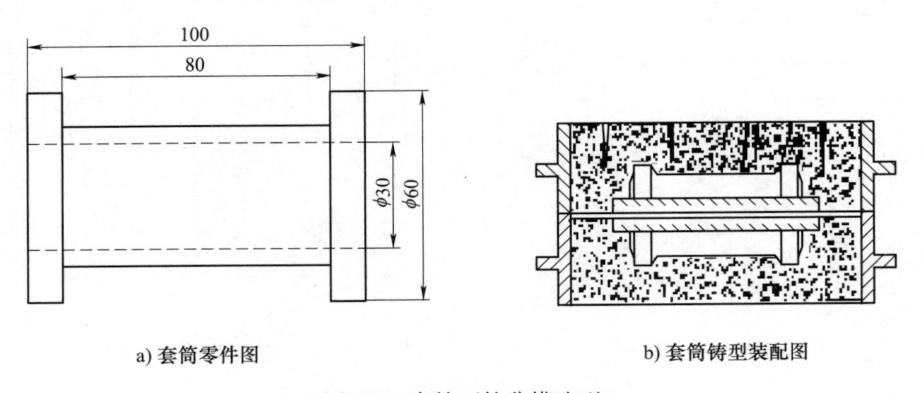

图 4-9　套筒两箱分模造型

两箱分模造型的基本工艺过程如图 4-10 所示。

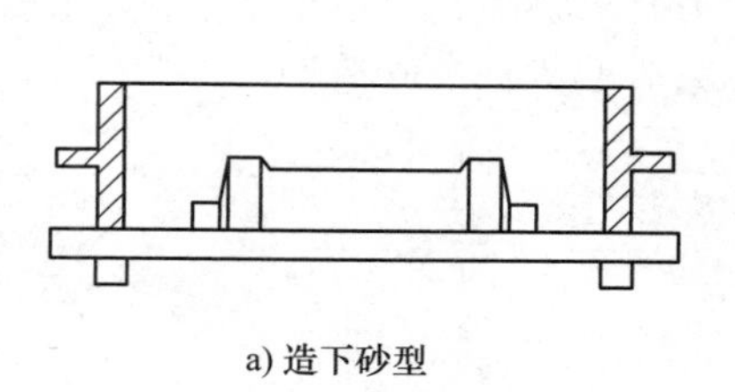
a) 造下砂型

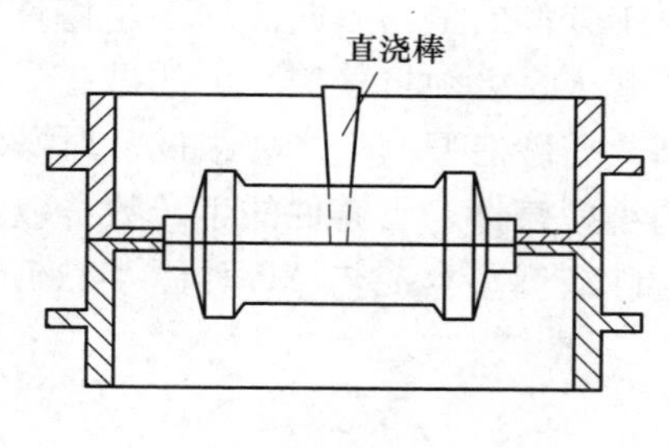

b) 造上砂型

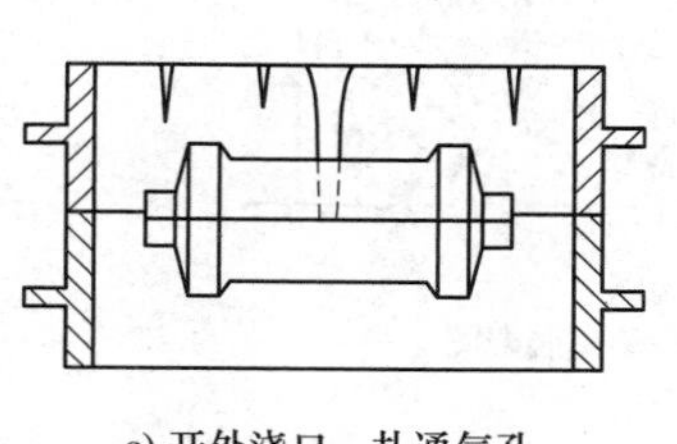
c) 开外浇口、扎通气孔

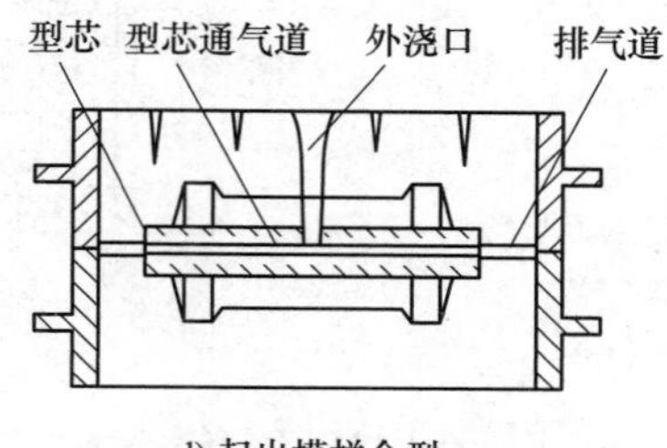

d) 起出模样合型

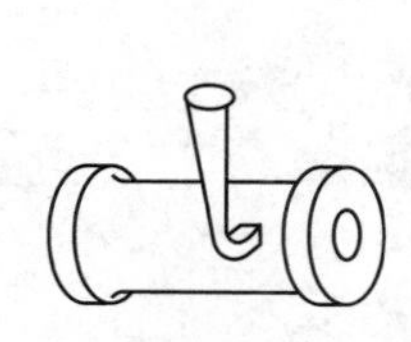
e) 落砂后的铸件

图 4-10　两箱分模造型的基本工艺过程

型芯制造过程示意图如图 4-11 所示。

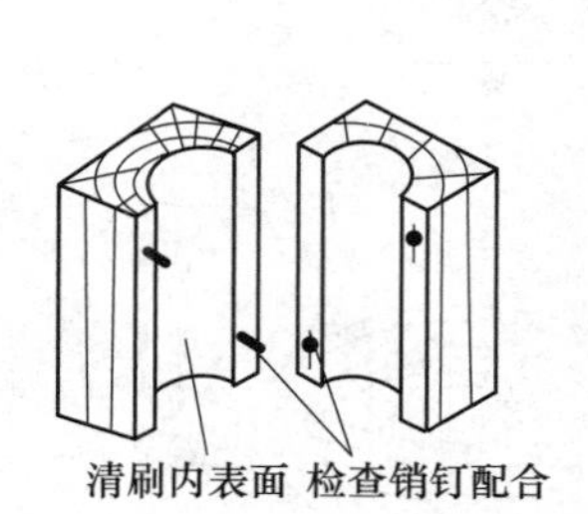

a) 检查芯盒是否配对

b) 夹紧两半芯盒，加入芯砂分层捣紧

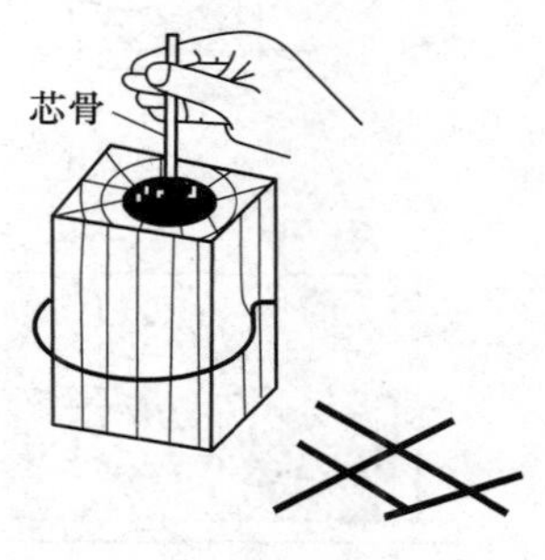

c) 插入芯骨

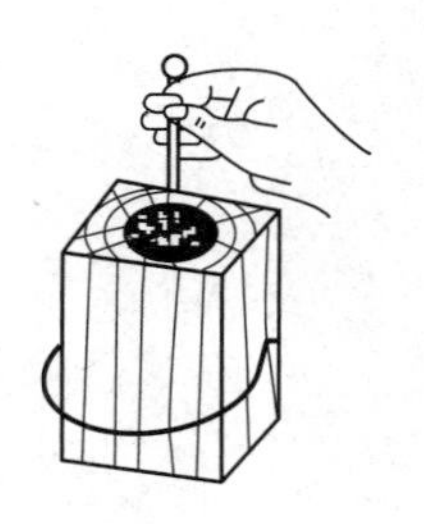
d) 扎出通气孔

e) 松开夹子，轻敲芯盒

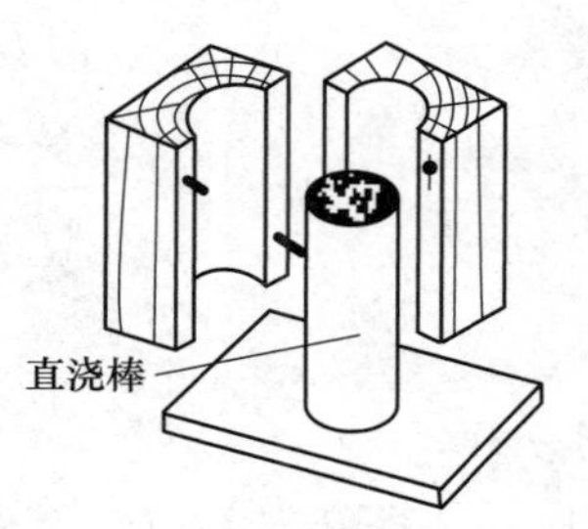

f) 取出芯砂，上涂料

图 4-11　型芯制造过程示意图

3. 挖砂造型

对于分型面是一个曲面的手轮铸件（图 4-12a），起模时覆盖在模样上面的型砂将阻碍模样的起出，必须将覆盖其上的砂挖去（图 4-12b），才能正常起模，这种造型方法称为挖砂造型。挖砂造型的生产率很低，对操作人员的技术水平要求较高，只适用于单件、小批量生产的小型铸件。当铸件的生产数量较多时，可采用假箱造型代替挖砂造型。

挖砂造型基本工艺过程如图 4-13 所示。

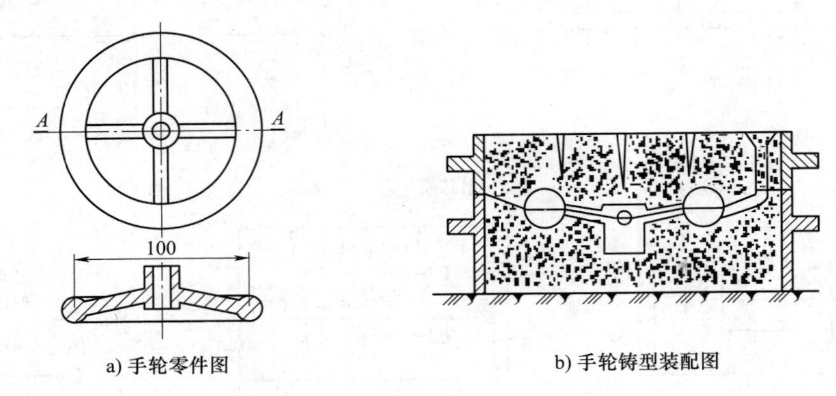

a) 手轮零件图　　b) 手轮铸型装配图

图 4-12　手轮铸件挖砂造型

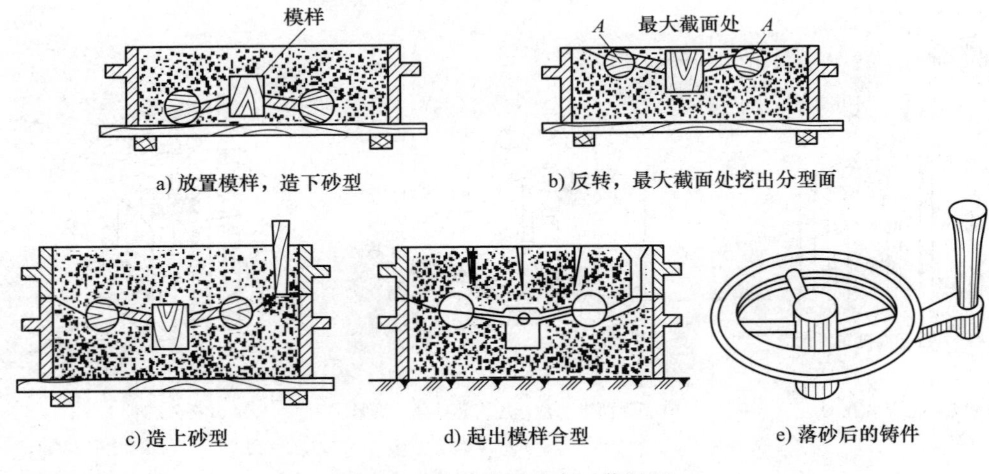

a) 放置模样，造下砂型　　b) 反转，最大截面处挖出分型面

c) 造上砂型　　d) 起出模样合型　　e) 落砂后的铸件

图 4-13　挖砂造型基本工艺过程

4.6　铸造实践案例

1. 案例分析

本实践以套筒零件为案例（图 4-9）。该零件外形的最大截面是平面，位于轮廓的中部。因此，可以将其从最大截面处分成两个部分，分模造型时两半模样分别位于上、下砂箱内，其模样如图 4-14 所示。另因该零件有通孔，因此需要制作型芯。

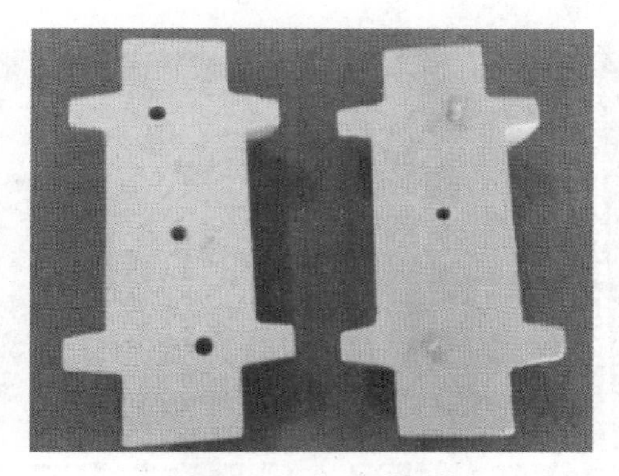

图 4-14 套筒模样

2. 两箱分模造型操作

（1）型腔制作 型腔制作过程如图 4-15 所示。

a) 安放下半模样

b) 撒面砂并紧实模样周边型砂

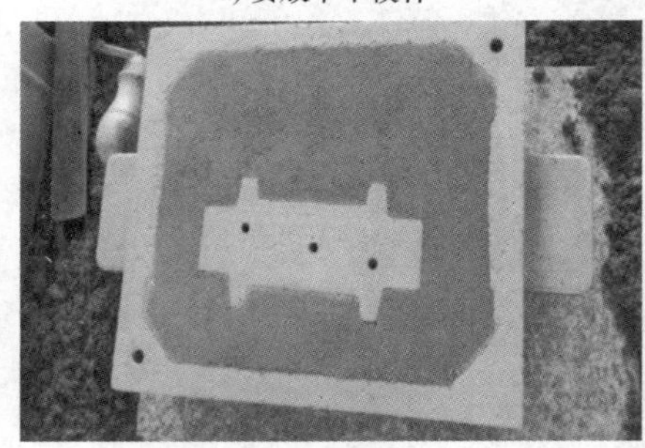

c) 翻转下砂

d) 放置上砂箱、上半模样和横浇道

e) 撒分型砂

f) 放置浇冒口

图 4-15 套筒的分模造型型腔制作过程

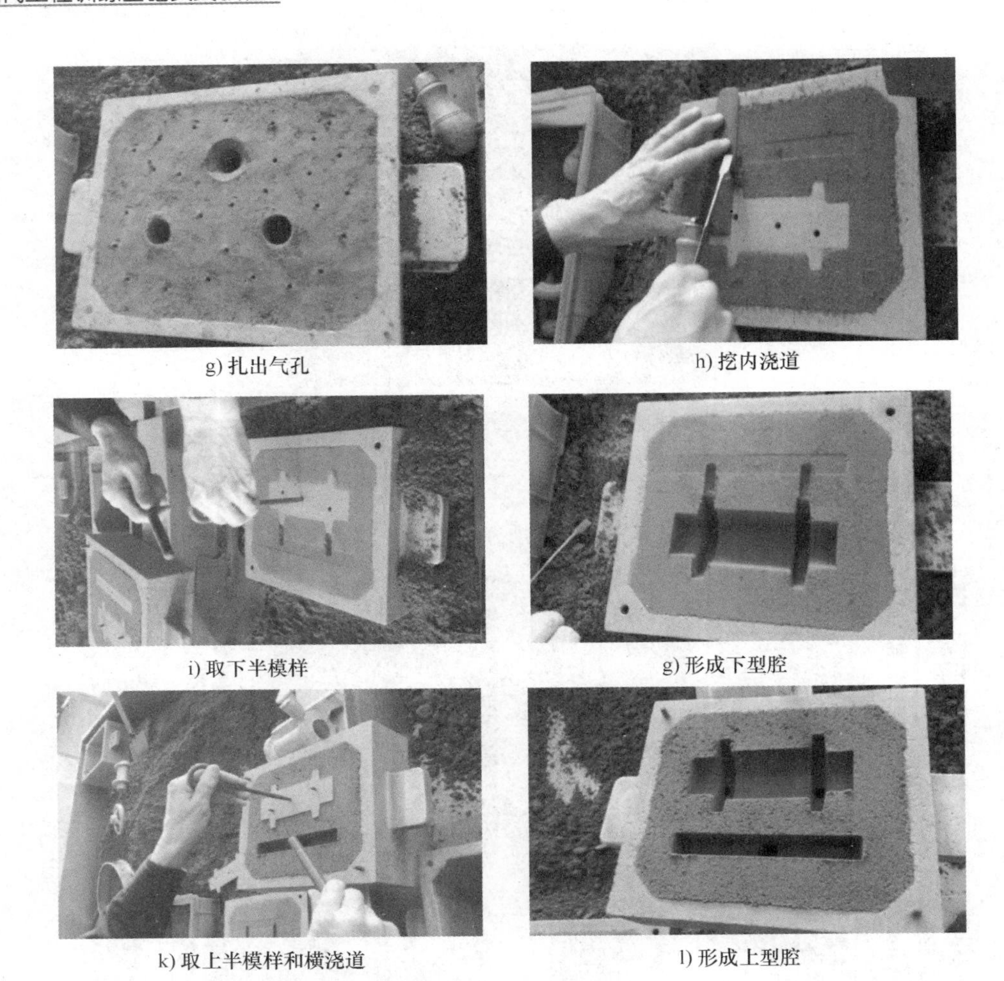

g) 扎出气孔　h) 挖内浇道

i) 取下半模样　g) 形成下型腔

k) 取上半模样和横浇道　l) 形成上型腔

图 4-15　套筒的分模造型型腔制作过程（续）

（2）型芯制作　型芯制作过程如图 4-16 所示。

a) 制作型芯

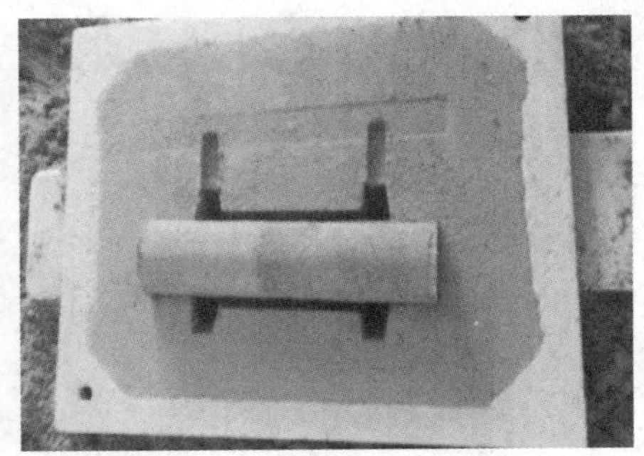

b) 放入型芯

图 4-16　型芯制作

(3) 铸件浇注　型腔和型芯制作完成后，进行合模浇注，铸件浇注过程如图 4-17 所示。

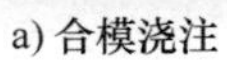
a) 合模浇注

b) 开模取件

图 4-17　铸件浇注

思　考　题

1. 模样、型腔、铸件和零件有何区别?
2. 铸造系统的组成及各部分的功能是什么?
3. 铸造的种类有哪些?
4. 什么特点的模样适合用挖砂造型?

第5章

焊接实践

5.1 实践目的

1）了解焊接成形的工艺、特点，以及分类与应用。

2）了解手工电弧焊、点焊的工作原理和使用方法。

3）了解焊接工艺参数及操作方法对焊接质量的影响。

4）初步掌握手工电弧焊、点焊的基本操作方法和要领。

5.2 焊接概述

焊接是一种通过加热、加压或两者并用的方式，使工件形成永久性连接的制造工艺及技术。常用的连接方式有可拆卸连接和不可拆卸连接（永久性连接），常用的可拆卸连接有螺纹连接和键连接等，常用的不可拆卸连接有铆接、胶接、焊接等。

1. 焊接的分类

焊接的种类很多，按其工艺特点可分为熔化焊、压焊和钎焊三大类，如图5-1所示。

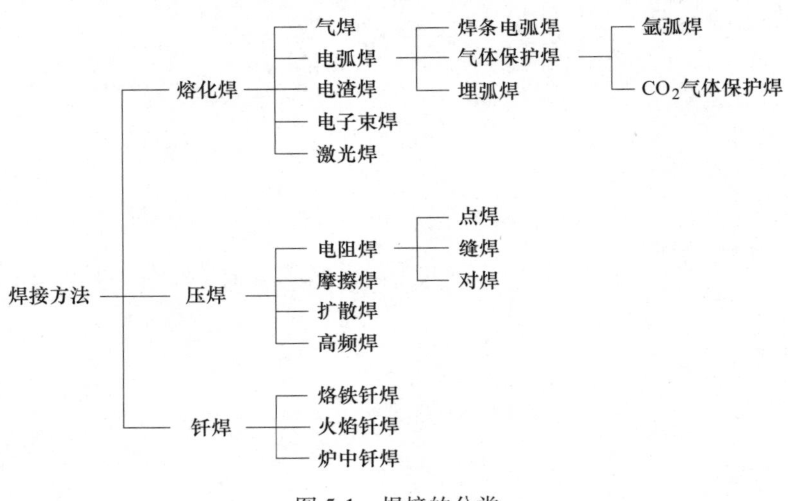

图5-1　焊接的分类

1）熔化焊：在焊接过程中，将两个焊件接合面局部加热至熔化状态，不加压而完成焊接的方法。常见的熔化焊有气焊、电弧焊、电渣焊、电子束焊、激光焊等。

2）压焊：在焊接过程中，必须对焊件施加压力（加热或不加热），使两个焊件结合面的原子间产生结合而完成焊接的方法。常见的压焊有电阻焊、摩擦焊、扩散焊、高频焊等。

3）钎焊：采用比焊件熔点低的金属材料做钎料，将焊件和钎料加热到高于钎料熔点并低于焊件熔点的温度，利用液态钎料润湿焊件，填充接头间隙并与焊件相互扩散实现焊接的方法。常见的钎焊有烙铁钎焊、火焰钎焊、炉中钎焊等。

2. 焊接的特点

1）两个焊件接头的力学性能与使用性能良好，耐高温、高压，且有良好的密封性。

2）构件重量轻，加工灵活方便，省工、省料，制造周期短，成本低。

3）生产率高，便于实现机械化和自动化。

3. 焊接的应用

1）制造桥梁、船体、车辆、屋架、锅炉、管道、大型雕塑等各种金属结构件。

2）生产机床底座、箱体等机械零件或毛坯。

3）修补铸件、锻件的缺陷及某些局部损坏的零件。

4. 焊接接头形式

根据焊件的空间位置，常采用对接、搭接、角接、丁字接四种接头形式进行焊接，如图5-2所示。其中对接接头是最常见的接头形式，其受力均匀、承载能力强。

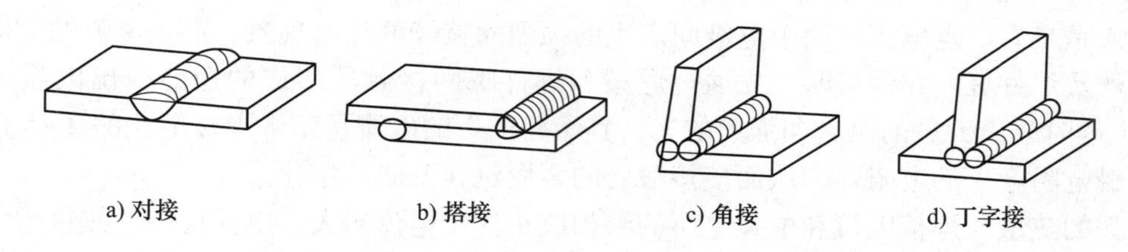

图5-2　焊接接头形式

5. 坡口形式

为了保证焊缝区焊透，一般根据焊件厚度的不同，将焊件接头处加工出一定形状的坡口，如图5-3所示。当焊件厚度δ<6mm时，可以不开坡口而采用留0~2. 5mm间隙的方式保证焊透，常称为I形坡口如图5-3a所示；当δ>6mm时，则应根据产品要求和具体情况分别对焊件选择Y形（δ=3~26mm）、X形（δ=12~60mm）或U形（δ=20~60mm）坡口，如图5-3b~图5-3d所示，坡口的根部要留约2mm的钝边，防止烧穿。

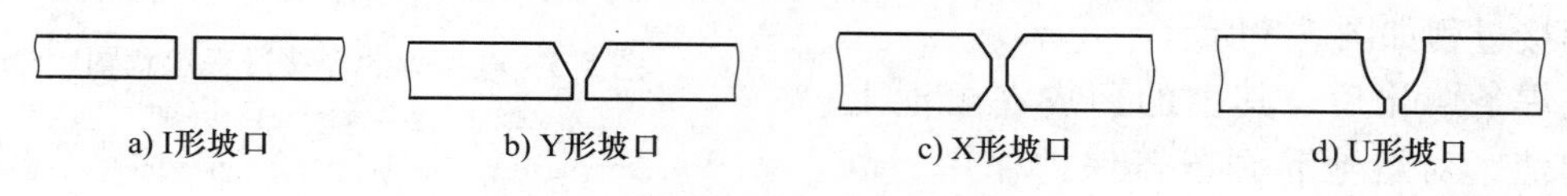

图5-3　坡口形式

6. 焊接姿态

在实际生产中，可能会在空间不同的位置施焊，按照空间位置不同，焊接姿态可分为平焊、立焊、横焊和仰焊四种，如图5-4所示。其中，平焊操作最方便，劳动条件好，质量容易保证，生产率高。采用其他姿态施焊时，金属液因重力作用而容易向下流动，易出现焊瘤等缺陷，焊缝成形条件较差，一般应尽量选用平焊施焊，避免仰焊。

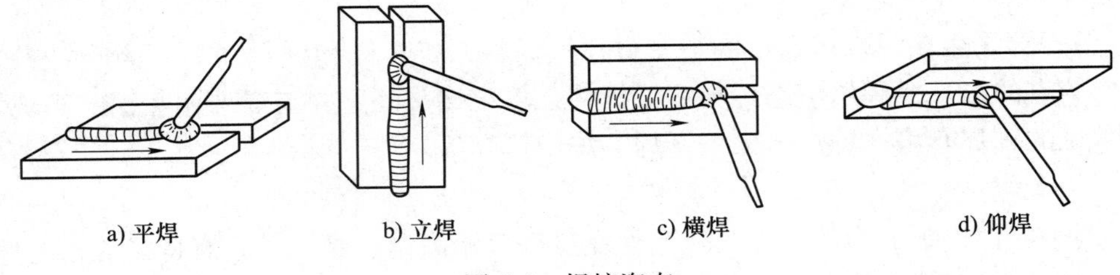

图 5-4　焊接姿态

5.3 电　弧　焊

电弧焊是利用电弧产生的热量使两个焊件接合面局部熔化而互相融合的一种熔化焊方法，这种焊接使用的电源有直流电和交流电两种。下面主要介绍手工电弧焊。

5.3.1 电弧焊原理

1. 电弧概念

电弧是具有一定电压的两个电极间产生的强烈而持续的放电现象，产生电弧的电极是焊条、焊丝及焊件等。在焊接时，先通过焊条和焊件瞬间接触所形成的短路引出电弧（称为引弧），这时放出大量的热量和强烈的光，其短路产生的电流是正常焊接电流的 2~5 倍，热量是接触电阻产生的电阻热，从而使接触处的金属迅速升温并熔化。

电弧的热量与焊接电流和电弧电压的乘积成正比，电流越大，电弧放出的热量越大。

2. 焊接过程

在引弧产生后，把焊条（或焊丝）与焊件拉开一段距离（一般为 3~4mm），这段距离的区域由于电压的作用形成很强的电场，进而形成连续燃烧的电弧，电弧热使焊条（或焊丝）与焊件发生熔化形成熔池。随着焊条的不断移动，熔池不断产生，原来的熔池不断冷却，凝固形成连续的焊缝，焊接过程如图 5-5 所示。

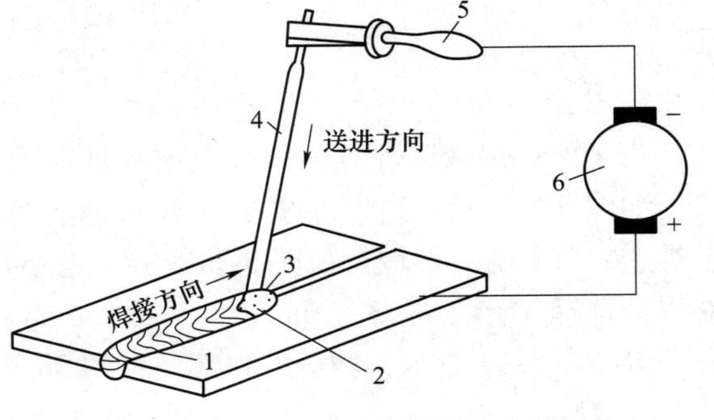

图 5-5　电弧焊的焊接过程示意图

1—焊缝　2—熔池　3—电弧
4—焊条　5—焊钳　6—电焊机

在焊条熔化后，其上的药皮在熔池上形成焊渣，对熔池起到覆盖保护作用，也对金属起到保护作用。完成对焊件的焊接后，把覆盖在焊缝上的焊渣清理干净，再检查焊接的质量。

焊缝质量与焊条和焊件质量、焊前的清理、电弧的稳定、焊接的参数、操作的手法、焊后的冷却速度及后处理等因素有关。其中，焊接过程中对熔池很好的控制是保证高质量焊缝的重要因素。

5.3.2 焊条电弧焊

焊条电弧焊（简称手弧焊）是手工操纵焊条进行焊接的电弧焊方法。

1. 焊接工艺参数

为了保证焊接的质量，必须选择合适的焊接工艺参数，其主要参数有：焊条直径、焊接电流、焊接速度、电弧长度和焊接层数等。

1）焊条直径：主要取决于焊件厚度，应按照国家标准进行选择，影响焊条直径的因素还有焊接位置和焊接层次等。厚的焊件用粗焊条，薄的焊件用细焊条；立焊、横焊和仰焊所用焊条应比平焊的细；多层焊接的第一层用小直径焊条，后几层用大直径焊条（$d \leqslant s$），具体参数见表 5-1。

表 5-1 焊条直径的选用（单位：mm）

焊件厚度	2	3	4~7	8~12	≥13
焊条直径	1.6~2.0	2.5~3.2	3.2~4.0	4.0~5.0	4.0~5.8

2）焊接电流：根据焊条直径选择焊接电流。选择焊接电流的总原则是细焊条选小电流，粗焊条选大电流。同时还要考虑焊件厚度、接头形式、焊接姿态和环境温度等因素，通过试焊和观察焊条的熔化情况及焊缝成形情况而最后确定。焊接电流过小，易引起夹渣和末焊透；焊接电流过大，易产生咬边、烧穿等缺陷。

焊接低碳钢时，焊接电流与焊条直径的经验公式为

$$I=(30\sim60)d \tag{5-1}$$

式中，I 为焊接电流；d 为焊条直径。

3）焊接速度：指焊条沿焊接方向移动的速度，手工电弧焊的焊接速度完全取决于操作者的经验。为了提高焊接伸长率，应在保证质量的前提下，采用较大的焊条直径和焊接电流。

4）电弧长度：指焊条焊芯端部与熔池之间的距离。电弧过长，电弧燃烧不稳定，易产生焊接缺陷。因此，在实际操作时，一般采用短电弧，要求电弧长度不超过焊条直径。

5）焊接层数：在焊接厚件时，应开坡口，采用多层焊或多层多道焊，以保证焊缝根部焊透，如图 5-6 所示。每层的焊接厚度应不超过 4~5mm，当每层厚度等于焊条直径的 0.8~1.2 倍时，焊接效率较高。

层数与焊件厚度和焊件直径的关系为

$$n=s/d \tag{5-2}$$

式中，n 为层数；s 为焊件厚度（mm）；d 为焊件直径（mm）。

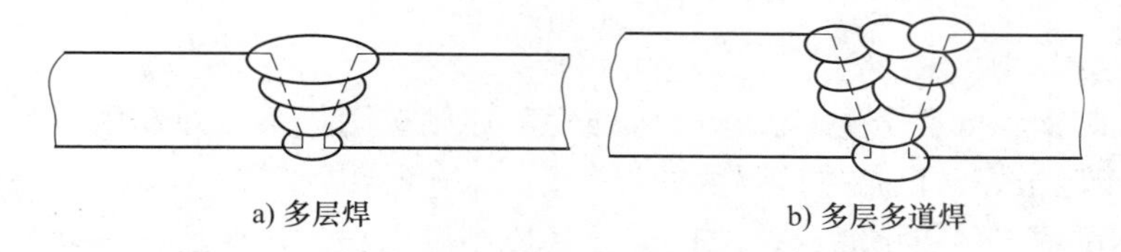

图 5-6 厚板的多层焊与多层多道焊

2. 焊条

焊条是供焊条电弧焊焊接过程使用的涂有药皮的熔化电极，由焊芯和涂在焊芯外部的药皮两部分组成。焊芯是一根具有一定直径和长度的金属丝，既是焊接电极，也是填充焊缝的金属。药皮保证电弧容易引燃并稳定电弧，保护熔池金属不被氧化，提高焊接的力学性能，提高焊缝的质量。

（1）焊条分类　焊条按用途，可分为碳钢焊条、低合金钢焊条、不锈钢焊条、铸铁焊条、铜焊条等十大类。按药皮类型，可分为钛钙型、低氢型等九大类。按熔渣的化学性质，可分为酸性焊条和碱性焊条两大类。

1）酸性焊条：能交、直流两用，焊接工艺性较好，但焊缝金属冲击韧度较差，适于焊接一般低碳钢结构。

2）碱性焊条：一般需用直流电源（反接法），焊接工艺性较差，对水分、铁锈敏感，使用时必须严格烘干，但焊缝金属抗裂性较好，适于焊接重要结构。

（2）焊条型号与牌号　按照《非合金钢及细晶粒钢焊条》GB/T 5117—2012，焊条型号由五部分组成。

1）第一部分用字母“E”表示焊条。

2）第二部分为字母“E”后面的紧邻两位数字，表示熔敷金属的最小抗拉强度代号。

3）第三部分为字母“E”后面的第三和第四两位数字，表示药皮类型、焊接位置和电流类型。

4）第四部分为熔敷金属的化学成分分类代号，可为“无标记”或短划“-”后的字母、数字或字母和数字的组合。

5）第五部分为熔敷金属的化学成分代号之后的焊后状态代号，其中“无标记”表示焊态，“P”表示热处理状态，“AP”表示焊态和焊后热处理两种状态均可。

除以上强制分类代号外，根据供需双方协商，可在型号后依次附加可选代号，示例如下。

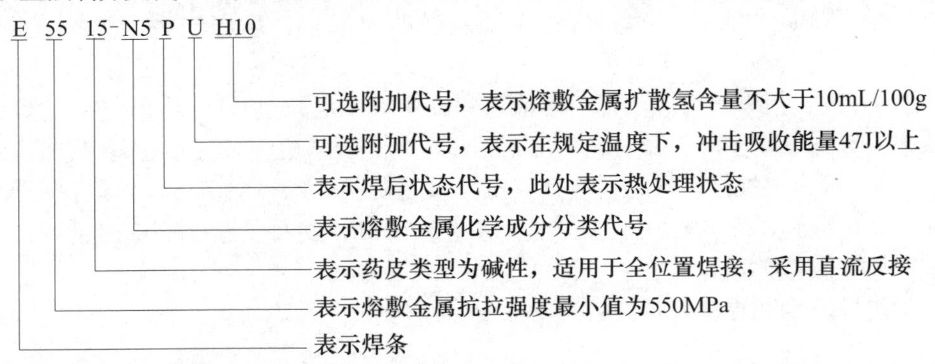

焊条牌号是生产企业制定的相对比较通用的叫法，焊条牌号与焊条型号之间有相互对应关系。

（3）焊条选择

1）焊接低碳钢和低合金钢时，按“等强度”原则选用焊条，即选用熔敷金属抗拉强度最低值等于或接近于焊件钢材抗拉强度的焊条。

2）焊接不锈钢、耐热钢时，按“同成分”原则选用焊条，即选用焊缝金属化学成分与焊件钢材成分相同或相近的焊条。

3）焊接受力复杂或承受动载荷的焊件，以及压力容器等，应选用抗裂性好的相同强度等级的碱性焊条。

3. 电弧焊设备

手工电弧焊的主要设备是弧焊机，按照电源不同分为直流弧焊机和交流弧焊机。

（1）弧焊机型号　我国弧焊机的型号常用 ZX5-□□□表示，示例如下。

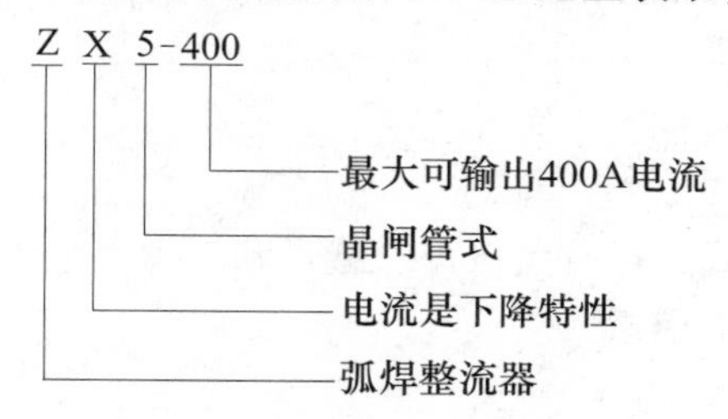

（2）直流弧焊机

1）直流弧焊机的特点：具有引弧容易、电弧稳定、穿透力强、飞溅少等特点。

2）直流弧焊机的分类：直流弧焊机分为整流式与旋转式两种形式。整流式弧焊机按其调节装置作用原理的不同，可分为硅整流式弧焊机和晶闸管整流式弧焊机等。旋转式直流弧焊机由焊接发电机和三相感应电动机组成，电能作为动力，驱动焊接发电机，进而得到焊接电流。整流式弧焊机由于没有旋转部分，因而还具有噪声小、空载能耗小、效率高、成本低、制造和维护容易等优点，故应用十分广泛。

3）直流弧焊机的基本组成及基本操作：下面以晶闸管整流式弧焊机为例，介绍弧焊机的基本组成及基本操作。

晶闸管整流式弧焊机主要由焊接变压器、晶闸管整流器、控制及调节系统等组成。其以晶闸管整流来获得弧焊机所需要的外特性，具有良好的网络补偿效果，并具有外特性和动特性容易控制的特点。此外，还具备焊接电弧稳定、噪声小、空载损耗小、体积小、质量小、成本低、功率因数高、省电、调节性能好及便于实现自动化焊接的优点，因此获得了广泛使用。

ZX5-400 型晶闸管整流式弧焊机如图 5-7 所示。其操作过程为：首先，按下电源按钮接通电源；其次，待其正常工作后，旋转焊接电流旋钮将其调到所需要数值，即可开始正常焊接。

图 5-7　ZX5-400 型晶闸管整流式弧焊机

1—电压表　2—电流表　3—引弧电流调节旋钮　4—推力电流调节旋钮　5—焊接电流旋钮　6—电源开关

（3）交流弧焊机　交流弧焊机是一种具备陡降外特性的降压变压器，具有电弧稳定性差，但结构简单、制造方便、成本低廉、使用可靠和维修方便等特点，是焊接低碳钢焊件最常用的焊接设备。由于交流弧焊机常用交流电，因而其输出端无正、负极之分，焊接时不会产生磁偏吹，但不能采用低氢钠型、高纤维素钠等药皮的焊条焊接。

5.4 电 阻 焊

电阻焊是利用电流通过焊件接触面所产生的电阻热，将焊件局部加热到熔化状态，再在压力作用下形成焊接接头的焊接方法。电阻焊是压焊的主要焊接方法之一。

5.4.1 电阻焊原理

1. 电阻焊的分类

电阻焊按照焊接接头形式，可分为点焊、缝焊和对焊，如图 5-8 所示。在焊接前，需要清理焊件表面，以保证焊接的质量。

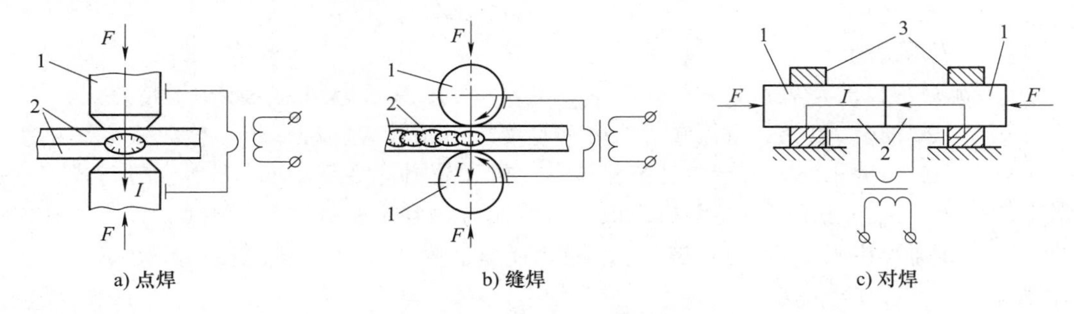

图 5-8 电阻焊的基本类型

1—电极 2—工件 3—极夹具

1）点焊：是将焊件装配成搭接接头后，压紧在两电极之间，利用电阻热将焊件加热到局部熔化状态，从而形成焊点的一种电阻焊方法。点焊用于焊接 4mm 以下的薄板搭接和钢筋，广泛用于飞机、汽车等低碳钢产品的焊接。

2）缝焊：是焊件在圆盘之间受压通电，并随圆盘转动而形成一系列的焊点，从而以焊点组成焊缝的一种电阻焊方法。缝焊是点焊的一种演变，不同之处是缝焊用盘状电极，点焊用柱状电极。点焊适用于焊接 3mm 以下的薄板搭接，主要用于容器、暖气片、油箱和管道等有密封要求产品的焊接。

3）对焊：将两个焊件的端面相互接触，通过通电和加压的方式，使接触面焊合的一种电阻焊方法。根据焊接工艺过程不同，可分为电阻对焊和闪光对焊，主要区别是加压和通电方式不同，电阻对焊是先加压后通电，闪光对焊是先通电后加压。对焊主要用于管道、钢轨、轮毂、刀具等的焊接，而且不仅能焊接同种金属，也能焊接铝钢、铝铜等异种金属。

2. 电阻焊的特点

1）由于加热时间短，焊接应力和应变小，不需要校正和热处理。

2）不需要填充金属材料，焊接成本低。

3）操作简单，劳动环境好，生产效率高。

5.4.2 点焊

点焊工艺过程分为三个阶段：焊件在电极间预先加压，将焊接部位加热到熔化状态，焊接部位在电极压力作用下冷却。

1. 点焊机的分类及组成

点焊机的常用分类方法如下。

1）按安装方式：分为固定式、移动式和轻便式（悬挂式）点焊机。

2）按焊接电流波形：分为交流型、低频型、电容储能型、直流型点焊机。

3）按用途：分为通用型、专用型和特殊型点焊机。

4）按加压机构传动方式：分为脚踏式、电动凸轮式、气压式、液压式和复合式等点焊机。

5）按活动电极的移动方式：分为垂直行程式、圆弧行程式点焊机。

6）按焊点数目：分为单点式、双点式和多点式点焊机。

2. 点焊机的组成

点焊机是由机座、焊接变压器、加压机构、控制箱等组成，如图5-9所示。

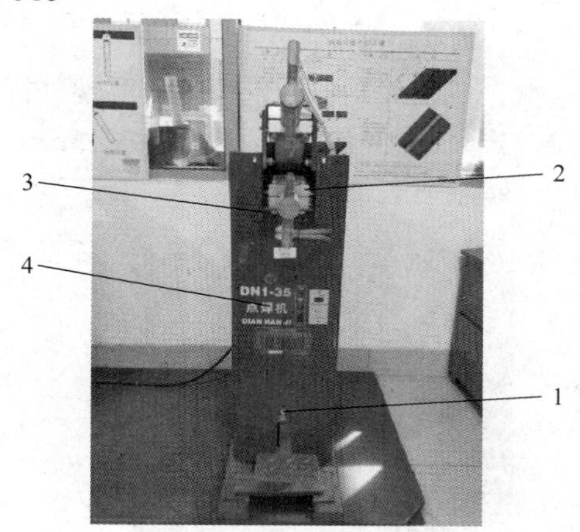

图5-9 点焊机

1—机座 2—焊接变压器 3—加压机构 4—控制箱

3. 点焊的应用

点焊适用于搭接、接头不要求气密、厚度小于3mm的冲压或轧制的薄板构件，且要求金属具有较好的塑性。

5.5 焊条电弧焊实践案例

本案例是对低碳钢板（如图5-10所示）进行焊接，焊接接头形式为对接，坡口形式为Y形，焊接姿态为平焊，通过ZX5-400弧焊机进行手工电弧焊。

1. 焊前准备

选择3.2mm的E4303焊条，打开电源开关，接通电源，待正常运作后，旋转焊接电流旋钮将焊接电流调至100A，如图5-11所示。

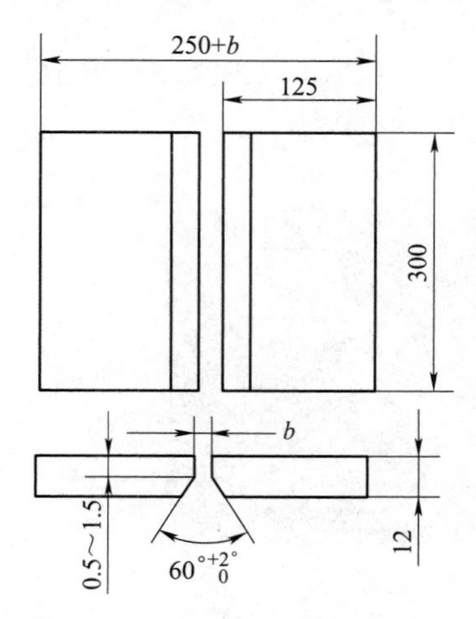

图5-10 低碳钢板焊接二维图

图5-11 ZX5-400弧焊机电流参数的调整

2. 焊前定位及焊条安装

将两块低碳钢板按照反变形的方式放置在平台上，如图 5-12 所示，以完成焊前定位。

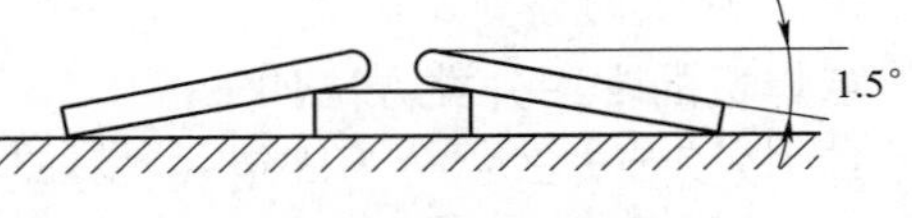

图 5-12　低碳钢板放置位置图

放置好低碳钢板后，将焊条安装在焊钳上，如图 5-13 所示。

3. 焊接操作

1）定位焊接：在低碳钢板两端进行引弧（如图 5-14 所示），同时定位焊接（简称定位焊），定位焊焊缝长度一般在 10~15mm 范围内。

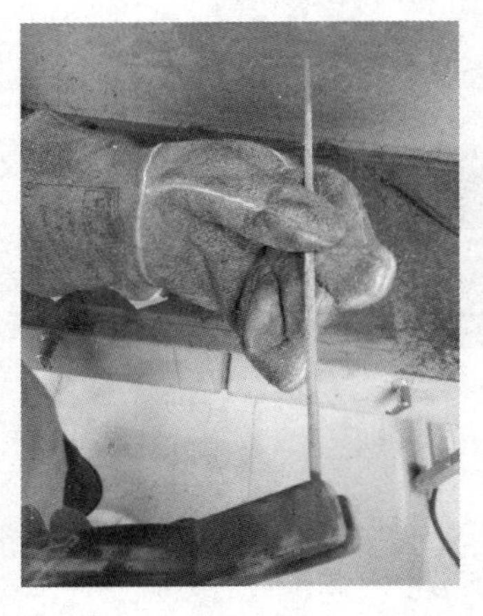

图 5-13　焊条安装在焊钳上的方法

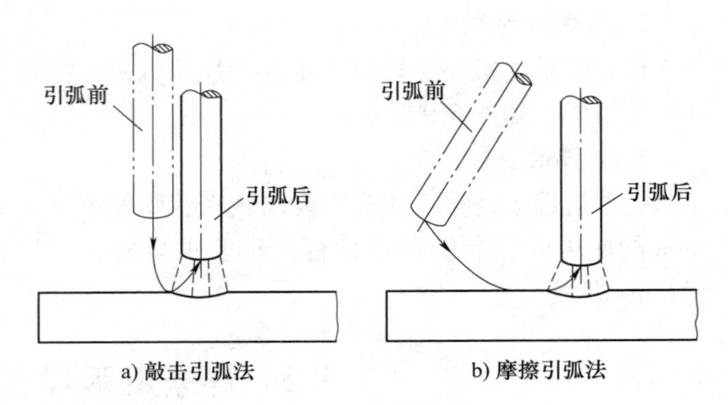

图 5-14　引弧方法

2）焊接：定位焊结束后，检查定位情况，先引弧，再开始焊接打底层，然后焊接填充层，最后焊接盖面层，焊缝层次及分布如图 5-15 所示。在焊接时要注意防护用具的佩戴，如手套、防护衣、面罩等。

以 12mm 厚的低碳钢板为例，其焊接参数见表 5-2。

4. 焊缝清理

焊接结束后，用敲渣锤清除焊缝中的焊渣，用钢丝刷进一步将焊渣、焊接飞溅物等清除干净，并检查焊接的质量，结束焊接。最终的焊接成品如图 5-16 所示。

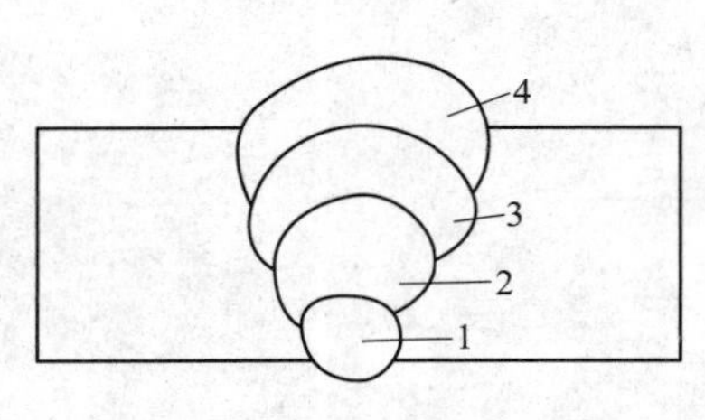

图 5-15　焊缝层次分布

1—打底层　2、3—填充层　4—盖面层

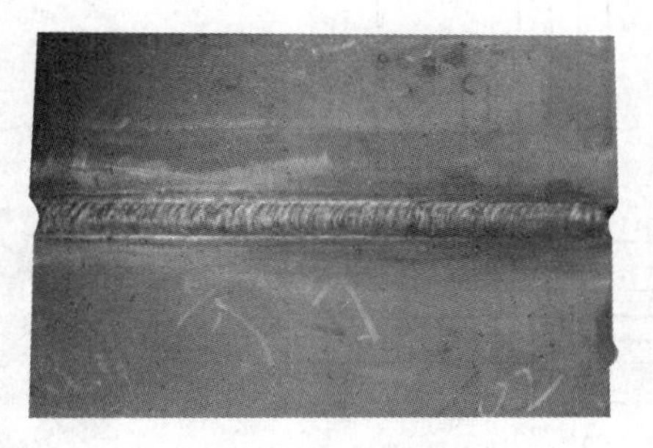

图 5-16　对焊的焊接件

表 5-2 低碳钢板焊接参数

焊缝层次	焊条直径/mm	焊接电流/A	焊接速度/(mm·min^{-1})	备注
1	3.2	100~110	60~70	打底层
2	3.2	95~105	130~150	填充层
3	3.2	95~105	130~150	填充层
4	3.2	100~110	100~110	盖面层

5.6 点焊实践案例

本案例使用 DN1-35 电焊机将铁丝加工成工艺品，了解点焊加工流程。

1. 焊前准备

用钢丝钳把所需铁丝剪断（如图 5-17 所示），打开点焊机电源开关。

2. 点焊操作

将铁丝放置在点焊机的电极上，轻踩脚踏板产生火花后迅速放开脚踏板，实现点焊固定，如图 5-18 所示。依次点焊所需的焊点，直至全部点焊结束。

3. 点焊后处理

用钢丝钳将多余的材料剪掉，如图 5-19 所示，完成作品制作。

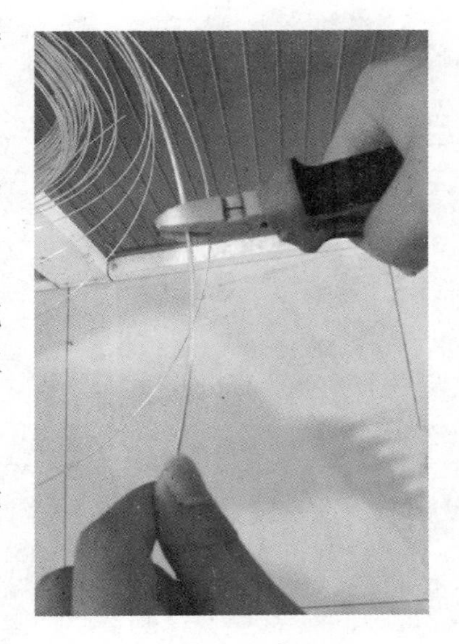

图 5-17 下料

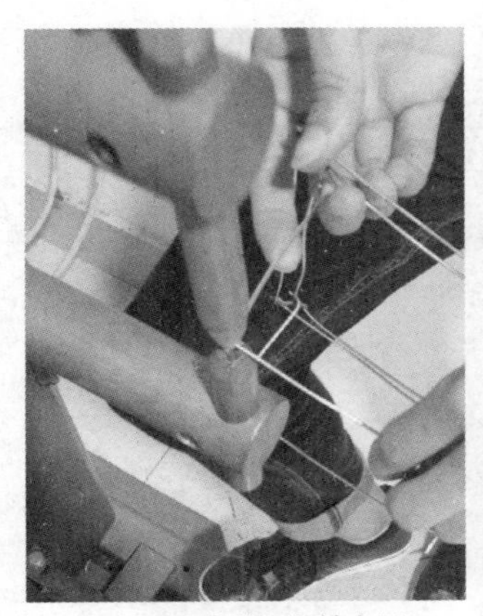

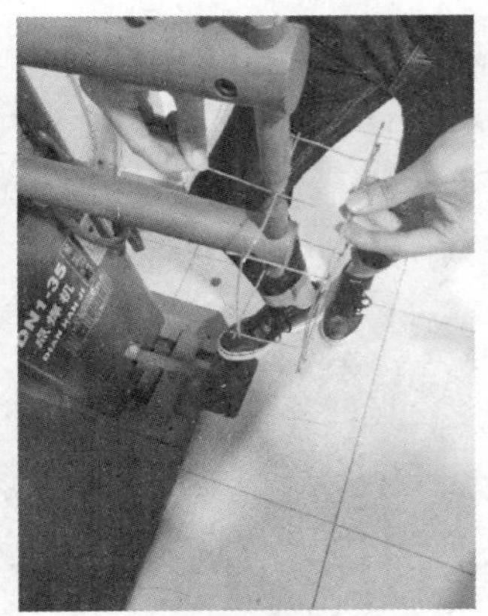

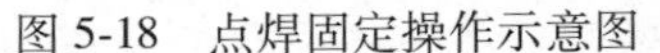

a) 铁丝固定的局部放大图　　b) 铁丝固定的俯视图

图 5-18 点焊固定操作示意图

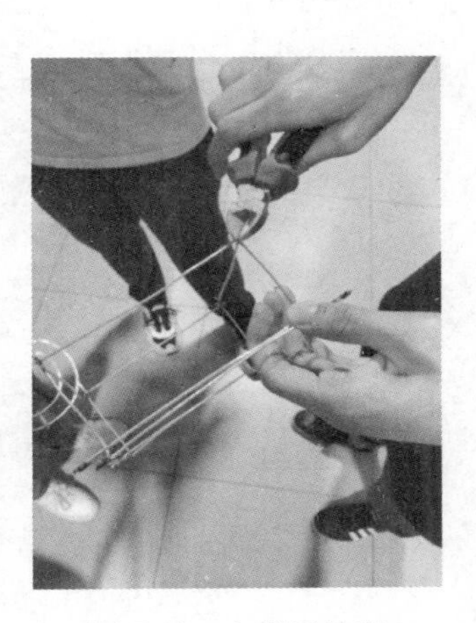

图 5-19 点焊后处理

思　考　题

1. 焊条电弧焊与点焊有何区别？
2. 酸性焊条与碱性焊条在应用上有何区别？
3. 在焊接薄的工件时有什么注意事项？
4. 熔化焊、压焊、钎焊实质有何不同？
5. 如何减少焊接时的应力？

第6章

数控技术实践

数字控制（Numerical Control，NC）技术是20世纪中期发展起来的自动控制技术，是一门综合了计算机、自动控制、机械制造等的交叉学科技术。数字控制的过程通常是使用专门的计算机，利用数字化信号对机器设备的运动及加工过程进行控制，使其按照预定的程序进行工作。

数字控制机床简称数控机床，就是将机床加工过程中的各种操作步骤和加工参数以指令代码的形式来表示（该过程也称为程序编制），再由计算机数控系统将经处理的指令发给伺服机构，最后由伺服机构来控制机床的各部分执行元件，从而实现对零件的自动加工。

6.1 数控加工技术概述

6.1.1 数控机床的组成及工作原理

1. 数控机床的组成

数控机床一般由计算机数控（Computerized Numerical Control，CNC）系统、伺服机构和机械系统三大部分组成。其中，计算机数控系统负责数据的输入和处理；伺服机构根据数据进行位移和位移精度处理；机械系统是完成各种切削加工的机械部件，通常包括主传动系统、进给传动系统、基础支撑件、辅助装置等。

2. 数控机床的工作原理及过程

数控机床的工作原理如图6-1所示，其基本工作过程如下。

1）根据图样上的零件形状、尺寸和技术条件进行工艺分析，并进行程序设计。

2）按照数控装置所能识别的代码（数字、字母、符号）编制加工程序。

3）将程序存储在某种存储介质上，如纸带、磁带或磁盘等。

4）将控制介质装入数控装置内，通过输入装置将加工程序输入到数控装置内部。

5）数控装置根据输入信号进行一系列的运算和控制处理，并将结果以脉冲形式送往机床的伺服机构（如步进电动机、伺

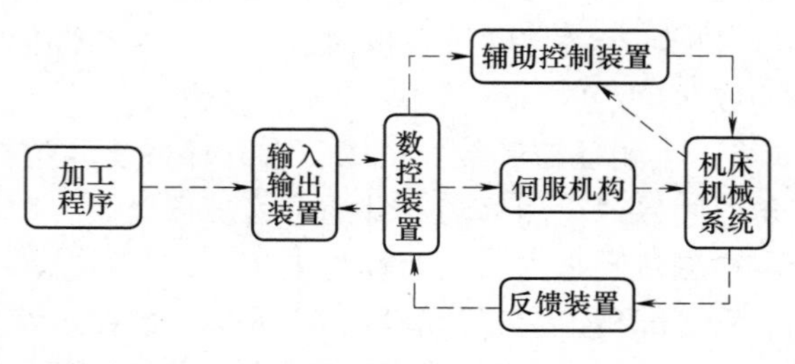

图6-1 数控机床的工作原理

服电动机等)。

6) 伺服机构带动各自的机床运动部件，根据程序规定的加工程序、速度和位移量等进行自动加工。

6.1.2 数控机床的分类

1. 按工艺用途分类

1) 金属切削类：指车、铣、镗、铰、钻、磨、刨等各种切削工艺的数控机床。主要分为数控机床（数控车床、数控铣床、数控磨床等）和加工中心（镗铣类加工中心、车削中心、钻削中心等)。

2) 金属成形类：指采用挤、冲、压、拉等成形工艺的数控机床，常用的有数控压力机、数控折弯机、数控弯管机、数控旋压机等。

3) 特种加工类：指采用电能、热能、光能、化学能等能量达到去除或增加材料目的的加工方法。主要有数控电火花线切割机、数控电火花成形机、数控火焰切割机、数控激光加工机等。

4) 其他类型：指采用数控技术的非加工设备，如自动装配机、多坐标测量机、自动绘图机和工业机器人等。

2. 按控制系统的特点分类

1) 点位控制数控机床：点位控制又称点对点控制，只能控制刀具从一点移动到另一点的准确定位，对点与点之间的移动轨迹（路径和方向）并不严格要求，各坐标轴之间的运动是不相关的。这类机床主要有数控钻床、数控镗床、数控冲床等。

2) 直线控制数控机床：不仅可以实现由一个位置到另一个位置的精确移动定位，而且能实现平行坐标轴方向上的直线切削加工运动。点位直线数控机床虽然扩大了点位控制数控机床的工艺范围，但它的应用仍然受到很大的限制。这类数控机床主要有简易数控车床、数控铣床、数控镗床等。

3) 轮廓控制数控机床：对两个或两个以上坐标轴同时进行切削加工控制，不仅能控制机床移动部件的起点与终点坐标，而且可以控制整个加工过程中每一点的速度和位移，也就是说，可以通过控制刀具的移动轨迹，而将工件加工出一定的轮廓形状。这类数控机床主要有数控车床、数控铣床、数控磨床及加工中心。

3. 按伺服控制方式分类

1) 开环控制数控机床：开环控制系统是指不带反馈装置，通常以步进电动机作为执行机构的控制系统。数控系统对输入的数据进行运算，然后发出指令脉冲，通过环形分配器和驱动电路，使步进电动机转过相应的步距角，再经过齿轮减速装置带动丝杠旋转，通过丝杠螺母机构转换为移动部件的直线位移。移动部件的移动速度与位移量是由输入脉冲的频率和脉冲数所决定的。

2) 半闭环控制数控机床：在开环系统的丝杠上装有角位移测量装置，通过检测丝杠的转角而间接地检测移动部件的位移，再反馈给数控系统，由于惯性较大的机床移动部件不包括在检测范围之内，因而称为半闭环控制系统。

3) 闭环控制数控机床：闭环控制数控系统是在机床移动部件上直接装有位置检测装置，将测量到的实际位移值与理论值进行比较，用差值对机床进行控制，使移动部件按照实际的要求运动，最终实现精确定位。

6.1.3 数控加工的特点

数控加工的主要特点如下。

1. 加工精度高、质量稳定

数控机床的机械传动系统和结构都有较高的精度、刚度和热稳定性，而且机床的加工精度不受零件复杂程度的影响，零件加工的精度和质量由机床保证，完全消除了操作者的人为误差，因此数控机床的加工精度高，同一批零件加工尺寸的一致性好，加工质量稳定。

2. 加工生产效率高

数控机床结构刚度好，功率大，能自动进行切削加工，可以在合理的范围内选择较大的切削用量。而且可以自动、连续地完成整个切削加工过程，因此能大大缩短加工时间。在数控机床上加工零件，只需使用通用夹具，又可免去划线等工作，因此能大大缩短加工准备时间。又因为数控机床定位精度高，可省去加工过程中对零件的中间检测时间，所以数控机床的生产效率高。

3. 减轻劳动强度、改善劳动条件

利用数控机床进行加工时，除了装卸零件、操作键盘、观察机床运行外，其他动作都由机床按加工程序要求自动连续地完成，操纵者不需要进行繁重的重复手工操作。另外，数控机床的适应性和灵活性很强，可以根据零件的加工要求而做出改变，加工普通机床无法加工的形状复杂的零件。

4. 有利于生产管理

数控机床加工能准确计算零件的加工工时，并有效地简化刀、夹、量具和半成品的管理工作。加工程序是用数字信息的标准代码输入的，有利于与计算机相连接，构成由计算机控制和管理的生产系统。

6.1.4 数控系统及编程方法

1. 数控系统

目前，数控机床常用的控制系统主要有 FANUC、SIEMENS、OKUMA、MITSUBISHI、MAZAK、华中数控、广州数控等品牌，其代码相近，但也有区别。部分常用数控系统编程代码见表 6-1。

表 6-1 部分常用数控系统编程代码

数控系统		SINUMERIK①	FANUC0i-MD	MITSUBISHI	OKUMA OSP-U10M
功能	坐标平面选择	G15~G19	G17~G19	G17~G19	G17~G19
	刀具长度补偿	—	G43、G44	—	G53~G59
	刀具半径补偿	G40~G42	G40~G42	G40~G42	G40~G42
	固定循环 子程序调用	G81~G89 Ln	G73~G89 M98 Pn	G70~G89	G73~G89 CALL On

（续）

数控系统		SINUMERIK[①]	FANUC0i-MD	MITSUBISHI	OKUMA OSP-U10M
辅助功能	程序停	M00	M00	M00	M00
	程序选择停	M01	M01	M01	M01
	程序结束	M02（M30）	M02（M30）	M02（M30）	M02（M30）
	主轴正反转	M03、M04	M03、M04	M03、M04	M03、M04
	主轴停	M05	M05	M05	M05
	换刀	M06	M06	M06	M06
	冷却开、冷却关	M08、M09	M08、M09	M08、M09	M08、M09

① SINUMERIK 是 SIEMENS 品牌数控系统的名称。

2. 编程方法

要想使数控机床根据工件图样要求进行工作，就必须为其控制系统提供可以识别的指令，这些指令就称为程序，制作程序的过程称为数控编程。数控编程分为手工编程和自动编程。

（1）手工编程　编写加工程序的全过程是手工完成的，步骤为：分析图纸→确定工艺过程→计算刀具轨迹的坐标值→编写零件加工程序→将程序写入数控机床→程序校验→首件试切。手工编程适用于简单结构工件的单件、小批量加工，而对于加工部位较多、形状复杂（如空间自由曲线、曲面等）、工序较多、计算繁琐的工件，手工编程效率较低，加之较大的坐标值的计算量，特别是轮廓曲面的复杂的数学运算，使得手工编程的差错率很高。

（2）自动编程　自动编程就是借助计算机编写数控加工程序，其编程效率高、程序正确性好，适于编写复杂零件大批量加工的加工程序，常用的自动编程软件主要有 CATIA、UG NX、PRO/E、Master CAM 等。

6.1.5　机床坐标系和工作坐标系

用数控机床加工工件时，刀具与工件之间的相对运动都需在确定的坐标系中进行。

1. 机床坐标系及机床原点

机床坐标系是机床上的固有坐标系，用来确定工件、刀具等在机床中的位置，机床坐标系的方位是参考机床上的一些基准确定的，在加工过程中不可改变，在出厂时已经设定好。数控机床的坐标系已经标准化，按照右手笛卡儿直角坐标系确定，大拇指为 X 轴正向，食指为 Y 轴正向，中指为 Z 轴正向，如图 6-2 所示。

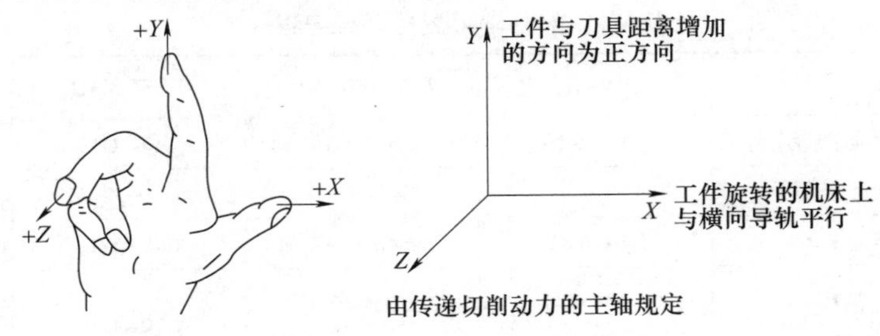

图 6-2　右手笛卡儿直角坐标系

在确定机床坐标轴时，首先确定 Z 轴，然后确定 X、Y 轴，同时规定刀具远离工件的方向为正方向，靠近工件的方向为负方向。

1）Z 轴确定：与机床主轴平行的为 Z 轴。

2）X 轴确定：与机床导轨面平行的为 X 轴，X 轴垂直于 Z 轴，是水平方向的。

3）Y 轴确定：按照右手笛卡儿直角坐标系确定 Y 轴及 Y 轴正方向。

机床坐标系的原点位置由机床生产厂家设定，是其他所有坐标系（如工作坐标系、机床参考点）的基准点，其位置在各坐标轴的正向最大极限处。

立式数控铣床的机床坐标系原点及各轴方向如图 6-3 所示。卧式数控车床一般取机床卡盘端面与主轴中心线的交点处为机床原点，如图 6-4 所示。

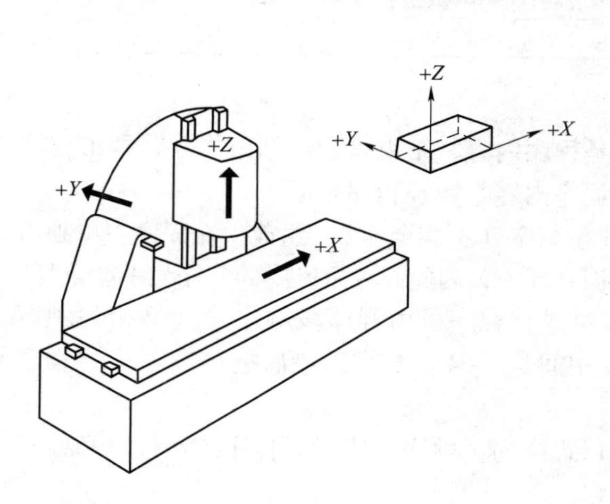

图 6-3　立式数控铣床的机床坐标系

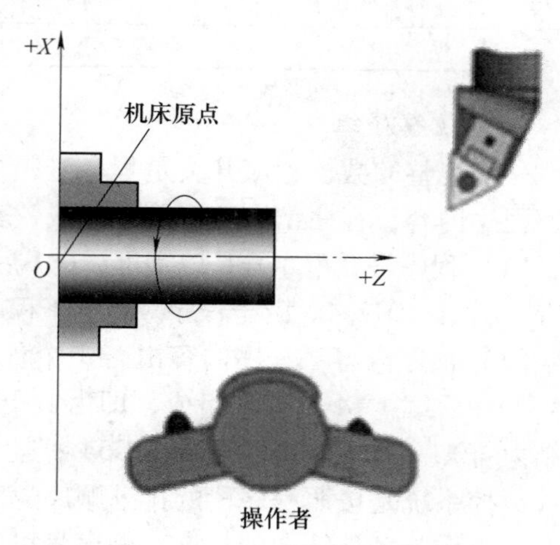

图 6-4　卧式数控车床的机床坐标系

2. 工作坐标系

工作坐标系是编写数控程序时使用的坐标系，又称为工件坐标系或编程坐标系。由于工件与刀具是一对相对运动的物体，为使编程方便，一律假定工件不动，全部用刀具运动的坐标系来编程。在实际编程时，正号可以省略，负号不能省略，且应紧跟在字母之后。

工作坐标系是人为设定的，而且建立工作坐标系应在加工前进行，是数控机床加工必不可少的一步。工作坐标系的原点简称工件原点，要求其必须在机床坐标系内，即工件应放在机床坐标系内；在零件设计时有设计基准，在零件加工时有工艺基准，规则要求尽可能将设计基准与工艺基准相统一，该基准点就是工件原点，而工件坐标系就是以工件原点为坐标原点而建立的坐标系，工件坐标系各坐标轴方向应与机床坐标系相一致。

6.1.6　数控机床基本程序指令

一个完整的数控程序由若干程序段构成，程序段由一个或若干个程序字组成，而程序字由地址字符和带符号或不带符号的数字组成，主要地址字符见表 6-2。

不同的数控系统，完成相同功能所使用的指令会有所不同，下面以 FANUC 0i 系统为例介绍数控编程的方法，并主要介绍常用的指令功能。

表 6-2 主要地址字符

功　能	字　符	含　义
程序号	O	程序号（FANUC 系统采用）
顺序号	N	顺序号
准备功能	G	指定加工方式（直线、弧线等）
进给功能	F	指定加工的速度
辅助功能	M	指定辅助功能的内容
刀具功能	T	指定使用刀具号（T0100、T0200）
主轴转速功能	S	指定转速范围（S800）
刀具半径补偿功能	D	指定调取偏移数据号（D01、D02）
尺寸功能	X、Y、Z	基于 *X*、*Y*、*Z* 轴尺寸

1. 数控程序组成

一个完整的数控程序开头是程序号，中间是程序内容，结束是程序结束指令，即由程序号、程序内容、程序结束三个部分组成，其中程序内容是数控程序核心。

（1）程序号　程序号是以字母“O”后面 4 位数字（不能全为 0）组成，在程序中单独占一行，例如：O1234。由于程序号是加工程序的识别标记，因此同一机床中的程序号不能重复。

（2）程序内容　程序内容由若干个程序段组成，程序段由程序段顺序号（又称为顺序号）N 和后续 1~4 位数字组成，即由 N 开始，中间是 1~4 位数字，最后是符号“;”（程序段结束符），如“N100 G90 G17 G54 ;”。

数控系统是按照程序段的排列顺序逐段执行程序的，顺序号便于对程序进行校对和检查修改，也作为条件转向的目标。顺序号可以省略。

（3）程序结束　程序结束指令（M30）位于程序最后，单独占用一行，代表零件加工程序结束运行。

2. 数控程序基本指令

数控机床的 NC 编程代码都可以分成准备功能、辅助功能、主轴功能、刀具功能及进给功能等。

（1）准备功能（G 功能）　G 功能又称 G 代码或 G 指令，用来规定刀具和工件的相对运动轨迹、机床坐标系、插补坐标平面、刀具补偿、坐标偏置等各种加工操作。程序中 X、Y、Z、R 中的数据整数需要加小数点，若为没有小数点的整数，则机床默认小数点提前 3 位，如：“20”实际表示 0.02。常用准备功能指令见表 6-3。

表 6-3 常用准备功能指令

指令代码	指令功能	指　令　格　式
G00	快速定位	G00 X Y Z（X、Y、Z 为终点坐标值）
G01	直线插补	G01 X Y Z F（X、Y、Z 为终点坐标值，F 为进给速度）
G02、G03	顺时针、逆时针圆弧插补	G02（G03）X Y R F（X、Y 为终点坐标值，R 为半径值，F 为进给速度）
G41、G42、G40	左补偿、右补偿、取消补偿	G01 G41（G42）X Y D F（X、Y 为终点坐标值，D 为刀具补偿号码号，F 为进给速度） G40（取消补偿）

（续）

指令代码	指令功能	指令格式
G90	绝对坐标指令	G90 G01 X Y Z F（X、Y、Z坐标值的计算以坐标系零点为基准）
G91	相对坐标指令	G91 G01 X Y Z F（X、Y、Z坐标值的计算以前一点坐标为基准）
G54	设定工件坐标系	—
G17	XY平面选择	—
G18	XZ平面选择	—
G19	YZ平面选择	—

（2）辅助功能（M功能） M功能又称M代码或M指令，用来控制机床的各种辅助动作及开关状态，如主轴的转与停、冷却液的开与关等。在程序的每一个语句中，M代码只能出现一次。辅助功能的常用指令见表6-4。

表6-4 辅助功能的常用指令

指令代码	M00	M01	M02	M03	M04
指令功能	程序停止	选择停止	程序结束，不返回程序开头	主轴正转	主轴反转
指令代码	M05	M06	M08	M09	M30
指令功能	主轴停止	换刀指令	冷却液开	冷却液关	程序结束，返回程序开头

（3）进给功能（F功能） F功能用来控制进给速度，用字母F和其后的若干位数字来表示，公制单位为mm/min，英制单位为in/min。例如:“F150”表示进给速度为150mm/min。

（4）刀具功能（T功能） T功能用于控制选刀，以数控车床编程为例，用字母T和其后的四位数字表示，选择范围为T0101～T9999，前两位为刀具号，后两位为刀具补偿号。例如“T0505”表示选用5号刀具。5号补偿，“T0500”表示取消5号刀具补偿。

（5）主轴功能（S功能） S功能用于控制主轴转速，用字母S和其后的数字表示，单位为r/min，例如“S200”表示主轴转速为200r/min。

（6）刀具半径补偿功能（D功能） D功能表示刀具半径补偿号，可用D1～D99表示。例如直径20mm的铣刀使用D01半径补偿号保存时，刀具半径10mm的数据就存入了D的01号补偿数据号里，在程序中调用该半径补偿时使用D01。

6.2 数控车削实践

6.2.1 实践目的

1）了解数控技术在车削加工中的作用。

2）了解数控车床的运动、控制方式及主要单元的名称和作用。

3）了解数控车床的基本类型和主要结构组成。

4）了解手工编程和自动编程的区别，掌握手工编程指令。

5）能完成简单零件的加工程序编制，独立完成程序输入、模拟走刀路径及上机车削加工。

6.2.2 数控车床概述

1. 数控车床功能

数控车床主要用于加工直线圆柱、斜线圆柱、圆弧曲面，以及各种螺纹、槽、蜗杆等复杂的轴类和盘套类回转工件，具有直线插补、圆弧插补等各种补偿功能，在复杂零件的批量生产中具有良好的经济效果。

2. 数控车床结构

数控车床由床身、主轴箱、旋转刀架、尾座、液压开关、数控操作面板、卡盘、排屑器、防护门等部分组成，如图 6-5 所示。

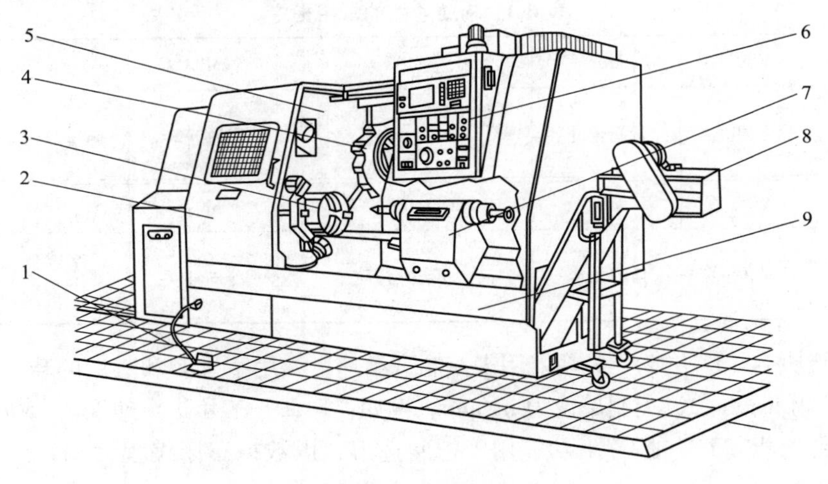

图 6-5 数控车床

1—液压开关 2—防护门 3—卡盘 4—旋转刀架 5—主轴箱
6—数控操作面板 7—尾座 8—排屑器 9—床身

3. 数控车床分类

数控车床按照主轴布局，可分为卧式数控车床和立式数控车床两种类型。其中，主轴平行于水平面进行加工的为卧式数控车床，主轴垂直于水平面进行加工的为立式数控车床。

（1）卧式数控车床 卧式数控车床主要用于轴向尺寸较长零件或小型盘类零件的车削加工。按功能，可进一步分为经济型数控车床、全功能数控车床和车削加工中心。

1）经济型数控车床：采用步进电动机和单片机对普通车床的车削进给系统进行改造后形成的简易型数控车床。成本较低，自动化程度较低，功能较差，车削加工精度也不高，适用于要求不高的回转类零件的车削加工。经济型数控车床如图 6-6 所示，其为 CAK4085di 数控车床，采用 FANUC-0i 控制系统，其操作面板如图 6-7 所示。

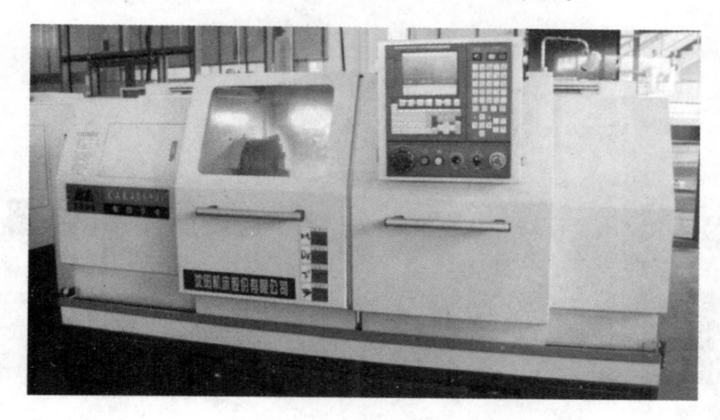

图 6-6　CAK4085di 数控车床

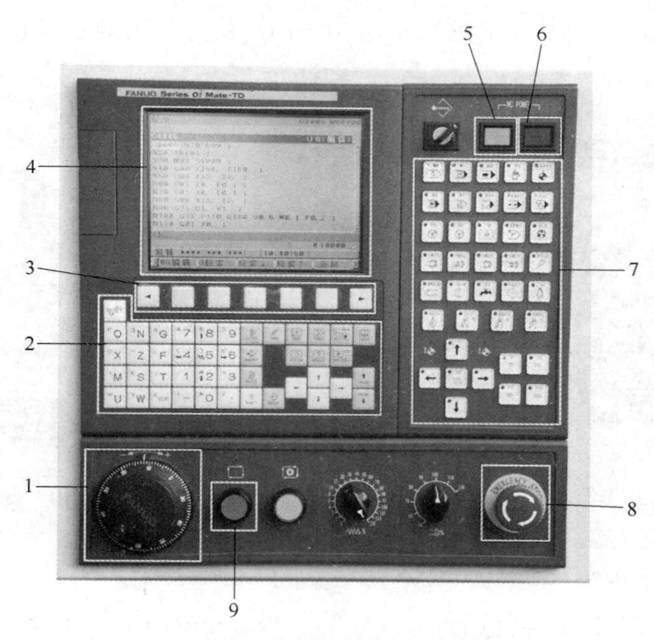

图 6-7　CAK4085di 数控车床的操作面板

1—手轮　2—MDI 键盘　3—功能键　4—显示器　5—开机
6—关机　7—功能操作按钮　8—急停按钮　9—循环开始按钮

2）全功能数控车床：根据车削加工要求对结构进行专门设计，配备通用数控系统而形成的数控车床。数控系统功能强，自动化程度和加工精度较高，适用于一般回转类零件的车削加工。该类数控车床可同时控制两个坐标轴，即 X 轴和 Z 轴，如图 6-8 所示。

3）车削加工中心：在普通数控车床的基础上，增加了 C 轴和动力头，更高级的机床还带有刀库，可控制 X、Z 和 C 三个坐标轴，联动控制轴可以是（X、Z）、（X、C）或（Z、C）。由于增加了 C 轴和铣削动力头，因此这种数控车床的加工能力大大增强，除一般车削外，还可以进行径向和轴向铣削、曲面铣削、中心线不在零件回转中心的孔和径向孔的钻削等加工，如图 6-9 所示。

图 6-8　全功能数控车床

（2）立式数控车床　立式数控车床主要用于回转直径较大的盘类零件的车削加工，如图 6-10 所示。

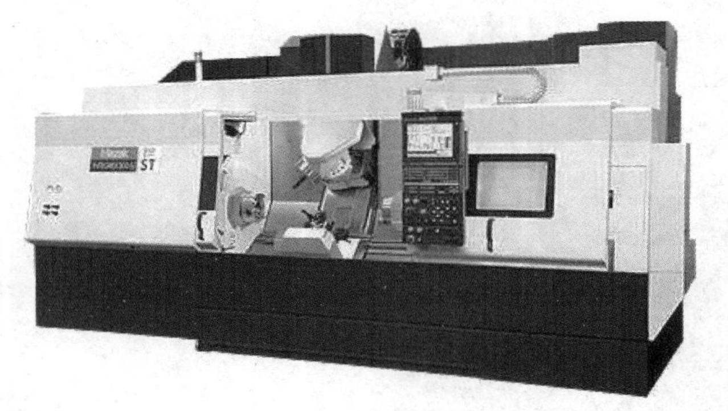

图 6-9　车削加工中心

图 6-10　立式数控车床

4. 数控车床加工步骤

（1）分析零件图　根据零件图分析零件的形状、基准面、尺寸公差、粗糙度要求，以及加工面的种类、零件的材料、热处理等技术要求。

（2）工艺分析　根据图样要求，确定装夹方法、加工内容、加工顺序、加工基准面，并合理选择刀具。

（3）装夹方法　工件的装夹方法直接影响产品的加工精度和加工效率，工件的安装应尽可能利用通用夹具，必要时也要设计、制造专用夹具。

（4）设定工作坐标　为了便于编写加工程序，需要建立工作坐标系，通常是将机床坐标系平移到工件右端面上，那么平移后的当前位置则是工作坐标系。X 轴与 Z 轴交点位置则是工作原点。

（5）加工工艺确定　在该阶段，要确定加工的顺序和步骤，一般根据材料特性来确定。按照精度要求的不同，可分为粗加工、半精加工、精加工三个阶段。

1）粗加工阶段：要求在工况允许的范围内，使用机床和刀具在尽可能短的时间内切除大部分余量。

2）半精加工阶段：控制一定精度，为要进行精加工的轮廓表面保留均匀的加工余量。

3）精加工阶段：保证零件各处尺寸符合图样标注要求。

（6）刀具选择　确定使用的刀具，粗、精加工要分开，要满足加工质量和效率的要求。常用刀具如图6-11所示。

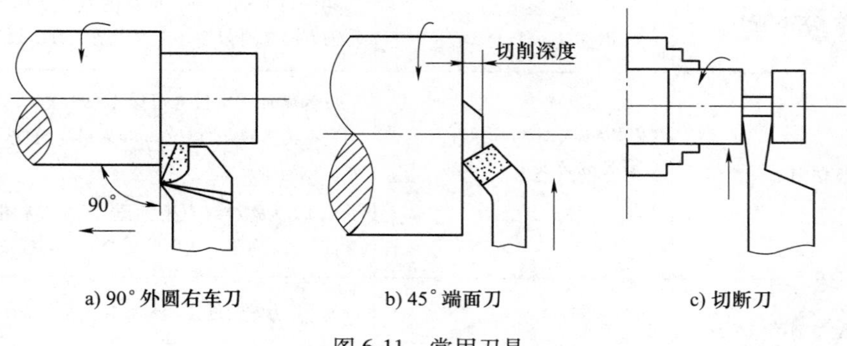

a) 90°外圆右车刀　　b) 45°端面刀　　c) 切断刀

图6-11　常用刀具

（7）数控程序编制　首先进行数学处理，根据零件的几何尺寸、刀具的加工路线和设定的编程坐标系来计算刀具运动轨迹坐标值。对于由圆弧和直线组成的简单轮廓零件的加工，只需计算出相邻几何元素的交点或切点的坐标值，对于自由曲线、曲面等的加工，则要借助计算机辅助编程来完成。

（8）加工操作　在加工程序编制完成之后、加工之前，要进行程序试运行，在检验了程序完全正确之后，再操作机床进行加工。

6.2.3　数控车削编程指令

除6.1.6节介绍的数控机床基本程序指令外，还有一些数控车床常用的编程指令，见表6-5。

表6-5　常用数控车削加工指令

代码	指令功能	指令格式	指令说明
G28	自动返回参考点	G28 X __ Z __	X、Z为工件坐标系坐标值
G32	螺纹切削	G32 X __ Z __ F __	X、Z为螺纹终点坐标，F为螺纹导程
G40	刀尖半径补偿取消	G00（或G01）G40 X __ Z __	X、Z为工件坐标系坐标值
G41	刀尖半径左补偿	G00（或G01）G41 X __ Z __	X、Z为工件坐标系坐标值
G42	刀尖半径右补偿	G00（或G01）G42 X __ Z __	X、Z为工件坐标系坐标值
G70	精加工循环	G70 P __ Q __	P为精加工路径开始程序顺序号，Q为精加工路径结束程序顺序号
G71	粗加工循环	G71 U __ R __ G71 P __ Q __ U __ W __ F __	U为切削深度（半径值），R为退刀量，P为路径开始程序顺序号，Q为路径结束程序顺序号，U为*X*轴方向余量（直径值），W为*Z*轴方向余量，F为进给速度

（续）

代码	指令功能	指令格式	指令说明
G72	粗加工端面循环	G72 W __ R __ G72 P __ Q __ U __ W __ F __	第一行 W 为切削深度（*Z* 轴方向），其他同 G71
G73	仿形粗车循环	G73 U __ W __ R __ G73 P __ Q __ U __ W __ F __	第一行 U 为 *X* 轴方向总退刀量（半径值），W 为 *Z* 轴方向总退刀量，R 为切削次数，第二行同 G71
G76	螺纹切削复合循环	G76Pmrα QΔdmin Rd G76 X a2 Z b2 R i P k Q Δd F L	m 为精加工次数（可以 1~99 次），r 为螺纹倒角量，α 为螺纹角度，Δdmin为最小背吃刀量，d 为精加工余量 a2 b2 为螺纹终点坐标值，i 为螺纹半径差，k 为牙高，Δd 为第一次背吃刀量，L 为螺纹导程
G92	螺纹车削固定循环	G92 X __ Z __ R __ F __	X、Z 为螺纹终点坐标，R 为螺纹起点相对终点的半径差，F 为螺纹导程
G96	主轴恒线速度控制	G96 S __	如“S50”表示切削线速度是 50m/min
G97	取消主轴恒线速度控制	G97 S __	如“S1000”表示取消主轴恒线速度控制，设定主轴转速为 1000r/min
G98	每分钟进给速度	G98	执行此代码后，遇到 F 指令时，F 进给速度单位为 mm/min
G99	每转进给速度	G99	执行此代码后，遇到 F 指令时，F 进给速度单位为 mm/r

6.2.4 数控车削手工编程实践案例

1. 案例分析

以图 6-12 所示轴类零件为例，其材料为 ϕ20mm 圆钢（45 钢），使用 CAK4085di 数控车床，认手工编程方式编程。

2. 工艺分析

此零件需加工的部分为外轮廓面，分析零件图可知外轮廓面由圆柱面、圆角曲面、倒角圆锥面组成。为了保证零件精度，首先采用 G71 指令进行粗加工循环，再采用 G70 指令进行精加工，最后切断。

（1）装夹方法　采用通用三爪卡盘，夹住棒料，伸出大于 30mm。

（2）工作坐标系建立　工作坐标系原点设定在工件右端面与轴线的交点处，此工作坐标系原点也是编程原点，如图 6-13 所示。

（3）刀具选择　外圆粗车 90°车刀 T01，外圆精车 90°车刀 T02，切断零件使用一把宽度为 3mm 切断刀 T03。

3. 手工编程

手工编程的程序见表 6-6。

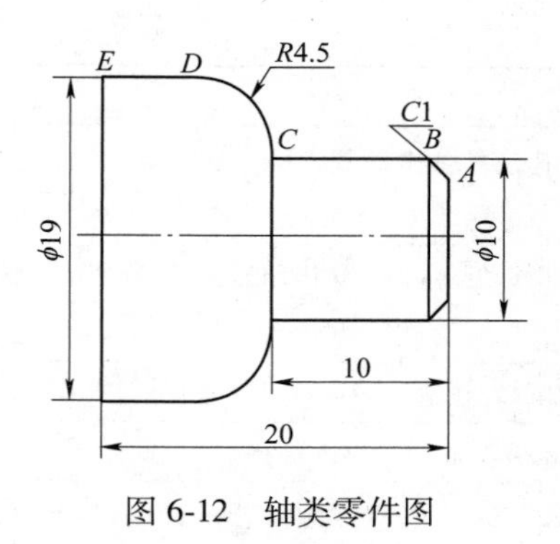

图 6-12　轴类零件图

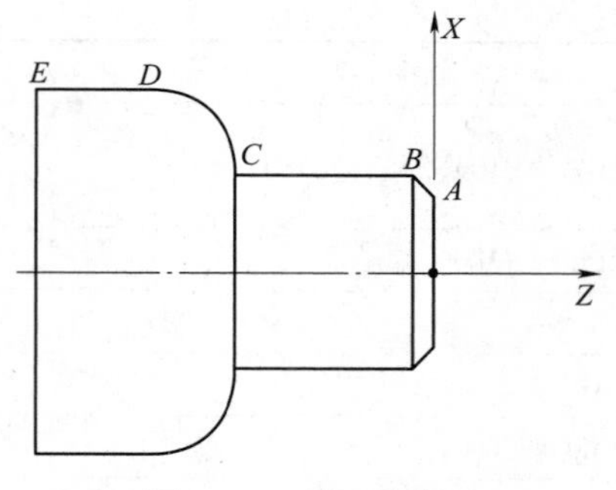

图 6-13　坐标系建立

表 6-6　程序说明

数控程序	解　释
O0001;	程序名（1号程序）
N10　G99;	进给速度单位为 mm/r
N20　T0101;	调用1号车刀1号补偿粗车圆角曲面
N30　M03 S1000;	主轴正转，转速为 1000r/min
N40　G00　X100.　Z100.;	车刀快速直线移动到 X100，Z100 位置，即安全换刀点位置
N50　G00　X22.　Z0.;	车刀快速直线移动到 X22，Z0 位置，即加工起点位置
N60　G01 X0.　F0.1;	车刀以 0.1mm/r 的进给速度直线移动到 X0 位置，车端面
N70　G00 X22.　Z2.;	车刀快速直线移动到 X22，Z2 位置
N80　G71　U1.　R1.;	执行粗加工外轮廓循环，每刀进给 1mm，退刀 1mm
N90　G71 P100　Q150　U0.5 W0.1　F0.1;	执行进给速度为 0.1mm/r 的粗加工循环，开始程序顺序号为 N100，结束程序顺序号为 N150，*X* 轴方向的直径余量为 0.5mm，*Z* 轴方向的余量为 0.1mm，进给速度为 0.1mm/r
N100　G01　X8.;	循环开始，车刀直线移动到 X8 位置
N110　G01　Z0.;	车刀直线移动到 Z0 位置，即点 *A* 位置
N120　G01　X10.　Z-1.;	车刀直线移动到 X10，Z-1 位置，即点 *B* 位置
N130　G01　Z-10.;	车刀直线移动到 X10，Z-10 位置，即点 *C* 位置
N140　G03　X19.　Z-14.5　R4.5;	车刀沿逆时针方向，以 4.5mm 为半径圆弧移动到 X19，Z-14.5 位置，即点 *D* 位置
N150　G01　Z-20.;	车刀直线移动到 X19，Z-20. 位置，即点 *E* 位置
N160　G00　X100.　Z100.;	循环结束，车刀快速移动到 X100，Z100 位置，即安全换刀点
N170　M05;	主轴停转
N180　T0202;	调用2号精加工车刀2号补偿
N190　M03　S1500;	主轴正转，转速为 1500r/min
N200　G00　X22.　Z2.;	车刀快速移动到 X22，Z2 位置

（续）

数控程序	解　　释
N210　G70　P100　Q150　F0.1；	以0.1mm/r的进给速度精加工外圆，循环从N100起始，到N150结束
N220　G00　X100.　Z100.；	循环结束，车刀快速移动到X100，Z100位置，即安全换刀点
N230　M05；	主轴停转
N240　T0303；	调用3号割刀刀具3号补偿
N250　M03　S600；	主轴正转，转速为600r/min
N260　G00　X22.Z-23.；	刀具快速移动到X22、Z-23位置（零件总长20mm加上刀具宽度3mm）
N270　G01　X0.　F0.1；	以0.1mm/r的进给速度移动到X0位置，车削割断
N280　G00　X100.；	刀具快速移动到X100位置，即安全换刀点
N290　G00　Z100.；	刀具快速移动到Z100位置，即安全换刀点
N300　M05；	主轴停转
N310　M30；	程序结束，返回程序头

4. 程序输入

1）开机：按下数控车床开机按钮，机床启动。

2）在功能操作按钮（如图6-7所示）中找到并按下“编辑”按钮进入“编辑”界面，在MDI键盘区输入程序，其显示如图6-14所示。

5. 模拟程序轨迹

在功能操作按钮中找到并按下“自动”按钮，再按“空运行”按钮和“机床锁定”按钮，然后在MDI键盘区按“图形”按钮，最后按循环开始按钮，即开始数控程序加工轨迹模拟，如图6-15所示。

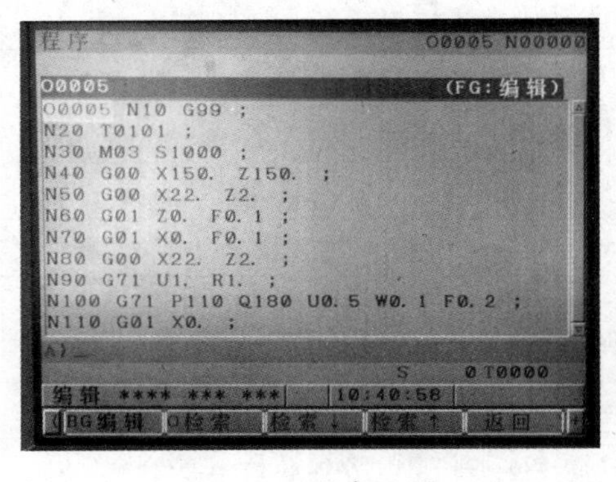

图6-14　程序显示

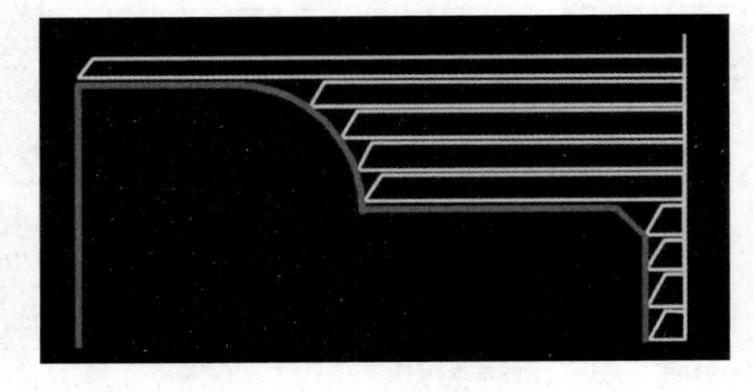

图6-15　加工轨迹模拟

6.2.5　数控车削自动编程实践案例

1. 案例分析

本案例采用CATIA软件进行自动编程。

2. 打开图形文件

依次单击菜单【文件】|【打开】系统，弹出“打开文件”对话框，选择待加工零件的图形文件将其打开。

3. 进入车削加工界面

依次单击菜单【开始】|【加工】|【车床加工】，系统弹出“车床加工”界面，如图 6-16 所示。

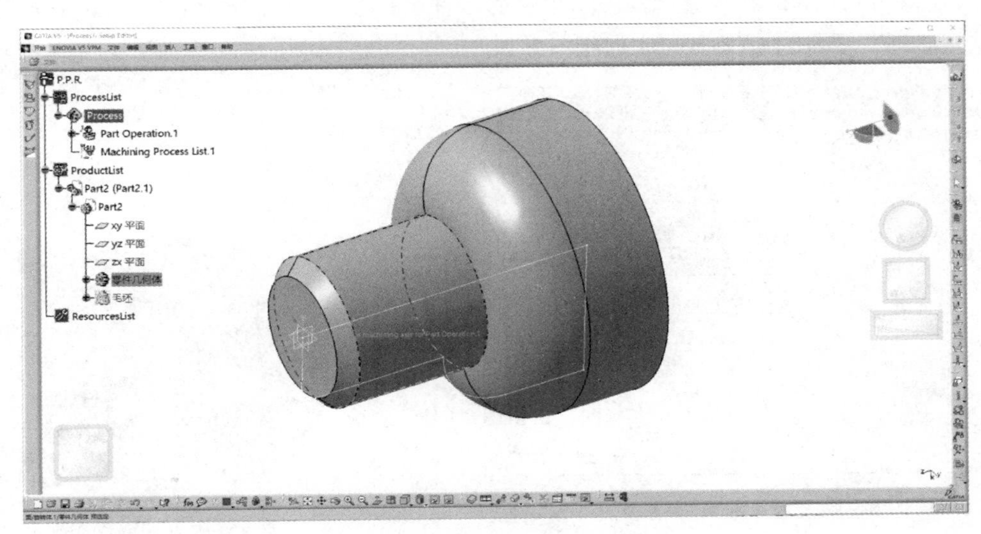

图 6-16 “车床加工”界面

4. 指定机床种类

单击特征树所有项目前方的“+”，使其命令状态全部展开，双击“加工设定”，系统弹出“零件加工动作”对话框，如图 6-17 所示。单击“机床”按钮，系统弹出“加工编辑器”对话框，如图 6-18 所示，单击“卧式车床”按钮后，单击“确定”按钮。

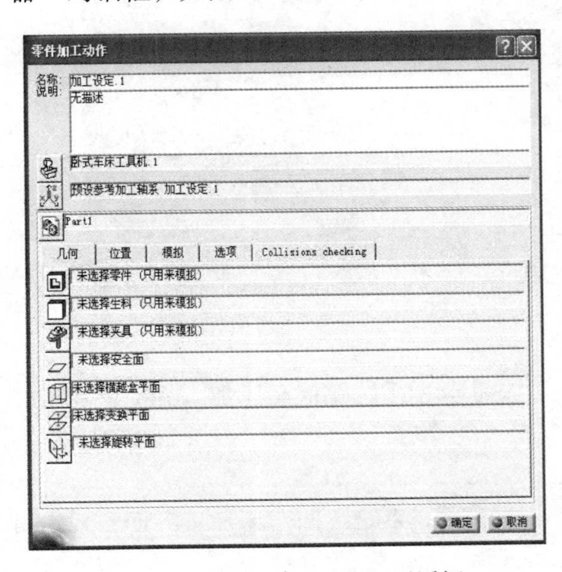

图 6-17 “零件加工动作”对话框

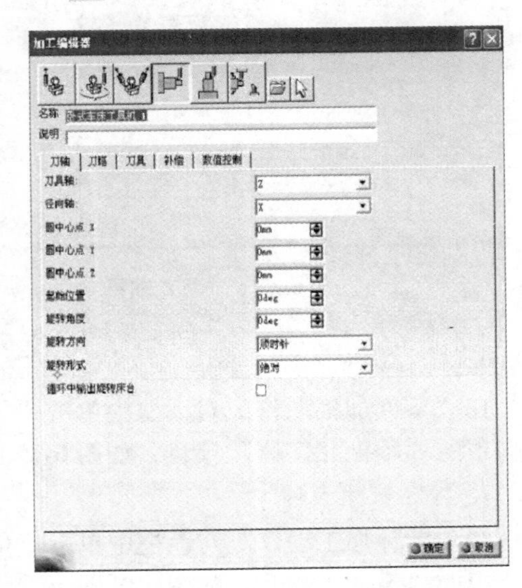

图 6-18 “加工编辑器”对话框

5. 设定工件坐标系

在“零件加工动作”对话框中，单击“参考加工轴系”按钮，系统弹出“预设参考加工轴系 加工设定”对话框，如图 6-19 所示。单击对话框中的坐标系原点（红色圆点），然后选择零件图形中的工件坐标原点，如图 6-20 所示。单击对话框中的坐标系 Z 轴，如图 6-21 所示，然后选择零件图形中的工件坐标系 Z 轴，如图 6-22 所示。单击对框中的坐标系 X 轴，如图 6-23 所示，然后选择零件图形中的工件坐标系 X 轴，如图 6-24 所示。在零件图形中选择轴时，要注意箭头方向应远离图形。

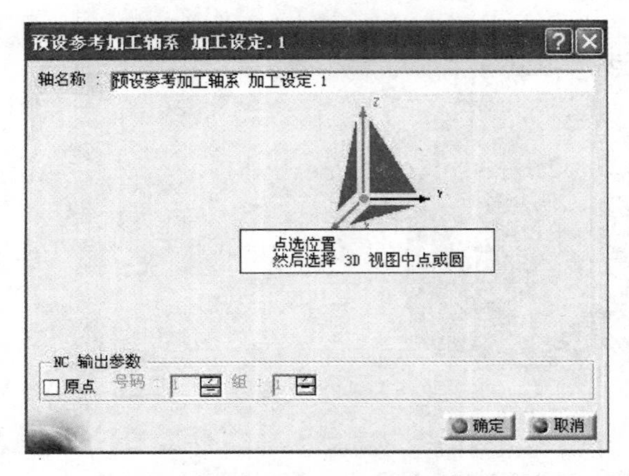

图 6-19 “预设参考加工轴系 加工设定”对话框

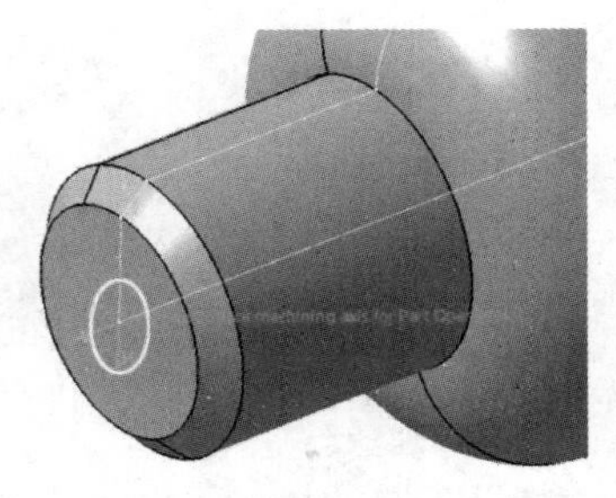

图 6-20 设定工件坐标系原点

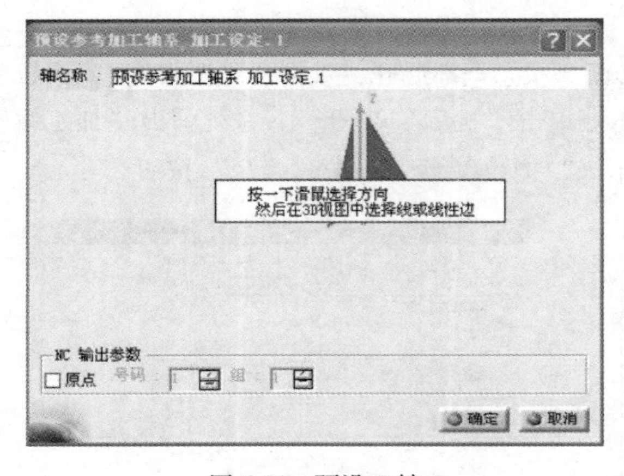

图 6-21 预设 Z 轴

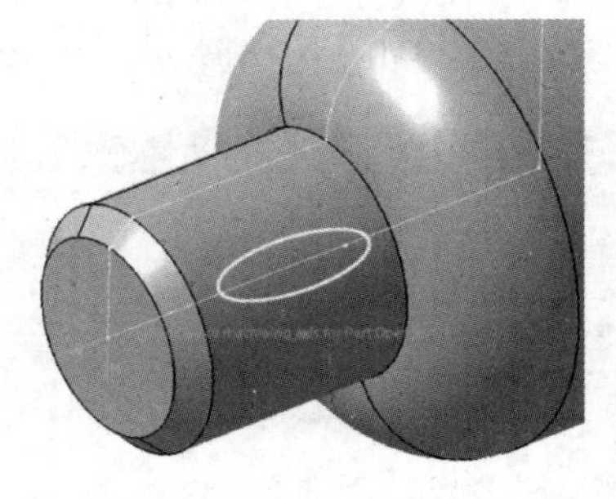

图 6-22 设定工件坐标系 Z 轴

6. 指定零件

在“零件加工动作”对话框中单击“零件”按钮，系统跳回车床加工界面，双击特征树中的“零件几何体”项目，如图 6-25 所示。

7. 指定零件生料

在“零件加工动作”对话框中单击“生料”按钮，系统跳回车床加工界面，双击特征树中的“毛坯”项目，如图 6-26 所示。

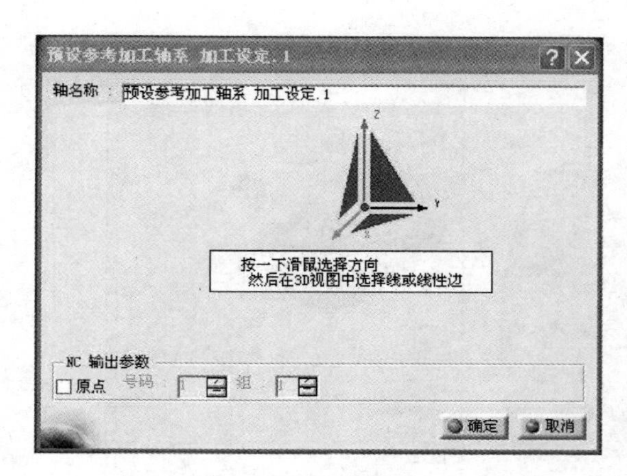

图 6-23　预设 *X* 轴

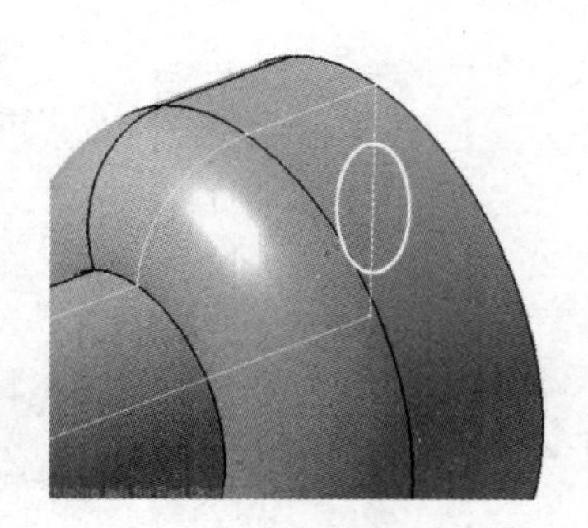

图 6-24　设定工件坐标系 *X* 轴

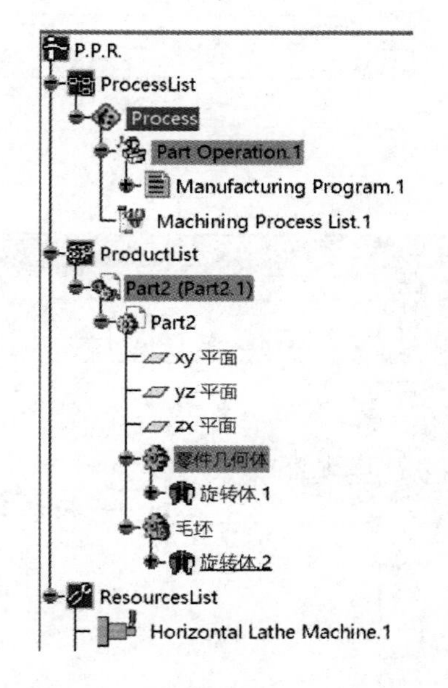

图 6-25　特征树中的
“零件几何体”项目

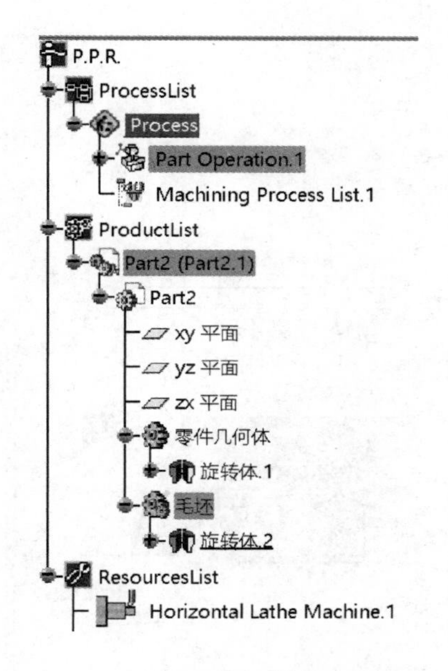

图 6-26　特征树中的
“毛坯”项目

8. 设定加工参数

依次单击菜单【制造程序】|【插入】|【加工动作】|【粗车】，系统弹出“粗车”对话框，单击“轮廓”选项卡，分别选择零件与生料的图形截面（如图 6-27 所示）。单击“方式”选项卡，最大加工深度设定为 1mm，加工零件断面轮廓设定为“每一次”，勾选凹槽加工（如图 6-28 所示）。单击“刀具”选项卡，选择菱形刀片，如图 6-29 所示。单击“切削要素”选项卡，去除勾选“由刀具进给和转速自动计算”选项，如图 6-30 所示设置参数。依次单击“播放路径”按钮|【确定】，仿真结果如图 6-31 所示。

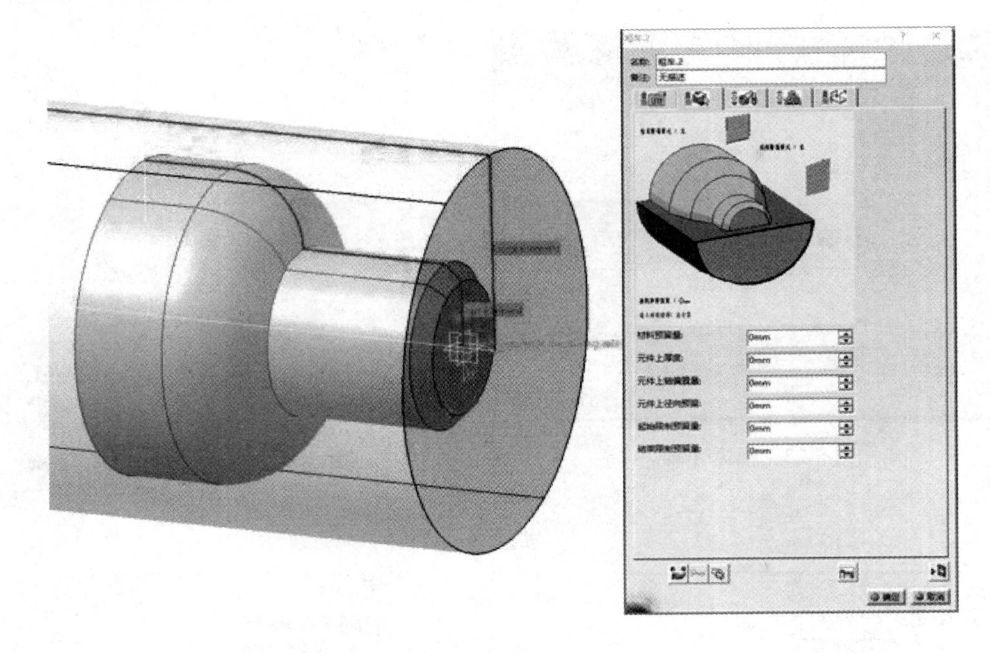

图 6-27　粗车外轮廓

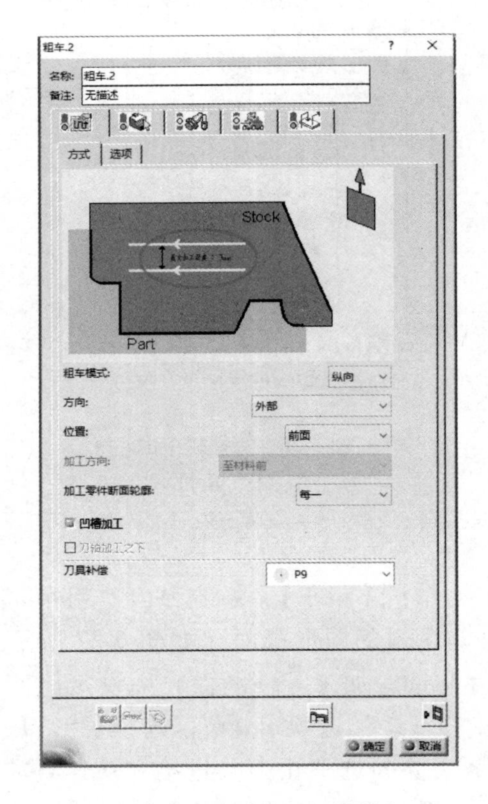

图 6-28　“粗车 . 2”对话框

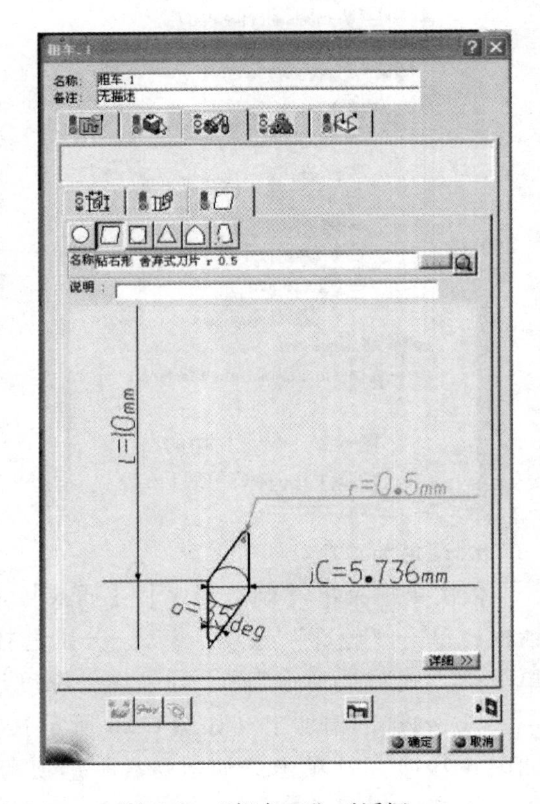

图 6-29　“粗车 . 1”对话框一

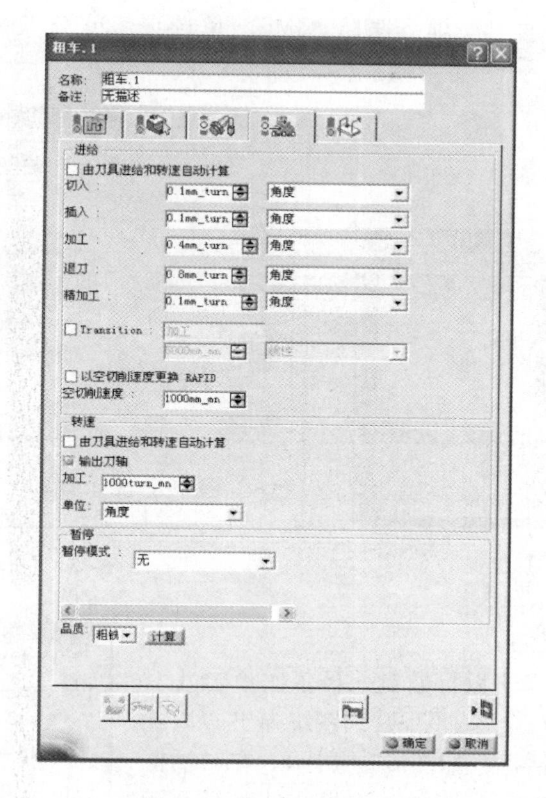

图 6-30 “粗车 . 1”对话框二

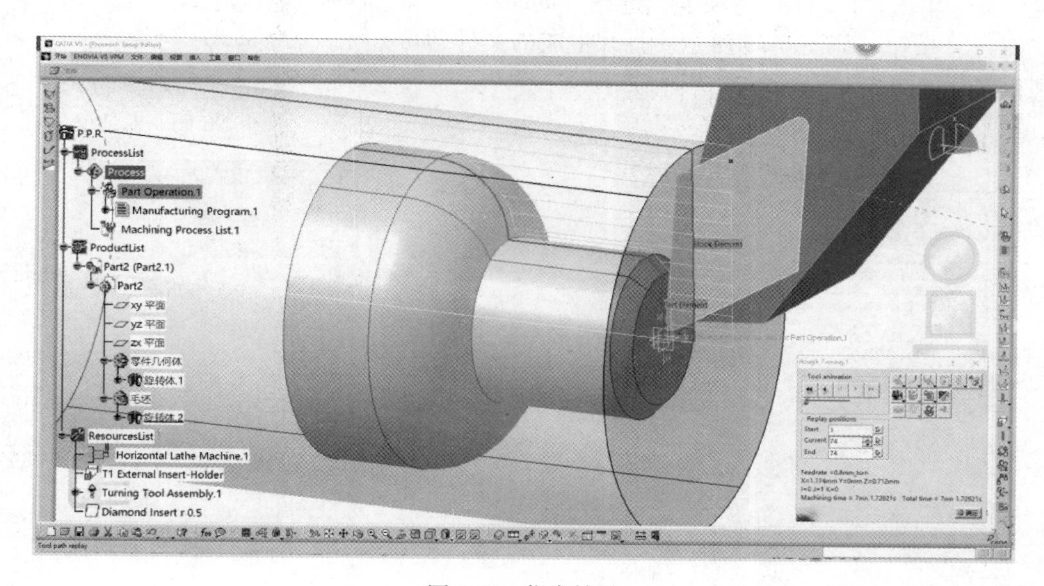

图 6-31 仿真结果

9. 指定后处理文件

依次单击【制造程序】|【工具】|【选项】，如图 6-32 所示，系统弹出“选项”对话框，

单击左侧树状图中的“加工”项，选择“IMS”单选项，单击“确定”按钮，如图 6-33 所示。

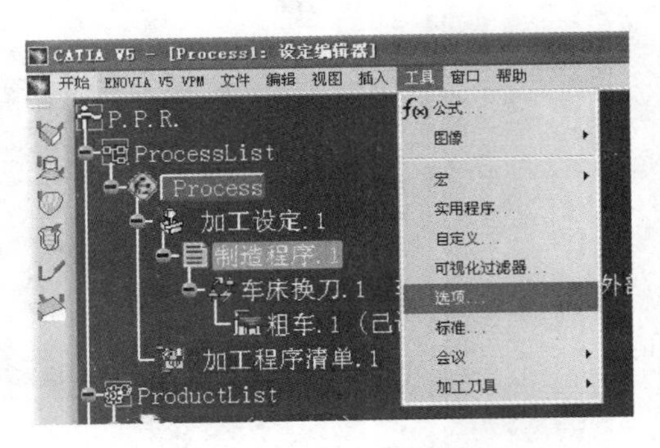

图 6-32 【选项】位置

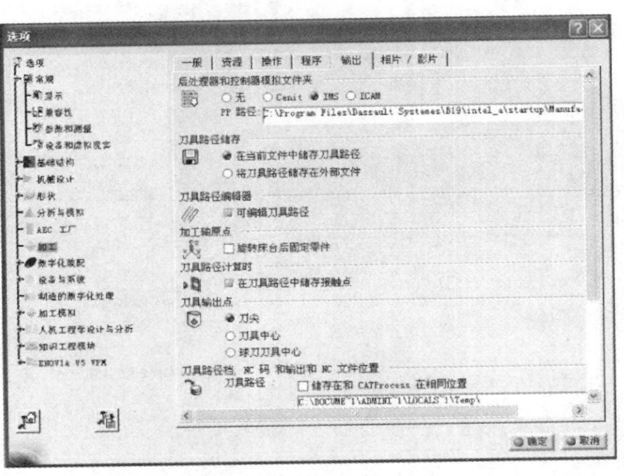

图 6-33 “选项”对话框

10. 输出 NC 加工代码

在“制造程序”上单击鼠标右键，再依次单击【对象】|【在交互式作业中产生 NC 代码】，系统弹出“以互动方式产生 NC 码”对话框，如图 6-34 所示。在对话框中选择 NC 码，设定程序保存路径，注意文件路径不能包含中文。单击“NC 码”选项卡，选择“fanuc0”后单击“执行”按钮，如图 6-35 所示。打开生成的文件即可看到程序，如图 6-36 所示。

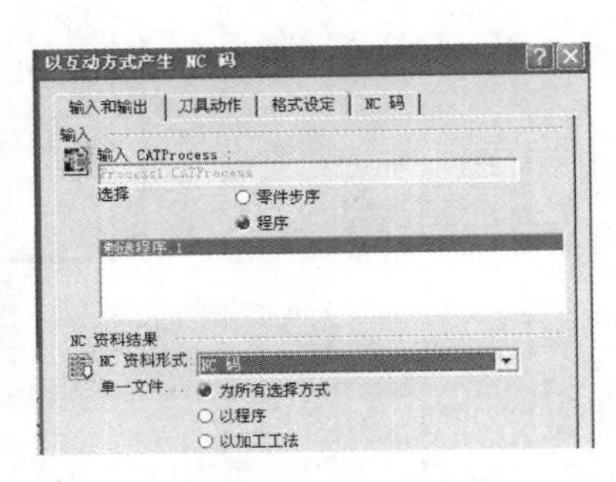

图 6-34 “以互动方式产生 NC 码”对话框

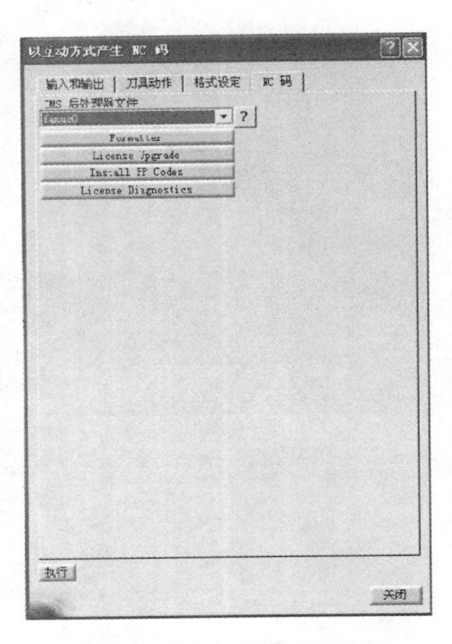

图 6-35 “NC 码”选项卡

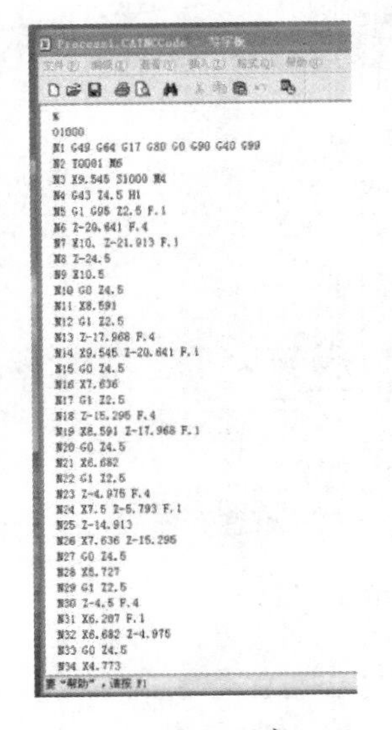

图 6-36 程序

11. 将生成的NC加工程序导入机床

可利用INTER-DNC车间信息集成管理专家软件实现服务器与机床之间的无线数据传输，步骤如下。

1）在计算机上将CATIA生成的NC程序用记事本打开，在程序开头结尾分别加入“%”。

2）将文件存入服务器。

3）在机床操作面板上建立通信指令，然后即可看到服务器上等待的程序。

4）在机床操作面板上建立调入指令，完成调入。

12. 车削加工

在控制面板上，按下“自动”按钮，再按“启动”按钮，机床便会开始数控程序加工，此数控车削加工的零件成品如图6-37所示。

图6-37 零件成品图

6.3 数控铣削实践

6.3.1 实践目的

1）了解数控铣床的应用和加工步骤。

2）了解数控铣床的运动、控制方式及主要控制元件的名称和作用。

3）了解数控铣床的基本类型和主要结构组成。

4）掌握数控铣床基础编程方法。

5）用CATIA软件对设计的零件进行后处理并自动生成程序。

6）初步掌握简单平面零件的数控铣削加工程序的编制，以及机床面板的操作。

6.3.2 数控铣床概述

1. 数控铣床功能

数控铣床可以进行直线、斜线、曲线轮廓等的加工，如凸轮、样板、模具、螺旋槽等；另外，通过配备不同的刀具（图6-38），可以分别进行钻削、攻螺纹、铣削、镗削等加工。

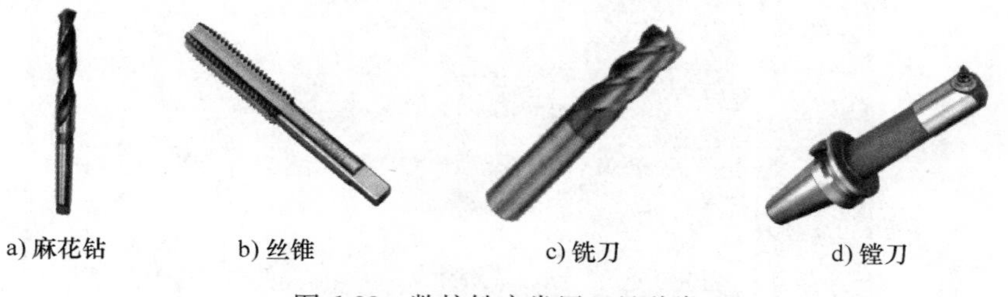

a) 麻花钻　b) 丝锥　c) 铣刀　d) 镗刀

图6-38 数控铣床常用刀具种类

2. 数控铣床结构

数控铣床由主轴箱、铣刀、立柱、工作台面、床身、数控操作面板等组成，如图6-39

所示。

XK714D数控铣床配置的是FANUC-0i系统，其操作面板如图6-40所示。

3. 数控铣削加工步骤

（1）分析零件图　根据零件图分析零件的形状、基准面、尺寸公差和表面粗糙度要求，以及加工面的种类、零件的材料、热处理等技术要求。

（2）数控机床的选择　根据零件形状和加工的内容及范围，确定该零件是否适宜在数控机床上加工，适合哪类数控机床加工，从而确定使用机床的种类。如：轴类或盘类零件使用数控车床，模具类零件、壳体类零件使用数控铣床等。

（3）工件的装夹方法　工件的装夹方法直接影响产品的加工精度和加工效率，工件安装应尽可能利用通用夹具，必要时也要设计、制造专用夹具。

（4）加工工艺确定　在该阶段，要确定加工的顺序和步骤，一般分粗加工、半精加工、精加工三

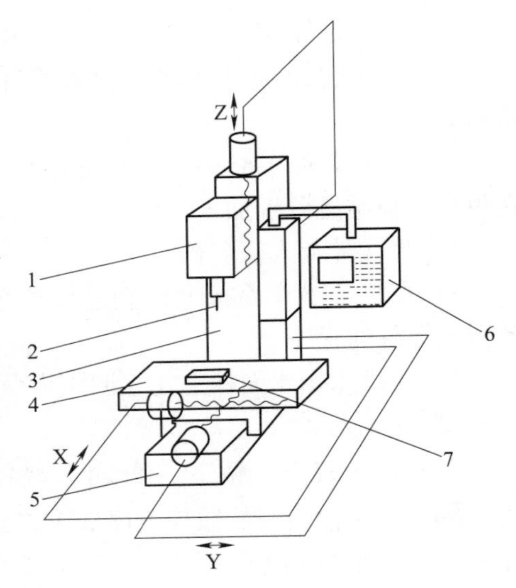

图6-39　数控铣床结构

1—主轴箱　2—铣刀　3—立柱　4—工作台面　5—床身　6—数控操作面板　7—工件

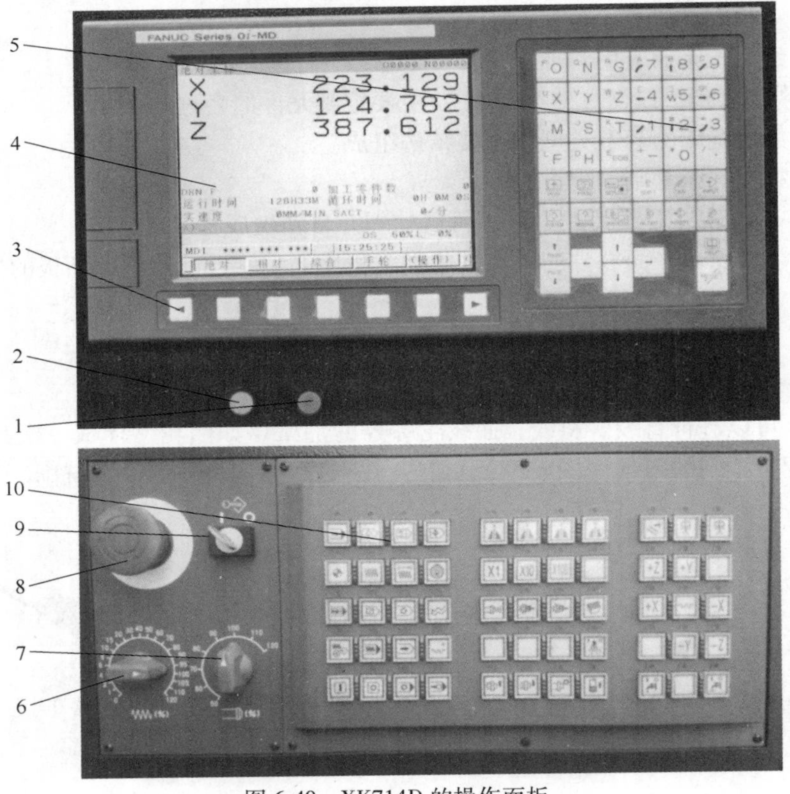

图6-40　XK714D的操作面板

1—关机按钮　2—开机按钮　3—功能键　4—显示屏　5—MDI按键　6—进给倍率旋钮　7—主轴倍率旋钮　8—紧急停止按钮　9—程序保护开关　10—操作按钮

个阶段。粗加工一般留 1mm 余量，要使机床和刀具在能力允许的范围内用尽可能短的时间完成。半精加工一般留 0.1mm 的加工余量。精加工直接形成产品的最终尺寸精度和表面粗糙度，对于要求较高的表面，要分别进行加工。

（5）刀具的选择　在该阶段，要确定使用的刀具，粗、精加工用的刀具要分开，所采用的刀具要满足加工质量和效率的要求。

（6）程序编制　首先根据零件的几何尺寸、刀具的加工路线和设定的编程坐标系来计算刀具运动轨迹的坐标值。对于由圆弧和直线组成的简单轮廓零件的加工，只需计算相邻几何元素的交点或切点坐标值。对于自由曲线、曲面等的加工，则要借助计算机辅助编程来完成。

（7）加工操作　在加工程序编制完成之后、加工之前，要进行程序试运行，在检验了程序完全正确之后，再操作机床进行加工。

6.3.3 数控铣削手工编程实践案例

1. 案例分析

本案例以图 6-41 所示盖板零件为例，其材料为 30mm×50mm×10mm 的 LY12 铝合金，使用 XK714D 数控铣床，采用手工编程方式完成数控铣削加工。

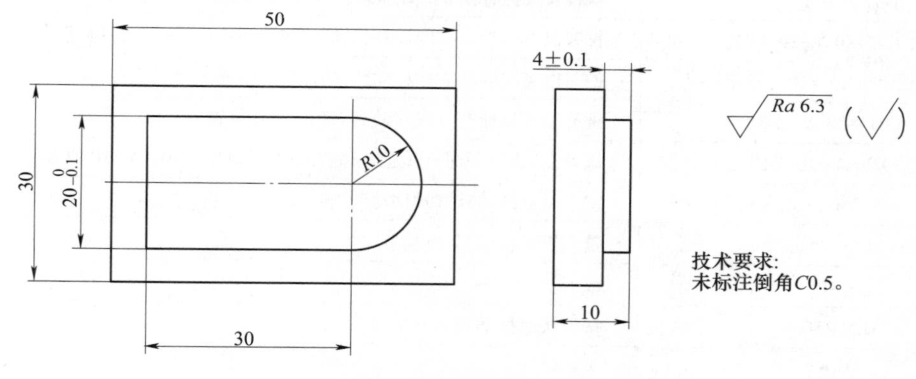

图 6-41　盖板零件图

2. 工艺分析

盖板零件的加工工艺过程见表 6-7。

表 6-7　盖板零件的加工工艺过程

工序	工序名称	工序内容	设备	工装夹具	刀具及加工参数
1	装夹	零件厚度为 10mm，平口钳装夹 5mm	XK714D	平口钳	
2	粗铣	粗铣盖板外形，留加工余量，将盖板加工至外形尺寸为 20.5mm、40.5mm，深度尺寸为 3.8mm	XK714D	平口钳	ϕ10 立铣刀 n = 800n/min，v_f = 80mm/min
3	精铣	使用 0~150 游标卡尺测量确定粗铣尺寸，再次加工盖板外形，将盖板加工至外形尺寸为 19.9~20mm 和 39.9~40mm，深度尺寸在 4±0.1mm 以内	XK714D	平口钳	ϕ10 立铣刀 n = 1000n/min，v_f = 50mm/min

（续）

工序	工序名称	工序内容	设备	工装夹具	刀具及加工参数
4	拆卸	使用平口钳专用扳手拆卸零件，锐角倒钝去毛刺			锉刀、修边器

3. 手工编程

根据工艺过程，盖板零件的数控铣削手工编制的程序见表 6-8。

表 6-8　程序说明

数控程序	解　　释
O0001;	程序名
G90 G54 G17;	采用绝对坐标方式，调取工件坐标系，选择 XY 坐标平面
M03 S800;	主轴正转，转速为 800r/min
G00 X-23. Y-33.;	铣刀快速移动到 X-23，Y-33 位置
G00 Z50.;	铣刀快速移动到 Z50 位置
G00 Z5.;	铣刀快速移动到 Z5 位置
G01 Z-4. F80;	执行直线插补指令，设置加工深度为 4mm，加工速度为 80mm/min
G01 G41 X0 Y-10. D01;	铣刀以左补偿、直线插补移动到 X0，Y-10 位置，刀具补偿编号为 1
G01 X0 Y10.;	铣刀以直线插补方式移动到 X0，Y10 位置
G01 X30. Y10.;	铣刀以直线插补方式移动到 X30，Y10 位置
G02 X30. Y-10. R10.;	铣刀沿顺时针方向，以圆弧插补方式移动到 X30，Y-10 位置
G01 X0 Y-10.;	铣刀以直线插补方式移动到 X0，Y-10 位置
G00 Z5.;	铣刀快速移动到 Z5 位置
G40;	取消补偿
G00 Z50.;	铣刀快速移动到 Z50 位置
M05;	主轴停转
M30;	程序结束，返回程序开头

4. 程序输入

1）开机：按数控铣床开机按钮（图 6-40 中的 2 号按钮），机床启动。

2）在操作面板的操作按钮中找到并按“编辑”按钮进入“编辑”界面，输入数控铣削程序，程序显示如图 6-42 所示。

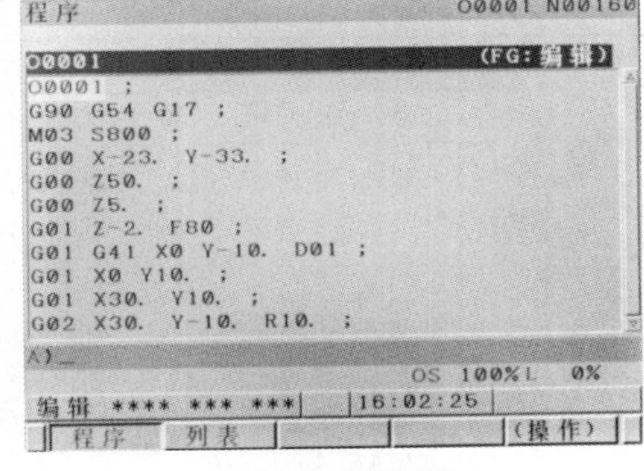

图 6-42　程序显示

5. 加工仿真

在操作面板的操作按钮中依次找到并按“自动”按钮、“空运行”按钮和“辅助功能锁定”按钮。然后在 MDI 按键中找到并按“图形参数”按键，显示屏出现“图形参数”界面，如图 6-43 所示。按显示屏上的“图形”

按钮，最后按操作按钮中的“启动”按钮，系统便会开始数控加工仿真，如图6-44所示。

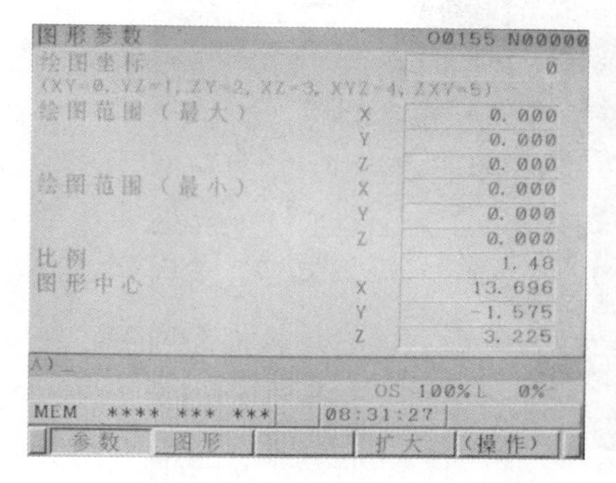

图6-43 “图形参数”界面

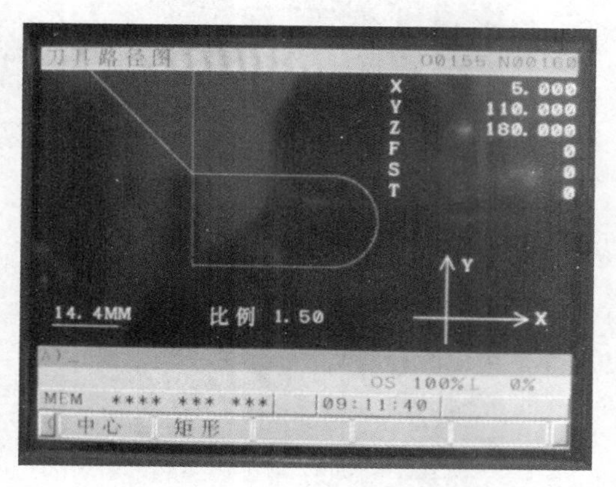

图6-44 数控加工仿真

6. 参数修改

刀具直径为20mm，程序使用G41偏移指令，根据刀具和工艺修改D01中的数据（图6-45），粗加工存入D01的数据为10.25，加工完成后的数据应该比图样大0.5。精加工存入D01的数据为9.99，加工完成后的数据应该比图样小0.02，符合图样要求。

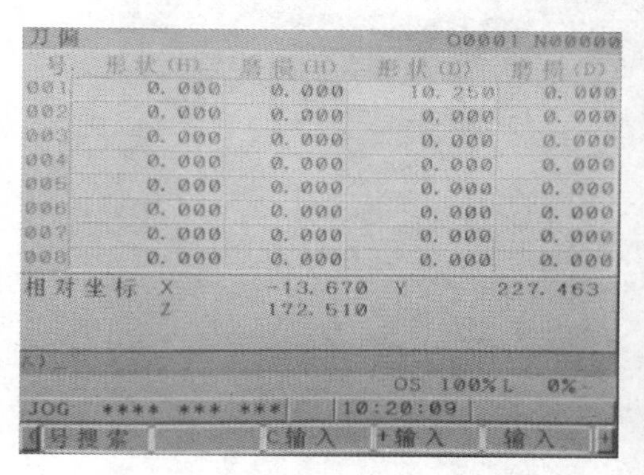

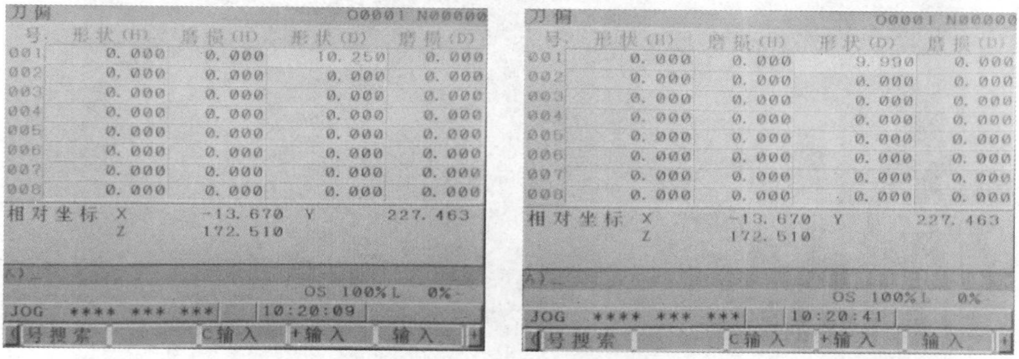

图6-45 D01参数修改界面

6.3.4 数控铣床自动编程实践案例

本案例采用CATIA软件对图6-41所示盖板零件的数控铣削进行自动编程。

1. 打开图形文件

依次单击菜单【文件】|【打开】，系统弹出“打开文件”对话框，打开三维零件：gaiban. CATPart，如图6-46所示。

2. 进入铣削加工界面

依次单击【开始】|【加工】|【二轴半加工】，系统进入“加工”界面，如图6-47所示。在特征树中选择“加工设定”，系统弹出“零件加工动作”对话框，如图6-48所示。

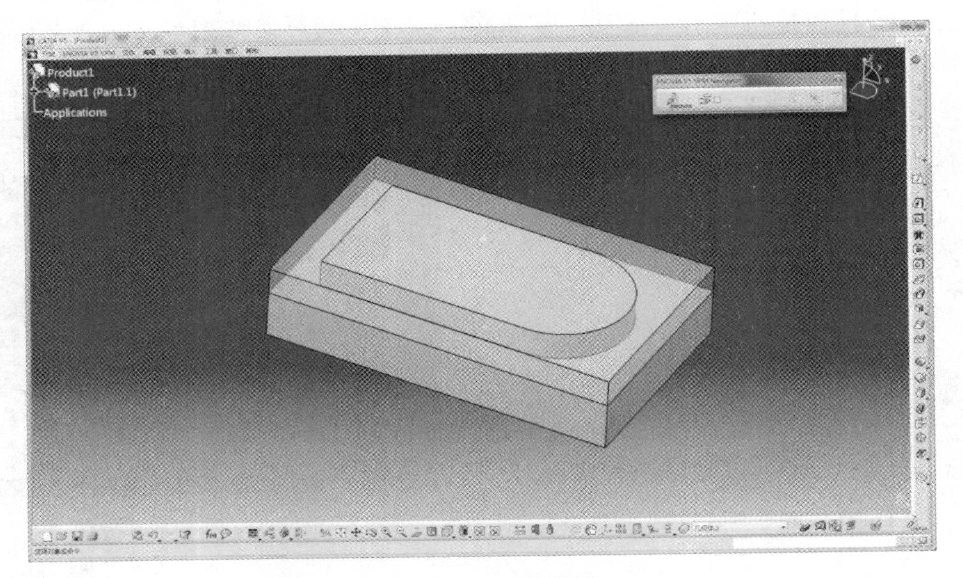

图 6-46　打开文件

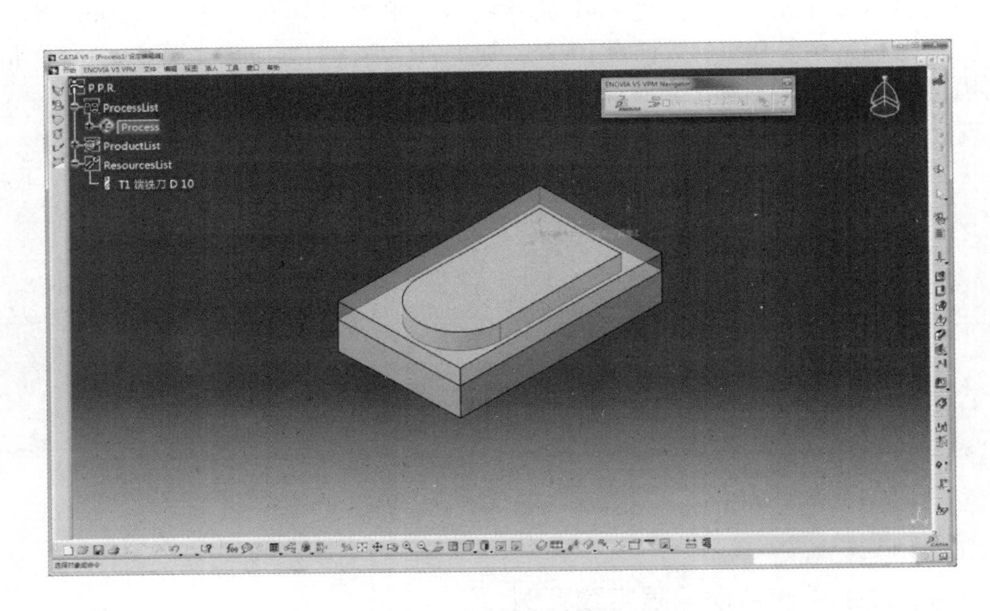

图 6-47　“加工”界面

1）在“零件加工动作”对话框中，单击图标，系统弹出“加工编辑器”对话框，如图 6-49 所示，选择 3 轴工作机，单击“确定”按钮。

2）在“零件加工动作”对话框中，单击图标，再在图 6-50 所示特征树中选择“零件几何体”；在“零件加工动作”对话框中单击图标，再在特征树中选择“几何体 2”；在“零件加工动作”对话框中单击图标，再在特征树中选择“平面”，单击“确定”按钮，如图 6-48 所示。然后在特征树中选择“几何体 2”，应用右键菜单将其设置为“隐藏”（如图 6-51 所示）。

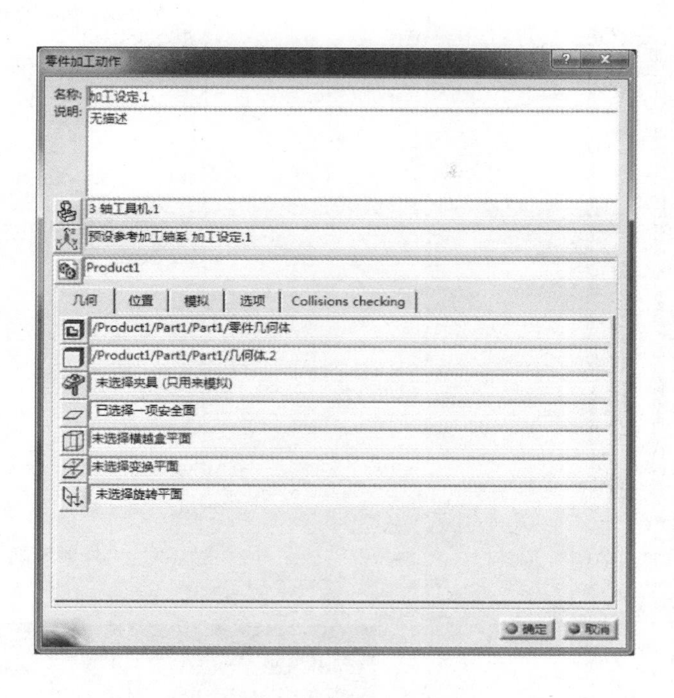

图 6-48 “零件加工动作”对话框

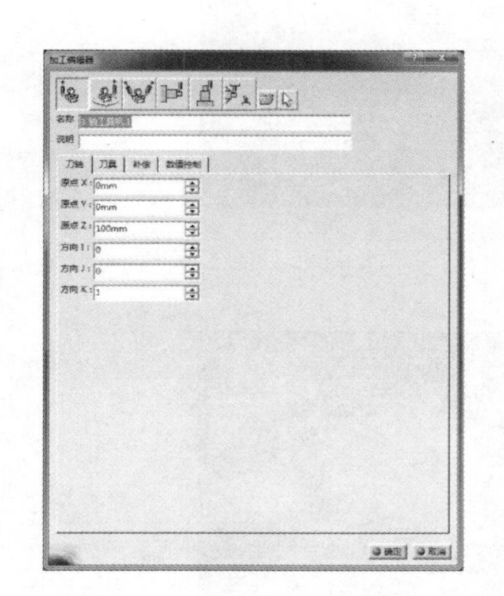

图 6-49 “加工编辑器”对话框

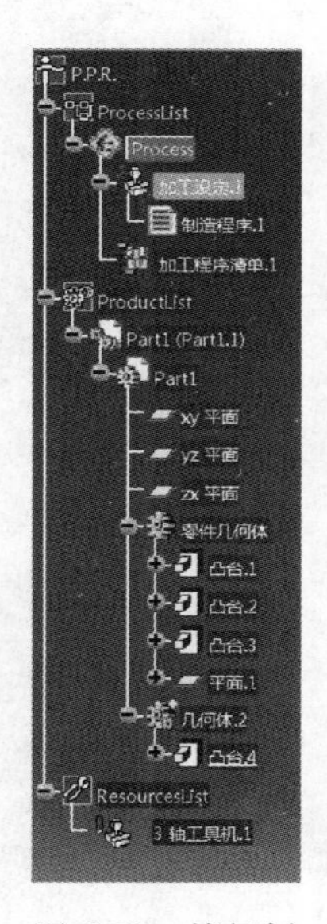

图 6-50 特征树

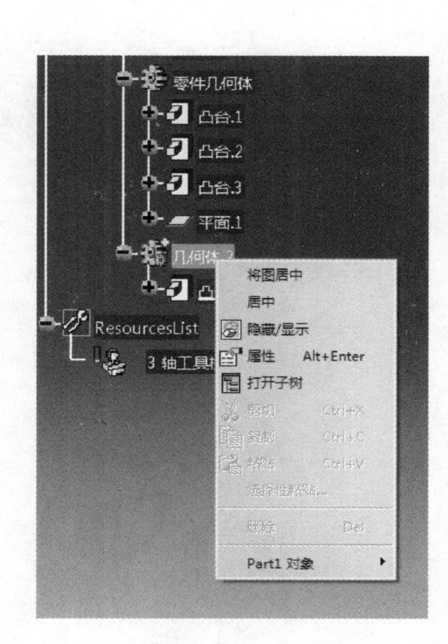

图 6-51 右键菜单

3）在特征树中选择“制造程序”，单击“加工动作”工具栏的▱图标，如图 6-52 所示，系统弹出“外形铣削”对话框，如图 6-53 所示。

4）在“加工”界面上，分别选择所要加工零件的轮廓和加工深度，分别如图 6-54 和图 6-55 所示。

图 6-52 “加工动作”工具栏

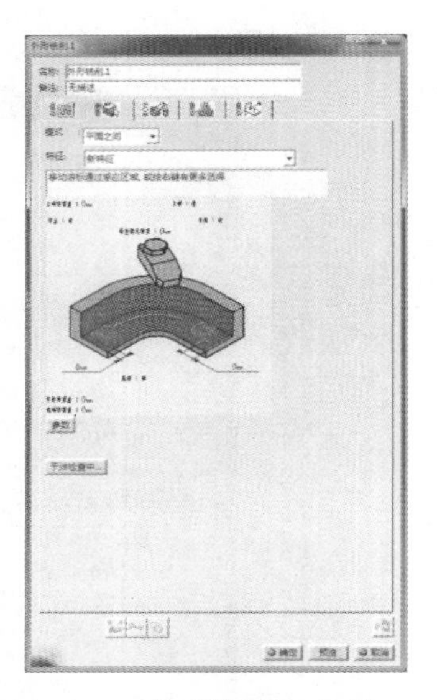

图 6-53 “外形铣削”对话框一

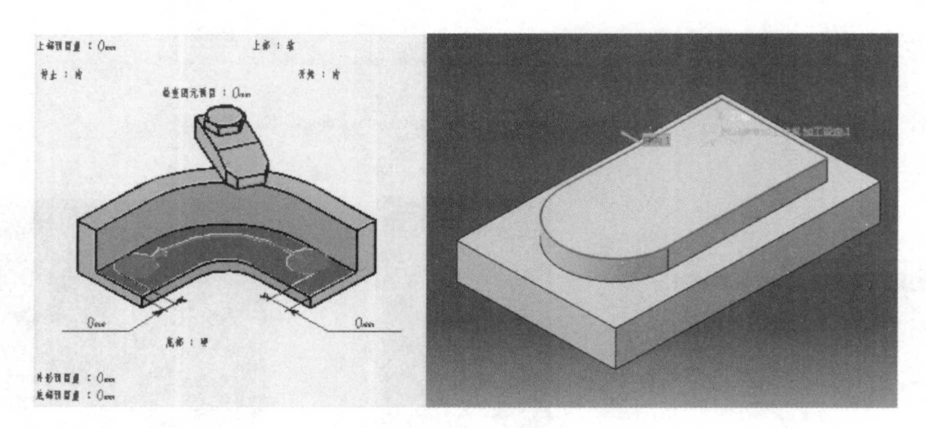

图 6-54 轮廓选择

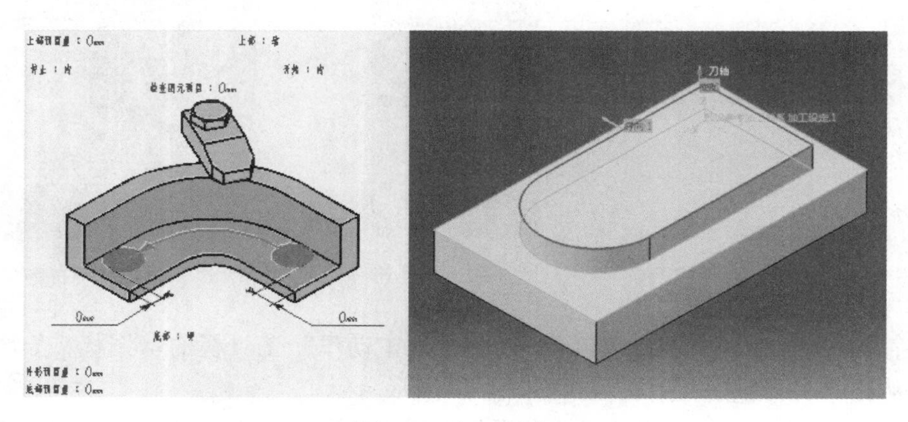

图 6-55 加工深度

5）在“外形铣削”对话框中，单击图标，则“外形铣削”对话框如图6-56所示。单击“端铣刀”按钮，再单击按钮，将直径设置为“10mm”，刀具圆角设置为“0mm”，如图6-57所示。

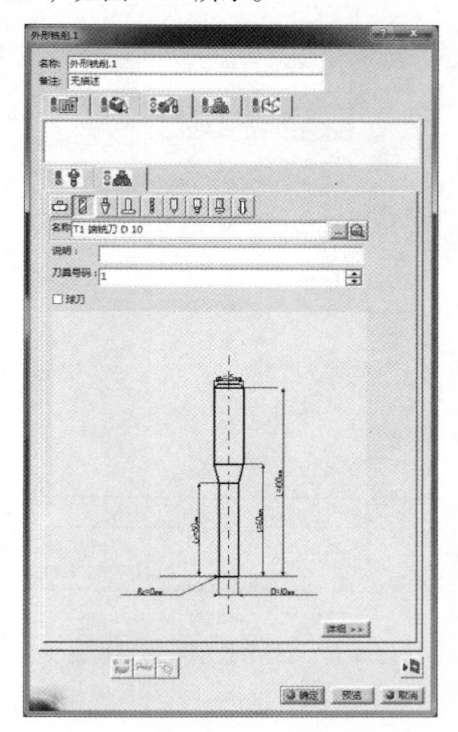

图6-56 “外形铣削”对话框二

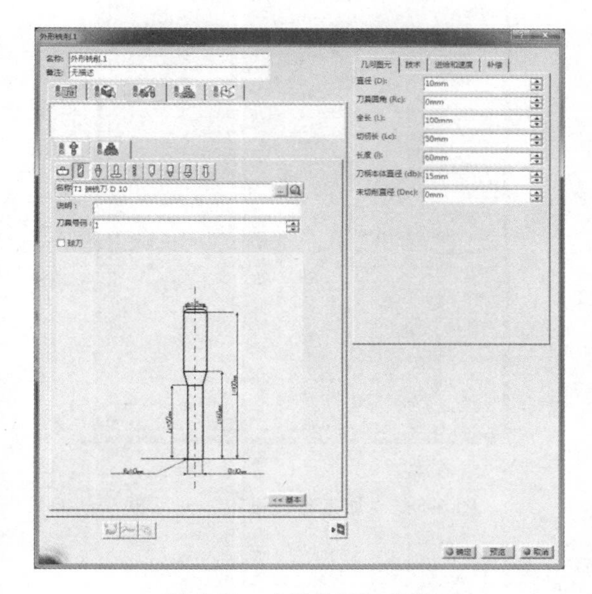

图6-57 “端铣刀”参数

6）在“外形铣削”对话框二中，单击图标，则对话框如图6-58所示。将进刀、加工、退刀均设置为“80mm”，在输出转速“加工”文本框中输入“800”。

7）在“外形铣削”对话框中，单击图标，选择“重叠”选项卡，在“径向方式”区域将“路径间距离”改为“5mm”，“路径数量”改为“2”，如图6-59所示，单击对话框右下角的图标，系统进入“生成刀具路径”界面，可查看生成的刀具路径最后单击“外形铣削”对话框中的“确定”按钮，得到如图6-60所示界面。

8）在特征树的“制造程序”上单击鼠标右键，展开“制造程序对象”子菜单并选择“在交互式作业中产生NC码”选项，如图6-61所示，系统弹出“以互动方式产生NC码”对话框，将“NC资料形式”选择为“NC码”选项，如图6-62所示，在“输出文件”文本框输入“SHUXI. NC”。

9）单击NC码图标，IMS后处理器文件选“FANUC0i”，单击执行图标，导出文件。

3. 数铣加工模拟

在特征树的“制造程序”上单击鼠标右键，展开“制造程序对象”子菜单并选择“使用刀具路径开始影像模拟”选项，如图6-63所示，系统进入“加工模拟”界面，单击右下角“外形铣削”对话框中的图标，如图6-64所示，系统便会自动开始加工模拟，如图6-65所示。

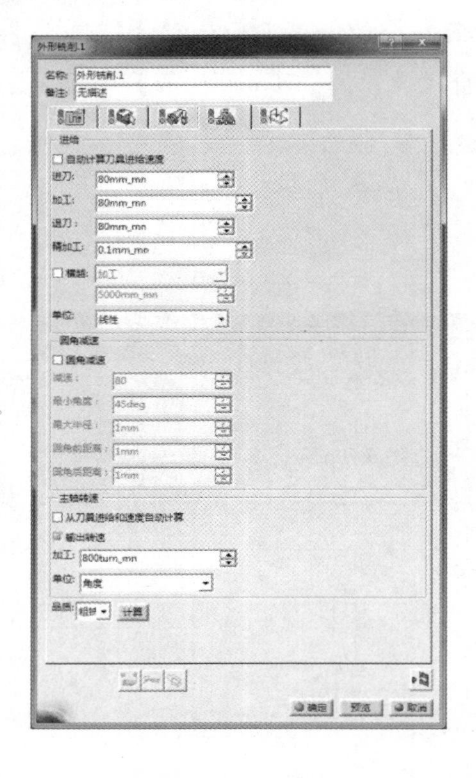

图 6-58 “加工参数设定”对话框

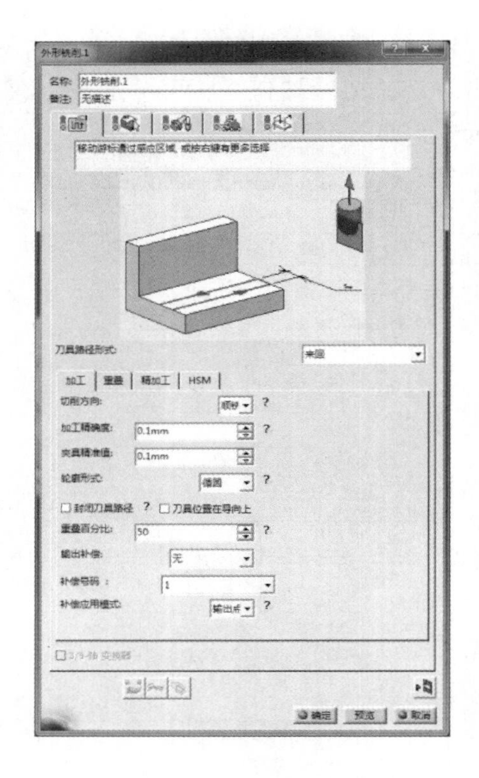

图 6-59 “外形铣削”对话框三

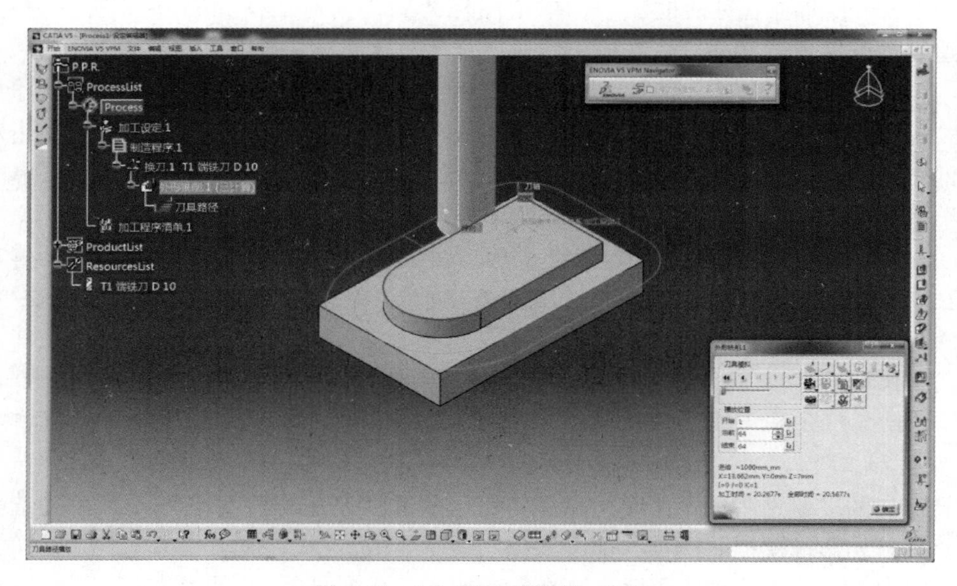

图 6-60 “生成刀具路径”界面

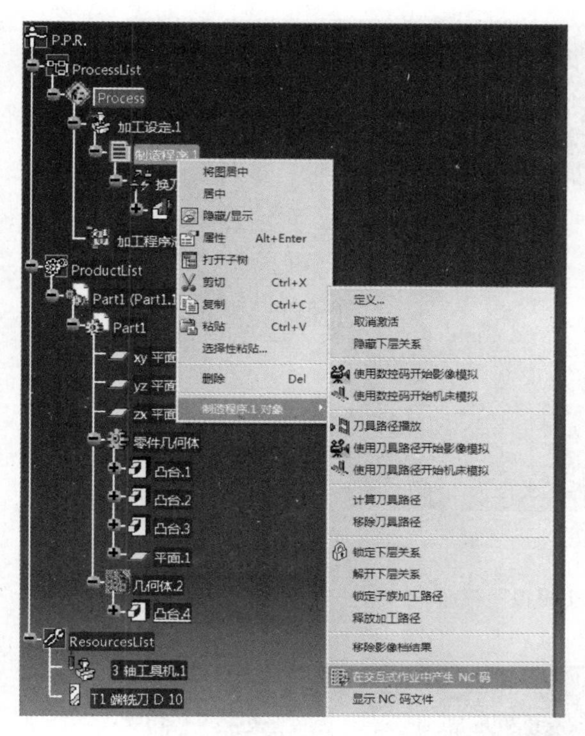

图 6-61 “在交互式作业中产生 NC 码”选项

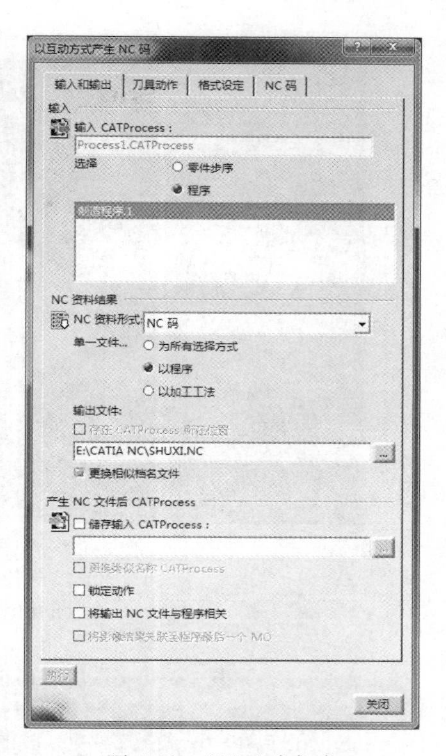

图 6-62 “以互动方式产生 NC 码”对话框

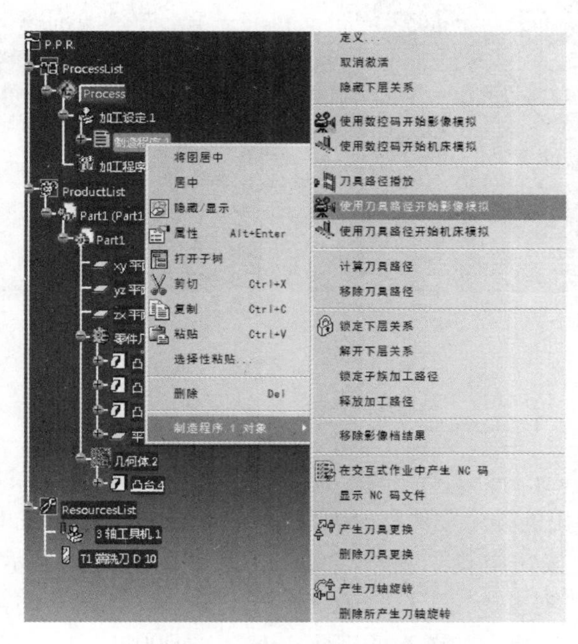

图 6-63 “使用刀具路径开始影像模拟”选项

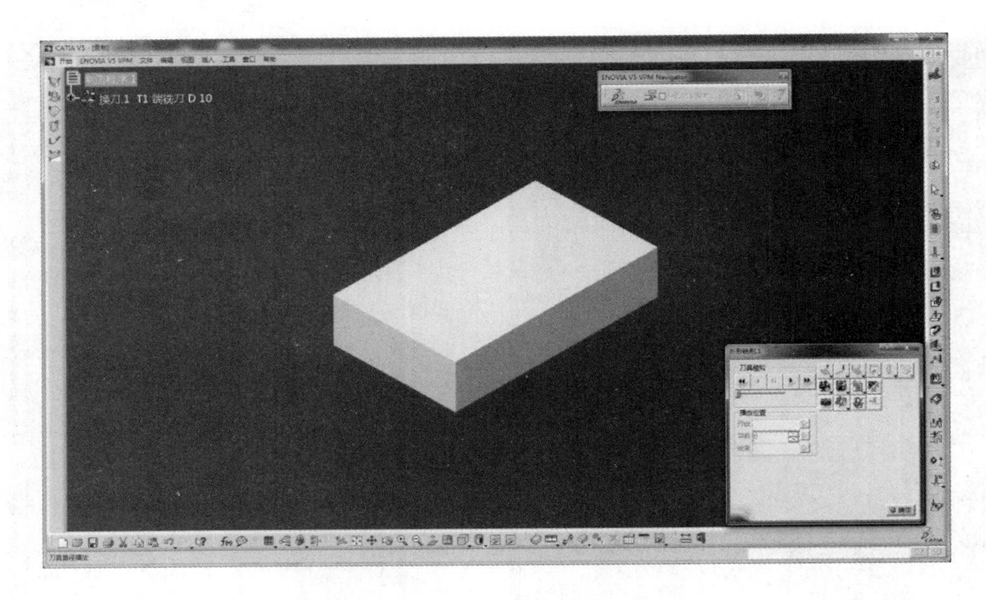

图 6-64 “加工模拟”界面

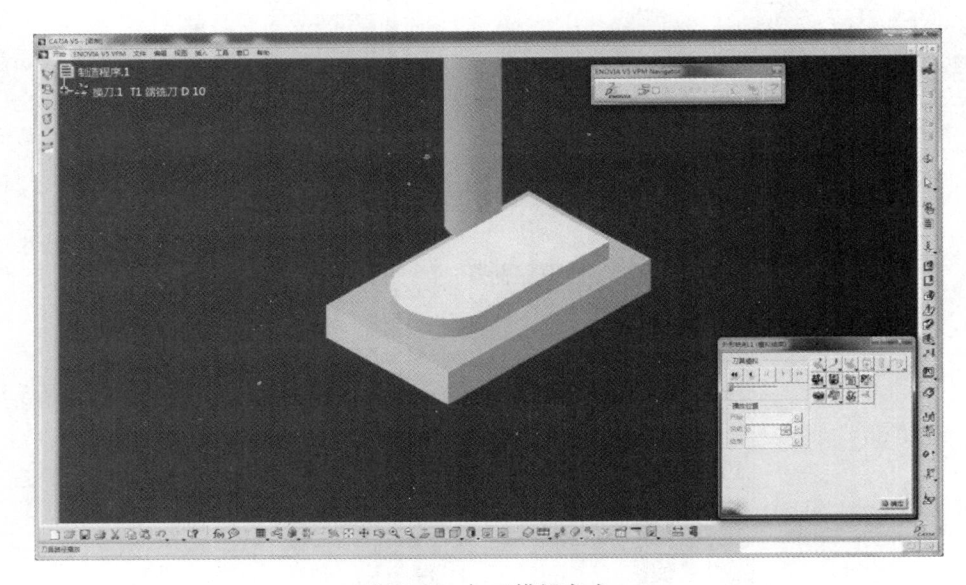

图 6-65 加工模拟完成

4. 铣削加工

1）开机：按开机按钮打开数控铣床，机床启动。

2）先将 CATIA 导出的程序文件“SHUXI. NC”的文件名修改成 O0001，存入 CF 卡中，在机床操作面板的操作按钮中找到并按“编辑”按钮，机床显示屏进入“编辑”界面（图 6-66），再依次按“列表”“操作”（图 6-67）“设备”（图 6-68）“M-卡”（图 6-69），机床显示屏进入“M-卡”界面如图 6-69 所示，输入“O0001”后按“执行”按钮，将程序导入数控铣床，如图 6-70 所示。

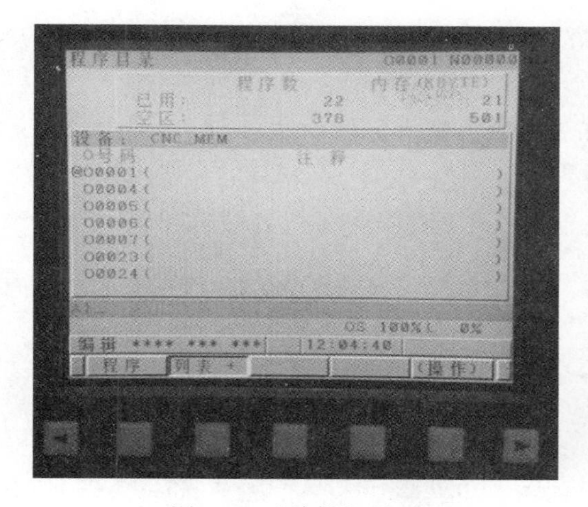

图 6-66 “编辑”界面

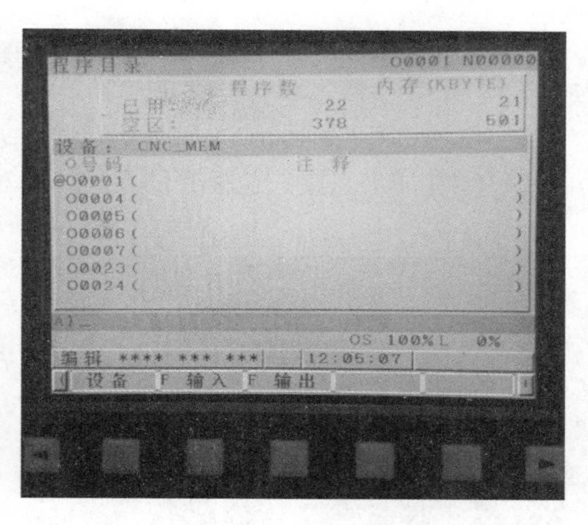

图 6-67 “操作”界面

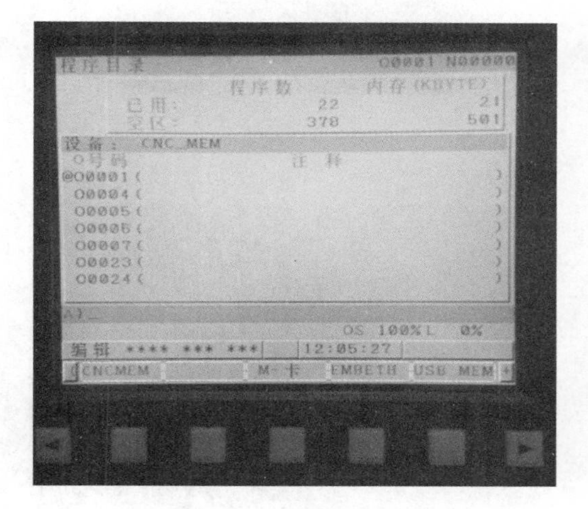

图 6-68 “设备”界面

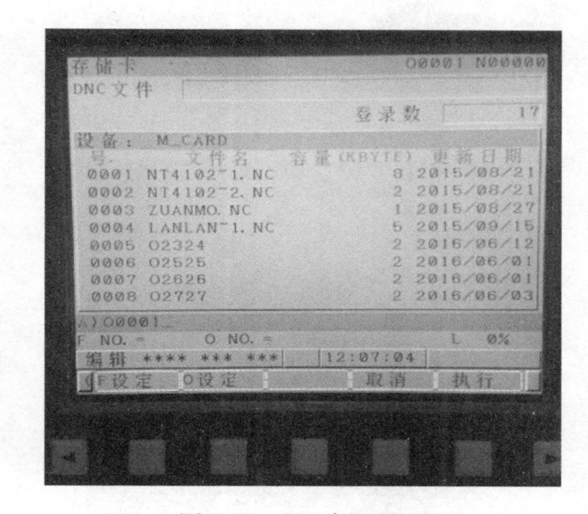

图 6-69 “M-卡”界面

3）在数控铣床的主轴端装上刀柄及刀具（10mm 键槽铣刀），保证刀具装夹牢固，如图 6-71 所示。

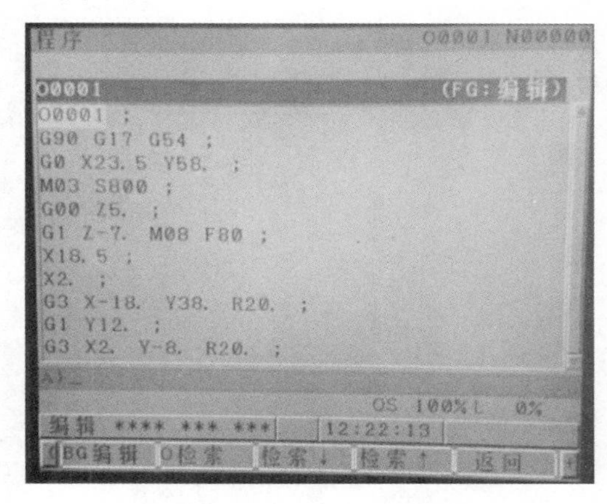

图 6-70 “程序”界面

图 6-71 刀具安装

4）用平口钳装夹工件 5mm 厚度（30mm×50mm×10mm），保证工件装夹牢固，如图6-72所示。

5）机床进行铣削加工，如图 6-73 所示。加工完成，如图 6-74 所示。

6）零件加工完成，盖板零件成品如图 6-75 所示。

图 6-72　工件安装

图 6-73　铣削加工

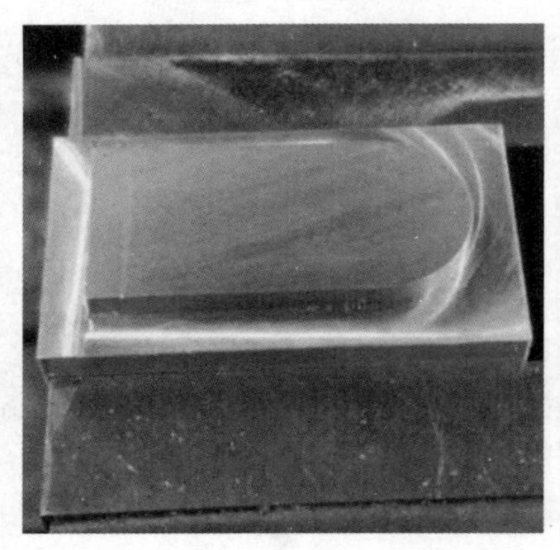

图 6-74　加工完成

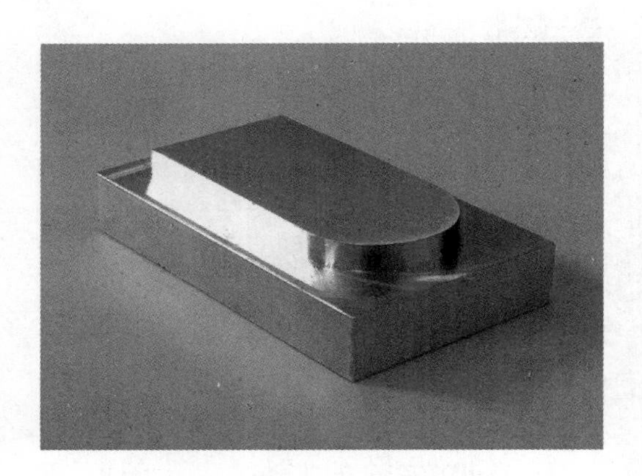

图 6-75　盖板零件成品图

5. 关机

加工结束，取下零件，关闭机床电源，清洁机床。

思　考　题

1. 数控机床的组成有哪些部分？
2. 数控机床的加工特点有哪些？
3. 简述数控机床的工作原理。
4. 数控车床按照功能可分为几类？
5. 描述 G00、G01、G02、G03 指令的意义和用法。
6. 数控车床坐标系与工作坐标系的区别是什么？
7. 常用的 G 指令和 M 指令有哪些？如何使用？
8. 如何应用 G 指令和 M 指令根据图样编写程序？

第7章

电火花加工实践

7.1 实 践 目 的

1）了解电火花加工的基本原理、特点、应用及分类。

2）了解电火花线切割的基本概念及加工原理。

3）熟悉数控电火花线切割编程方法，以及加工工艺参数的选择。

4）掌握电火花线切割机床的基本操作方法。

7.2 电火花技术概述

在日常生活中，人们在使用电器或插拔插头时，经常会听到噼噼啪啪的响声，或者看到蓝白色的火花，产生火花会造成开关的接触恶化，为此人们对这种现象进行了深入研究，发现了一种新的金属去除方法——电火花加工。电火花加工属于特种加工的一种。

7.2.1 电火花加工的原理

进行电火花加工时，工具和工件分别接脉冲电源的正、负极，并浸入到工作液中。间隙自动控制系统控制工具电极向工件进给，当两电极的间隙达到一定距离时，电极上施加的脉冲电压就会将工作液击穿，产生火花放电。在放电的微细通道中瞬时集中大量的热能，温度可高达一万摄氏度以上，压力也会发生急剧变化，从而使工件表面局部微量的金属材料立刻熔化、气化，并爆炸式地飞溅到工作液中而被工作液带走，工件表面上便会留下一个微小的凹坑，放电短暂停歇，两电极间的工作液恢复绝缘状态。

通过控制脉冲电压和位置重复上述该过程，可以完成整个加工过程。虽然每次脉冲放电蚀除的金属量极少，但每秒有成千上万次的脉冲放电作用，因此也能在较短的时间内蚀除较多的金属，从而保证一定的生产率。

为保持工具电极与工件之间的恒定放电间隙，需在蚀除工件的过程中，使工具电极不断地向工件进给，以加工出与工具电极形状对应的工件。因此，只要改变工具电极的形状和调整工具电极与工件的间隙大小，就能加工出各种复杂的型面。

电火花加工的基本原理如图 7-1 所示。

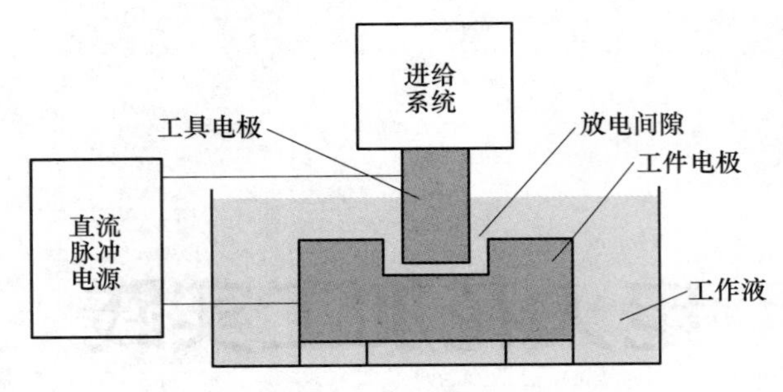

图 7-1　电火花加工的基本原理

7.2.2　电火花加工的条件

进行电火花加工必须具备以下三个条件。

1）必须采用脉冲电源，而且能产生的放电必须是瞬时的脉冲性火花放电。

2）必须采用自动进给调节装置，以保持工具电极与工件电极间微小的放电间隙。

3）火花放电必须在具有一定绝缘强度的液体介质中进行。

7.2.3　电火花加工的特点

电火花加工的主要特点如下。

1）可加工普通切削加工所不能加工的工具钢、磨具钢、硬质合金等高硬度合金材料。

2）能加工非常细小的孔、槽、微型曲面等。

3）加工过程中可暂停，也可连续进行粗、精加工。

4）只能对导电材料进行加工，不能加工塑料、玻璃、尼龙等绝缘材料。

5）由于加工原理的限制，电火花加工比常规切削加工的效率要低许多，故不适用于大批量零件的加工。

6）加工时有一定的放电间隙，通常在几微米到几十微米之间，根据零件的材质不同，间隙也会不同。

7.2.4　电火花加工的应用

1）模具业：加工锻模、拉伸模、塑料膜等。

2）航空业：加工高温合金等难加工材料，如喷气发动机的涡轮叶片等。

3）制造业：加工刀具、量具、工具、样板、螺纹成形件等。

4）微细精密加工：通常可用于加工 0.1～1mm 范围内的型孔、窄缝，也可加工激光器件等。

7.2.5　电火花加工的分类

电火花加工按照用途的不同，以及工具电极和工件相对运动方式的不同，大致可分为电火花穿孔成型加工、电火花线切割、电火花内孔和外圆成形磨削、电火花同步共轭回转加工等几类。以电火花穿孔成形加工和电火花线切割应用最为广泛，具体的类别、特点和用途见表 7-1 所示。

表 7-1　电火花加工的类别、特点和用途

类别	特　点	用　途	备　注
电火花穿孔成形加工	1. 工具与工件间主要只有一个相对伺服进给运动 2. 工具为成形电极，与被加工表面有相同的截面或形状	1. 型腔加工：加工各类型腔模及各种复杂的型腔零件 2. 穿孔加工：加工各种冲模、挤压模及异形孔和微孔等	其机床约占电火花机床总数的 30% 左右，典型机床有 D7125 等电火花穿孔成形机床
电火花线切割	1. 工具电极为沿着其轴线方向移动的线状电极 2. 工具与工件在两水平方向同时有相对伺服进给运动	1. 切割各种冲模和具有直纹面的零件 2. 下料、截断和窄缝加工	其机床约占电火花机床总数的 60%，典型机床有 DK7740 等
电火花内孔和外圆成形磨削	1. 工具与工件有相对旋转运动 2. 工具与工件间有径向和轴向的进给运动	1. 加工高精度、表面粗糙度小的小孔 2. 加工外圆、小模数滚刀等	其机床约占电火花机床总数的 3%，典型机床有 D6310 电火花小孔内圆磨床
电火花同步共轭回转加工	1. 成形工具与工件均做旋转运动，但两者角速度相等或成整数倍 2. 工具相对工件可做纵、横向进给运动	以同步回转、倍角速度回转等不同方式加工复杂形面的零件，如异形齿轮、精密螺纹环规等	其机床约占电火花机床总数的 1%以下，典型机床有 JN-8 内外螺纹加工机床

7.3　电火花线切割技术概述

7.3.1　电火花线切割的基本概念

电火花线切割技术是电火花加工技术中应用最广泛的一种，采用一根运动着的金属丝作为工具电极，利用其与工件电极之间产生的脉冲性火花放电来对工件进行切割，故称为电火花线切割。由于在现在的电火花线切割机床中，工件与电极丝之间的相对切割运动采用数控技术控制，因此电火花线切割又称为数控电火花线切割（简称为数控线切割）。电火花线切割的加工原理如图 7-2 所示。

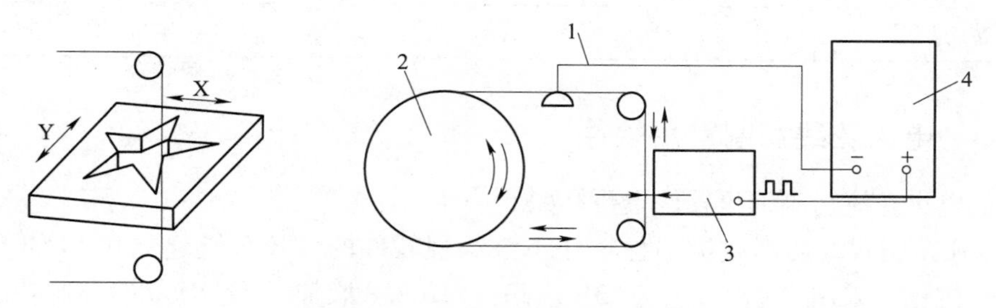

图 7-2　电火花线切割的加工原理

1—工具电极丝　2—储丝筒　3—工件　4—高频脉冲电源

7.3.2 电火花线切割机床的分类

电火花线切割机床按电极丝的运行速度不同，可分为快走丝电火花线切割机床、慢走丝电火花线切割机床两种。

随着现代技术的快速发展，工业生产对零件的加工精度和加工效率的要求越来越高，而快走丝电火花线切割的加工精度不高，慢走丝电火花线切割的加工成本又太高，因此，通过对快走丝电火花线切割机床进行改进，形成了一种中走丝电火花线切割机床。

1）快走丝电火花线切割机床：快走丝电火花线切割是我国独创的电火花线切割加工模式，是我国生产和使用的主要机种。其电极丝做快速往复运动，并可重复使用，但是容易发生抖动和换向时的停顿，使加工质量下降，因此不适合加工表面质量要求高的零件。

2）慢走丝电火花线切割机床：是国外生产和使用的主要机种，其电极丝做慢速单向运动，放电后不能重复使用。该种机床具有工作平稳、均匀、抖动小的特点，适合加工质量要求高的零件。

3）中走丝电火花线切割机床：是在快走丝电火花线切割机床的基础上加以改造而形成的一种新型机床，在走丝机构上装有变频机构，走丝速度由慢到快共分为七档。

注意：“中走丝”并非指走丝速度介于高速与低速之间，而是在粗加工时采用高速走丝方式，保证加工效率；在精加工时放慢走丝速度，加工过程相对平稳、抖动小。中走丝电火花线切割机床通过多次切割来减少材料变形及电极丝损耗带来的误差，使加工质量也相对提高，加工质量介于高速走丝电火花线切割机床与低速走丝电火花线切割机床之间。

三种机床的特点对比见表 7-2。

表 7-2 机床的特点对比

比较项目	快走丝电火花线切割机床	慢走丝电火花线切割机床	中走丝电火花线切割机床
电极丝运行速度	6~12m/s	低于 0.25m/s	复合走丝
电极丝运动形式	往复运动	单向运动	往复运动
常用电极丝材料	钼丝	铜、钨、钼及各种合金	钼丝
工作液	皂化液或水基型工作液	去离子水	皂化液或水基型工作液
尺寸精度	0.015~0.02mm	±0.005mm	±0.015mm
表面粗糙度	1.25~2.5μm	0.16~0.8μm	0.8~1.0μm
设备成本	低	高	低

7.3.3 电火花线切割常用软件

常用的电火花线切割编程软件主要有如下几种。

（1）YH 绘图式线切割微机编程软件　该编程软件的数控系统建立在 PCDOS 平台上，编程控制一体化，采用 G 指令，兼容 3B 代码，YHC8.0 版加入了多次切割控制功能。

（2）CAXA 线切割 XP 编程软件　该编程软件为各种电火花线切割机床提供快速、高品质的数控编程代码，利用其传输功能，可将加工代码发送到机床的控制器以使机床进行加工。几乎能与国内所有的机床进行通信，但只可编程，不可控制电火花线切割机床。

（3）HL操作系统及编程软件　其具有“一控多”功能，即在一台电脑上同时控制多达四部机床切割不同的工件，并可一边加工一边编程。可对基准面和丝架的距离做精确的校正计算，对于大锥度切割的精度大大优于同类软件，编程控制一体化。缺点是不适于现阶段发展，对于新手操作较难。

（4）HF-WireCut操作系统及编程软件　其具有四轴联动控制功能，可实现上、下异形加工。加工轨迹和加工数据实时跟踪显示，编程控制一体化。并应用优越的多次切割技术。目前国内数控中走丝电火花线切割机床多数用此软件，编程操作简单易学。

（5）AUTO CAD绘图软件　这是最常用的一款绘图软件，具有绘图简单、方便的特点，但不能进行编程。用AUTO CAD软件画的图，可保存成dxf格式的文件，大多数线切割编程软件都可以直接应用。

7.3.4　电火花线切割机床型号

我国数控电火花线切割机床的型号以DK7□□□表示，如DK7732其含义为：

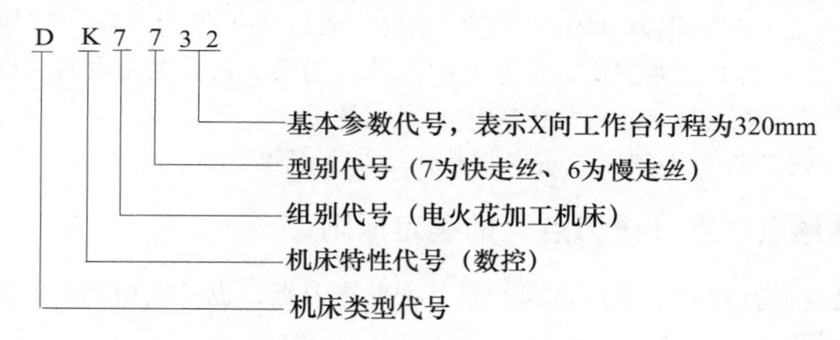

7.3.5　电火花线切割机床的基本组成及功能描述

电火花线切割机床的基本组成如图7-3所示。

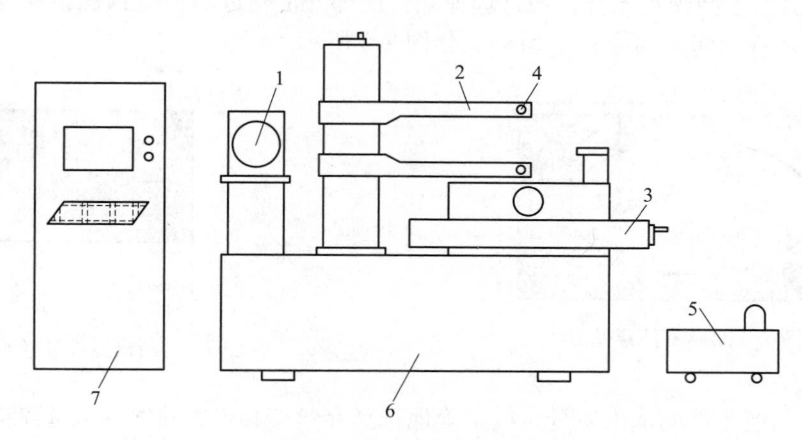

图7-3　电火花线切割机床的基本组成

1—储丝筒　2—丝架　3—工作台（X、Y）　4—主导轮　5—工作液　6—床身　7—控制器

电火花线切割机床的功能描述见表7-3。

表7-3　电火花线切割机床的功能描述

零部件名称	功　能　描　述
储丝筒	存储电极丝的机构
丝架	运输电极丝的机构
工作台（X、Y）	X、Y向的步进电动机控制工作台的移动
主导轮	控制电极丝位置
工作液	冷却和绝缘
床身	机床主体
控制器	编程操作和机床操作按钮

7.3.6　电火花线切割加工基准的选择原则

1）分析、选择主要定位基准以保证将工件正确、可靠地装夹在机床或夹具上，且尽量使定位基准与图样设计基准重合。

2）通常选择工艺基准作为电极丝的定位基准。若以外形作为基准，则尽量选用两个互相垂直的面；若是以底平面为主要定位基准的工件，当其上具有互相垂直又同时垂直于底平面的相邻面时，应选择这两个面作为电极丝的定位基准。

3）若被加工件的外形不规则，可以将孔作为加工基准。

7.3.7　穿丝点位置（进刀点）的确定原则

穿丝点既是电极丝相对于零件运动的起点，即进刀点，也是线切割程序执行的起点，也称为程序“零点”。

1）从加工起点至穿丝点的路径要短，以提高加工效率。切割凹模（或孔）类零件时，穿丝点的位置一般可选在待切割型孔（腔）的边角处，以缩短无用轨迹，并力求使之最短，如图7-4所示。对于凸模类零件，通常选择坯件内部外形附近的位置预制出穿丝孔，且切割时运动轨迹与坯件边缘距离应大于5mm，如图7-5所示。

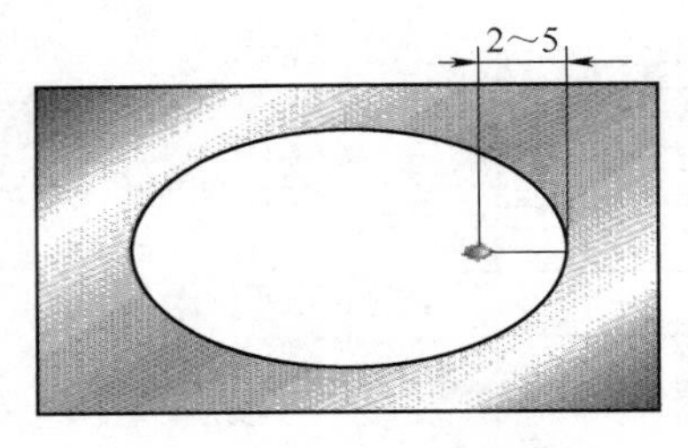

图7-4　凹模零件穿丝点

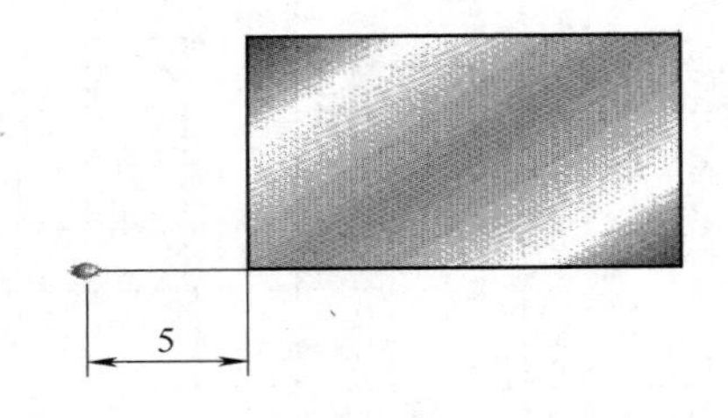

图7-5　凸模零件穿丝点

为了提高凸模零件的加工质量，应正确地选择穿丝点和走刀路线。从远离夹具的方向开始加工，减少由材料切断后残余应力重新分布引起的工件变形，如图7-6所示。

2）穿丝点应考虑轮廓面的加工质量问题，减少接刀痕迹现象，尽量放在棱边。

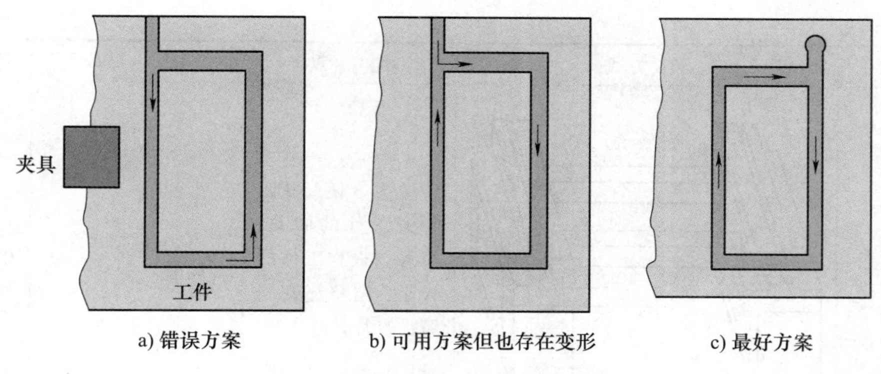

图 7-6　切割起点和走刀路线的选择示例

3）尽量避开有尺寸精度要求的位置。

7.3.8　加工工件的装夹方式

在使用电火花线切割机床装夹工件时，一定要保证工件的切割部位位于机床工作台 X 轴、Y 轴进给的切割范围之内，同时应考虑切割时的电极丝运动空间。夹具应尽可能选择通用（或标准）件，所选夹具应便于装夹，便于协调工件和机床的尺寸关系。

加工工件的装夹方式比较见表 7-4。

表 7-4　加工工件的装夹方式比较

装夹类型	装夹方式	优　点	缺　点	适　用　性
悬臂式装夹		装夹灵活、方便，通用性强	易出现切割表面与工件上、下平面间的垂直度误差	适用于加工要求不高或悬臂较短的工件
两端支撑方式装夹		装夹方便、稳定、定位精度高	两端支撑点跨距较大，不便于移动，因此不适于装夹较小的零件	适用加工大型零件

（续）

装夹类型	装夹方式	优　点	缺　点	适用性
桥式支撑方式装夹		装夹方便，既防止了工件的倾斜，又可以根据工件的大小，调整垫铁间跨距的大小	不适于大批量零件的加工	对大、中、小型工件都适用
板式支撑方式装夹	9×M8	定位精度高	通用性差	适用于小型常用零件
复式支撑方式装夹		装夹方便，节省工件找正和调整电极丝相对位置的工作，保证工件加工的一致性	设计夹具比较复杂，大型零件不好装夹	适合于成批量小型零件的加工

7.3.9　工件的调整

采用以上方式装夹工件，还必须配合找正法进行调整，方能使工件的定位基准面分别与机床的工作台面和工作台的进给方向（X、Y 向）保持平行，以保证所切割表面与基准面之间的相对位置精度。常用的找正方法有如下几种。

（1）百分表（千分表）找正　根据零件的精度要求，在互相垂直的三个方向上进行测量式校正，如图 7-7 所示。

（2）划线法找正　工件的切割图形与定位基准之间的相对位置精度要求不高时，可采用划线法找正。将固定在丝架上的划针对准工件上划出的基准线，往复移动工作台，目测划针和工件的偏离情况，将工件调整到正确位置，如图 7-8 所示。

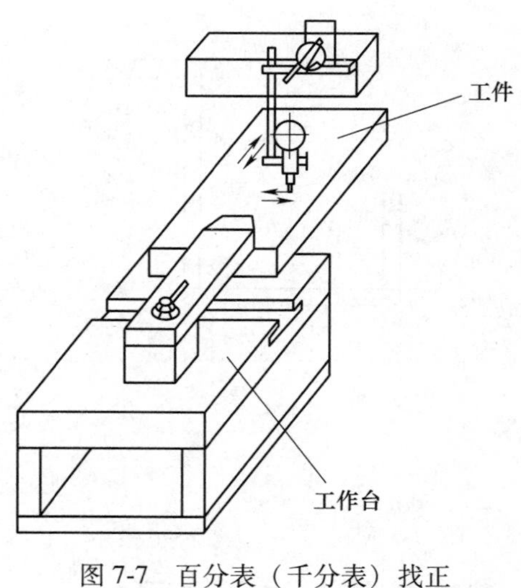

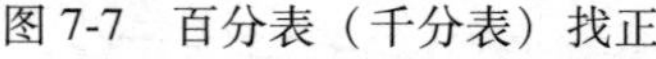
图 7-7　百分表（千分表）找正

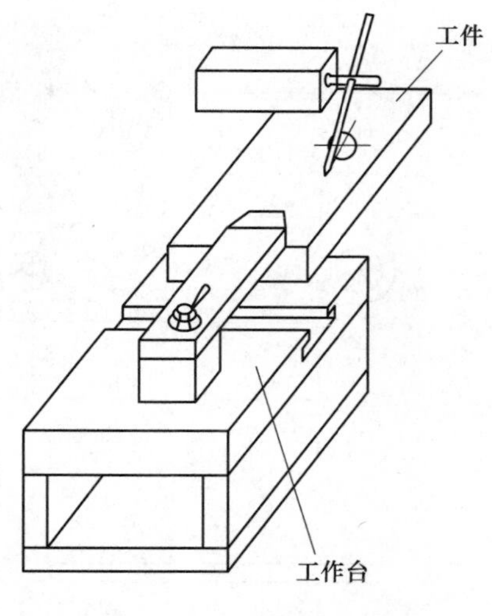

图 7-8　划线法找正

7.3.10　电火花线切割主要放电参数的选择

根据被切割零件所使用的材料、加工面积大小，以及精度要求来选择合适的放电参数。主要的放电参数包括：加工电流、脉冲宽度、脉冲间隔、开路电压、切割速度等。

（1）加工电流 I（A）　当加工电流增大时，切割速度提高，但是表面粗糙度变差。针对厚度较大的工件，应选择相对较大的加工电流，但不宜太大，否则会影响加工精度。

（2）脉冲宽度 t_i（μs）　按表面粗糙度来选择，脉冲宽度越大，单个脉冲的能量越大，切割效率高，但表面粗糙度大。若要提高加工精度，则需要适当地减小脉冲宽度，降低电流，通常 t_i为 2~60。

（3）脉冲间隔 t_o　脉冲间隔是指放电的停歇时间。通常工件厚度越大，切割加工排屑时间越长，需增大脉冲间隔，但不宜太大，否则易导致切割速度降低，甚至造成无法进给的状况。当脉冲间隙减小时，电流增大，切割速度加快，但过小又会导致放电产物不能及时排出，使得加工不稳定，容易发生放电致使工件表面烧伤或出现断丝。通常 $t_o>4t_i$。

（4）开路电压 U　开路电压峰值提高，加工电流增大，切割速度提高，表面粗糙度值大。高电压使加工间隙变大，有利于放电产物排出，提高加工稳定性和脉冲利用率，但容易造成电极丝振动，降低加工精度，加大电极丝损耗。因此一般金属用低电压，只有半导体材料或多次切割小电流时采用高电压。

（5）切割速度　切割速度要根据加工时的实际情况进行微调。仔细观察电流和电压的稳定情况，若电流表指针往下降，表明可提高加工速度，调节到指针基本稳定即可。反之，证明速度太快，要降低加工速度。

7.4　电火花线切割实践案例

本实践以图 7-9 所示舵机托板零件为案例，利用 DK7732 快走丝电火花线切割机床进行切割，采用 HF-WireCut 软件进行编程。

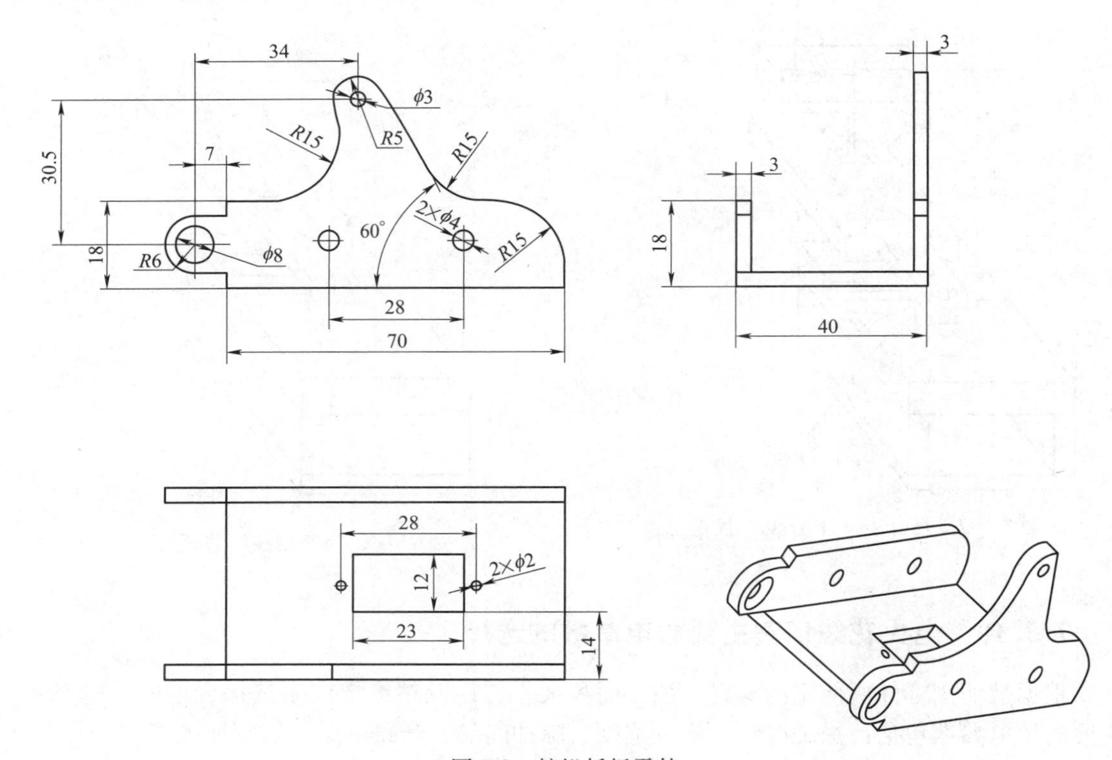

图 7-9　舵机托板零件

1. 绘图、生成轨迹文件及 G 代码

（1）绘图操作　启动计算机，双击桌面图标，运行 HF-WireCut 软件，并绘制待加工的零件外轮廓，如图 7-10 所示。

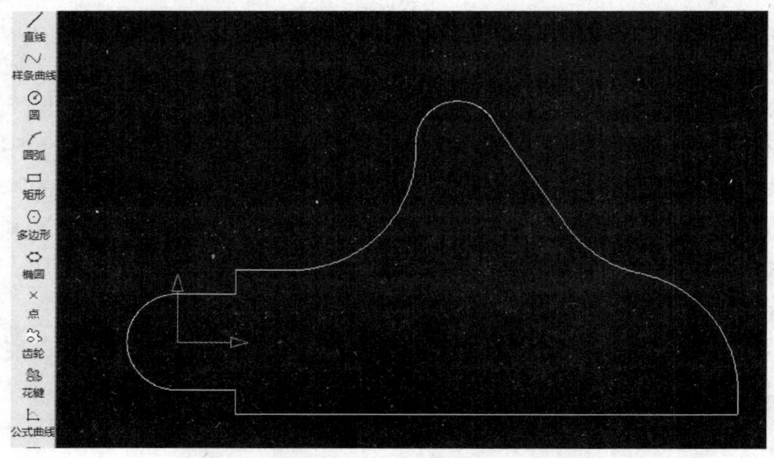

图 7-10　绘制的零件外轮廓

（2）轨迹生成　单击菜单【加工轨迹】|【轨迹生成】，如图 7-11。弹出“轨迹生成”对话框，如图 7-12 所示，在对话框中修改补偿半径为 0.1、切割次数为 1 次、第一刀余量为 0、引线选端点法，然后单击“平面轨迹”按钮。

输入或单击穿丝点的位置，再单击切入点的位置，选择加工方向，如图 7-13 所示，单击鼠标右键确定。

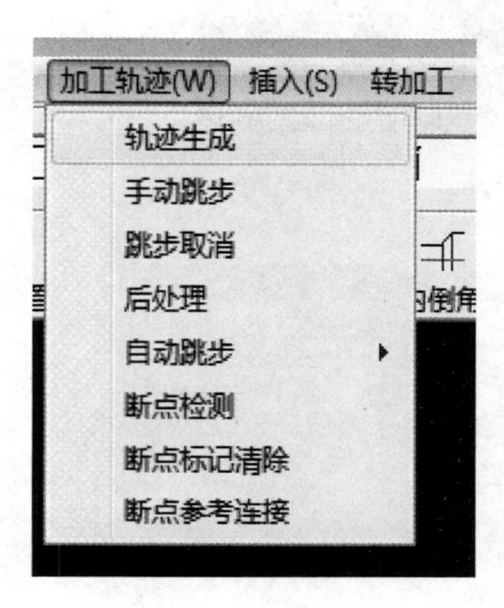

图 7-11　轨迹生成

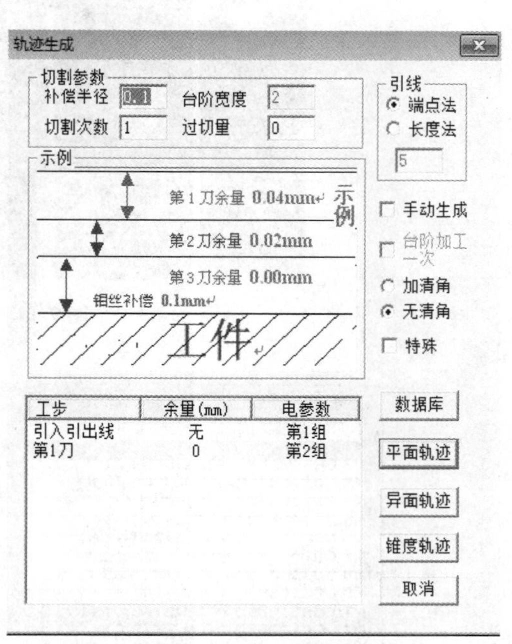

图 7-12　加工轨迹生成参数设置

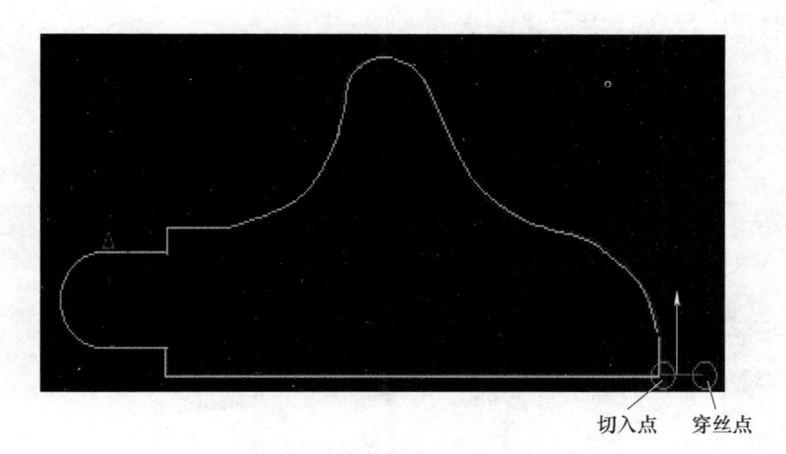

图 7-13　穿丝点/切入点及加工方向的选择

最终生成的切割轨迹如图 7-14 所示。

（3）生成国际标准代码（G 代码）　单击菜单【加工轨迹】|【后处理】，生成国际标准代码（G 代码），如图 7-15 所示。单击“保存轨迹”按钮，自定义文件名并确定文件保存的文件夹，保存类型为 cnc，单击“保存”按钮，如图 7-16 所示。

2. 调取文件、模拟仿真及设定放电参数

（1）调取文件　单击菜单【转加工】，进入到加工界面，如图 7-17 所示。调取文件，单击“加工”按钮，再单击“文件”找到文件名。

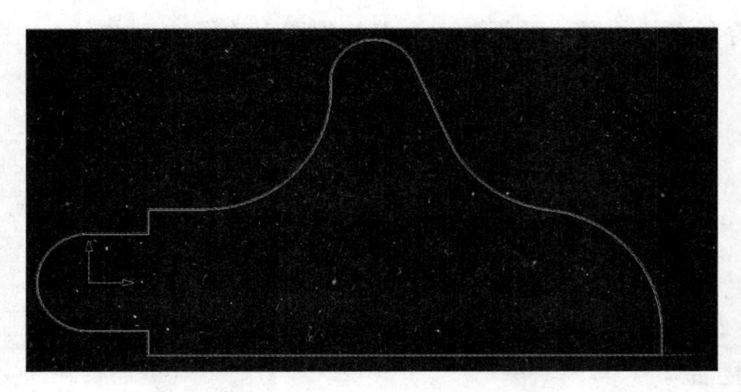

图 7-14　轨迹图的生成

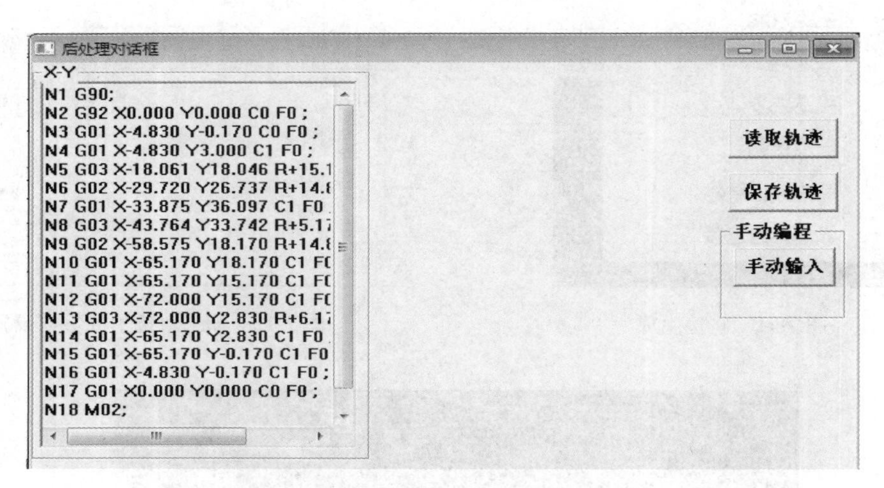

图 7-15　生成 G 代码

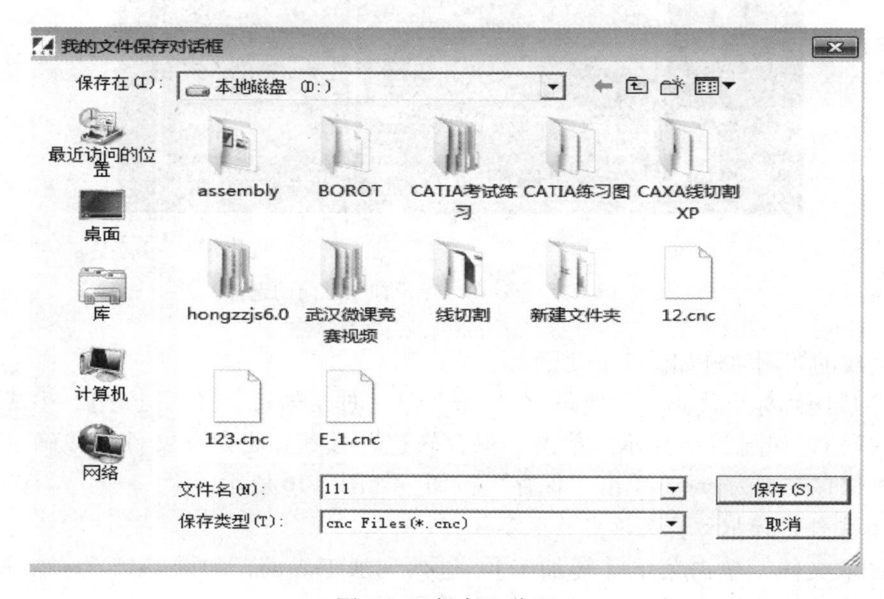

图 7-16　保存 G 代码

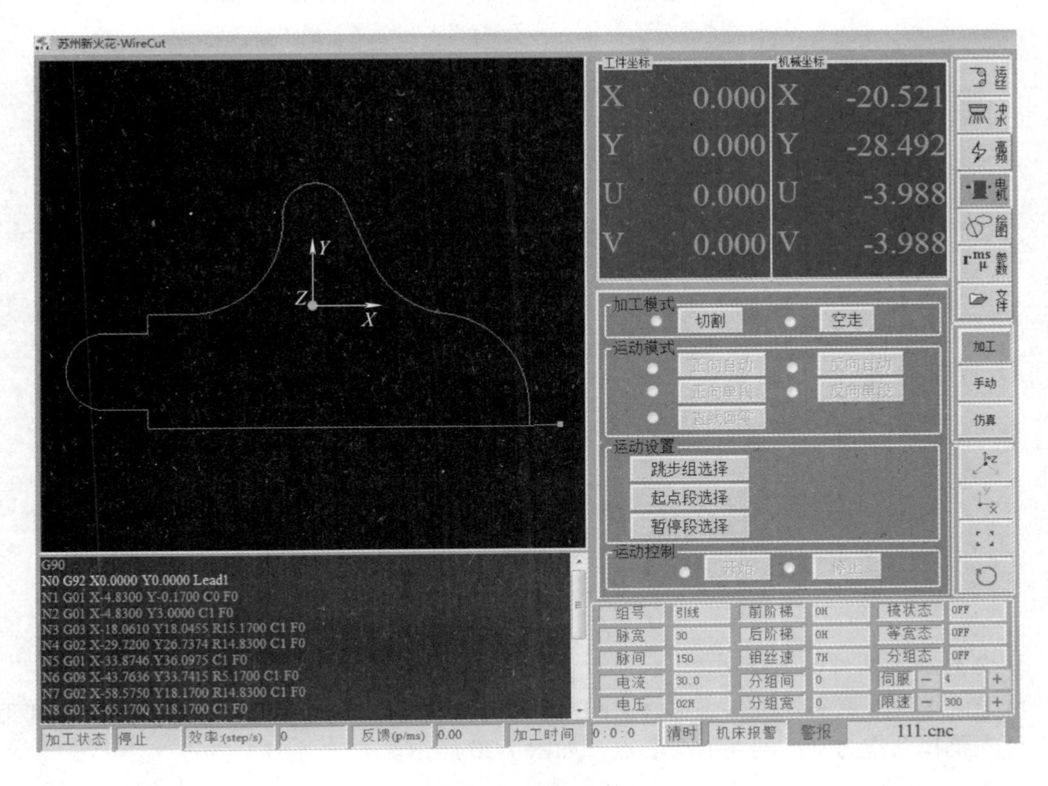

图 7-17　调取文件

（2）模拟仿真　单击“仿真”按钮，设置仿真速度，单击“开始仿真”按钮，如图 7-18 所示。

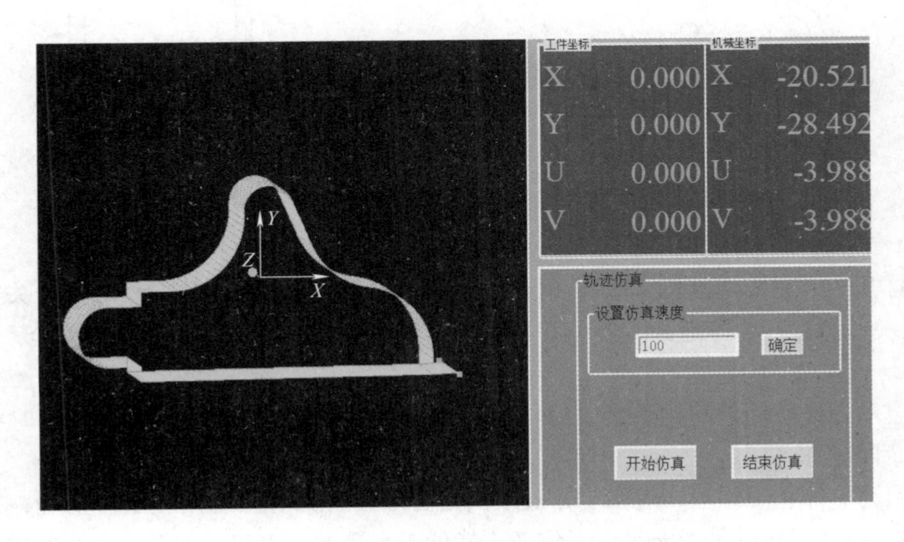

图 7-18　图形模拟仿真

（3）放电参数的设定　单击按钮，“参数”→“放电参数”，如图 7-19 所示。

编辑电参数

组号	脉宽(us)	脉间(us)	分组宽	分组间距	短路电流	分组脉冲状态	高压脉冲状态	等宽脉冲状态	梳波脉冲状态	前阶梯波代码	后阶梯波代码	走丝速度代码	电压代码	伺服	限速
引线	30	150	0	0	30	OFF	OFF	OFF	OFF	0H	0H	7H	02H	10	300
第1刀	30	150	0	0	30	OFF	OFF	OFF	OFF	0H	0H	7H	02H	10	300
第2刀	5	40	0	0	15	OFF	OFF	OFF	OFF	0H	0H	3H	02H	15	200
第3刀	2	2	0	0	7.5	OFF	OFF	OFF	OFF	0H	0H	0H	02H	10	1
第4刀	2	2	0	0	7.5	OFF	OFF	OFF	OFF	0H	0H	0H	02H	10	1
第5刀	2	2	0	0	7.5	OFF	OFF	OFF	OFF	0H	0H	0H	02H	10	1
第6刀	2	2	0	0	7.5	OFF	OFF	OFF	OFF	0H	0H	0H	02H	10	1
第7刀	2	2	0	0	7.5	OFF	OFF	OFF	OFF	0H	0H	0H	02H	10	1

发送　读取电参数　参数另存　读电参数库

图 7-19　放电参数设定

3. 工件加工基准的选择

由于该零件外形不规则，且零件上的孔已经加工完毕，因此应该以孔作为基准来加工外形，首先要找到作为基准的孔的中心点，如图 7-20 所示。

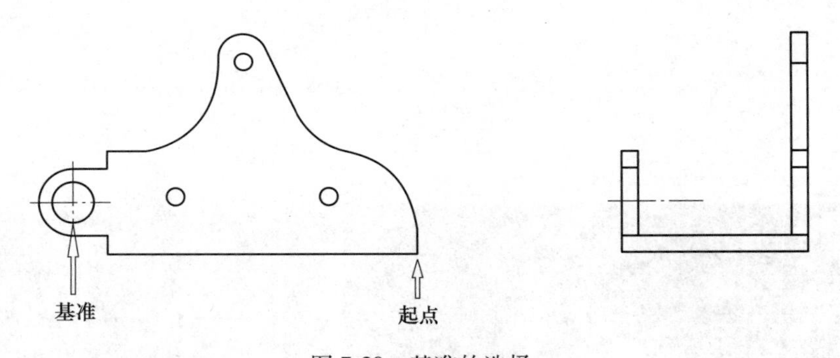

图 7-20　基准的选择

4. 检查系统运行情况

1）打开电火花线切割机床电源和控制器电源，并检查工作台的行程限位开关、储丝筒的行程开关、急停开关等是否正常，如果发生异常情况应及时调整，确保操作安全，如图 7-21 所示。

2）启动、停止储丝筒，观察电极丝运转情况（有无叠丝、断丝等），停止时要等储丝筒换向之后再停止。

3）启动、停止工作液，观察工作液喷出是否顺畅，如有阻塞则应及时清理，并调整流量的大小。检查工作液是否充足，工作液不能低于水泵的抽水口，如低于水泵的抽水口则应及时添加工作液。

a) 储丝筒行程开关

b) 机床电源

c) 控制器电源

d) 急停开关

图 7-21　电火花线切割机床开关

5. 工件装夹及校正

工件装夹时，一方面要考虑线切割时电极丝由上而下穿过工件的因素，另一方面应充分考虑装夹部位、穿丝孔和切入位置，以保证切割路径在机床有效行程内。本实践采用通用性强、装夹方便的悬臂方式来装夹工件，如图 7-22 所示。

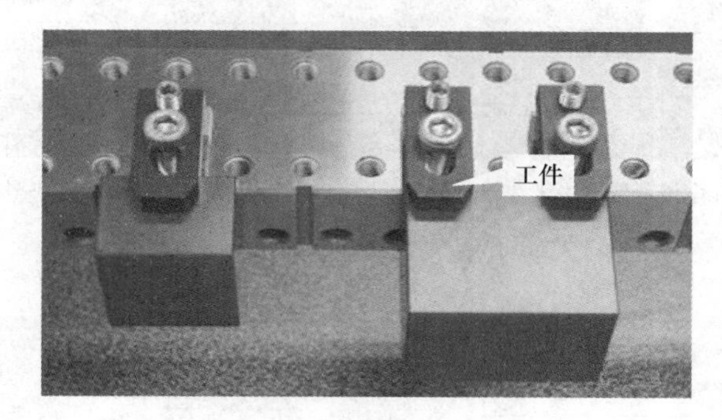

图 7-22　工件装夹方式

工件的装夹步骤如下。

1）擦净工作台面和工件。

2）用夹具将工件固定在工作台上，在夹紧前，用百分表校正零件基准面的平行度，将其控制在 0.01mm 之内。

3）用压板平行压紧工件。

6. 穿丝操作

在电火花线切割机床手控盒的操作面板上（图 7-23），按下按钮，储丝筒运转，当储丝筒运行到端部时按下按钮，然后手动将电极丝从垫圈处取下。按照顺序将电极丝绕在每个导轮中，然后固定在另一侧的垫圈下，如图 7-24 所示。

穿丝顺序如图 7-25 所示。

7. 开始切割

打开丝筒和水泵（图 7-23 和）→单击 WireCut 加工界面上的按钮→单击“切割”→“正向自动”→“开始”，如图 7-26 所示。机床便按照程序自动进行切割加工。

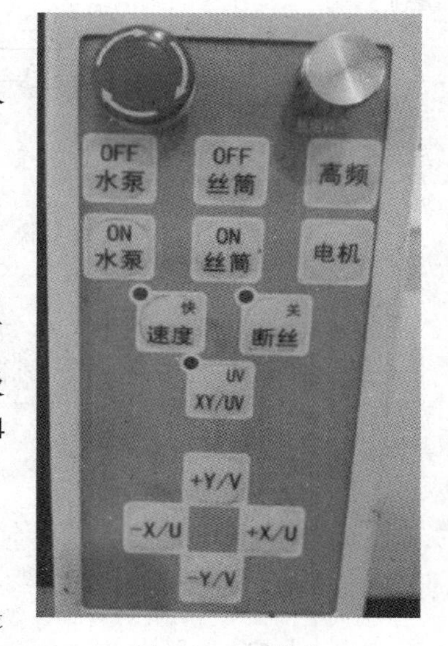

图 7-23　手控盒

a) 储丝筒调至端部

b) 取下电极丝

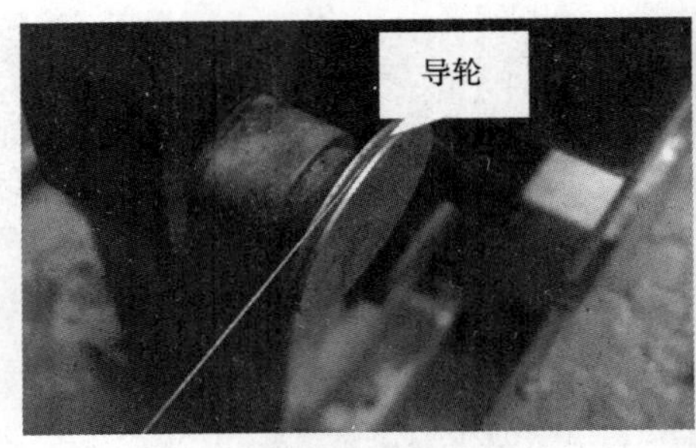

c) 电极丝按顺序绕在导轮里

d) 电极丝固定在垫圈下

图 7-24 穿丝步骤

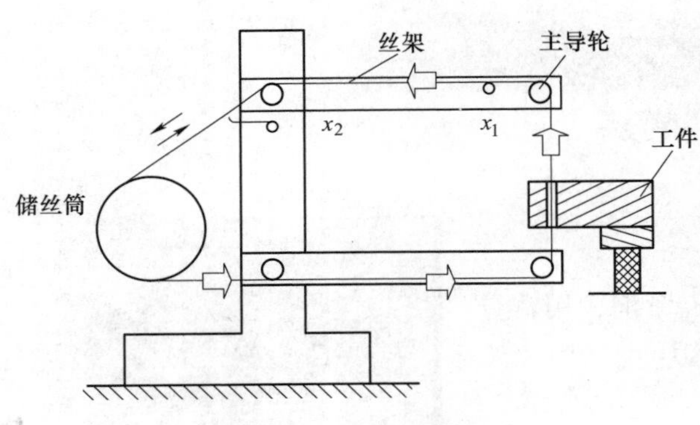

图 7-25 穿丝顺序

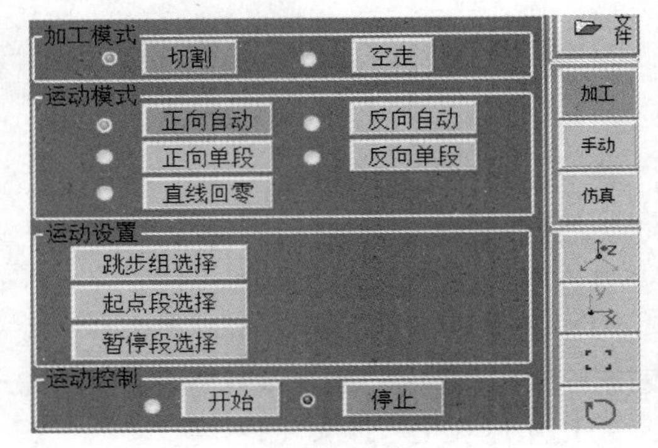

图 7-26 加工操作顺序

8. 检验入库

当零件加工完成时，控制柜会发出蜂鸣声，机床会自动停止加工。拆下零件，检验入库。

9. 关机

退出程序，关闭计算机显示器和控制电源，再关闭机床电源的开关，如图 7-21 所示。

思 考 题

1. 电火花加工原理是什么？
2. 电火花加工主要特点是什么？
3. 电火花加工在哪些领域应用比较广泛？

4. 电火花按加工方法可分哪几种？电火花线切割按走丝速度可分哪几种？
5. 电火花线切割常用编程软件有哪几种？本实践采用的是哪种编程软件？
6. 电火花线切割机床由哪几部分组成？
7. 电火花线切割机床的零件安装方法有哪些？哪种安装方法通用性最强？
8. 电火花线切割工艺顺序有哪几步？

第 8 章

激光加工实践

8.1 实 践 目 的

1）了解激光加工的基本原理、发展和应用领域。

2）了解激光打标机、激光内雕机、激光印章雕刻机、激光切割机等的工作原理。

3）初步掌握各类激光设备的使用方法。

4）能操作各类激光设备进行简单作品的制作。

8.2 激光加工技术概述

8.2.1 激光加工的基本原理

激光加工是常用的激光技术之一，是将高功率密度的激光束照射到工件上，使材料熔化、汽化或改变物体性能而进行的特种加工。用于加工的激光器主要有固体激光器和气体激光器，当激光器的激光工作介质是固体（如红宝石、钕玻璃等）时，为固体激光器；当激光工作介质是气体（如二氧化碳等）时，为气体激光器。以固体激光器为例，激光加工原理如图 8-1 所示。激励能源的主体是一个光泵，即激励脉冲氙灯，其作用是给激光工作介质提供能量，使其粒子由低能级被激发到高能级，产生受激辐射。激光工作介质受激发后，在一定条件下可使光放大，并通过由反射镜组成的光谐振腔的作用产生光的振荡，通过光谐振腔的部分反射镜输出激光，由激光器发射的激光再通过聚焦透镜聚焦到工件的待加工表面，对工件进行加工。

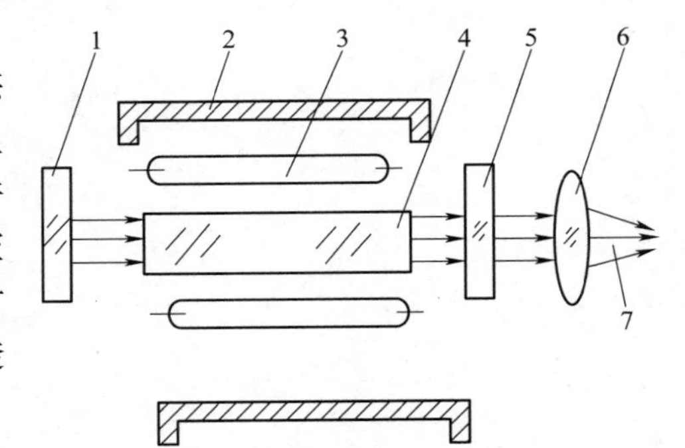

图 8-1 激光加工原理

1—全反射镜 2—聚光腔 3—光泵
4—激光工作物质 5—部分反射镜
6—聚焦透镜 7—激光束

8.2.2 激光加工的分类

根据激光束与材料相互作用的机理，将激光加工可分为光化学反应加工（又称激光冷加工）和激光热加工两类。

光化学反应加工是指激光束照射到物体，借助高密度高能光子引发或控制光化学反应的加工过程，包括光化学沉积、立体光刻、激光刻蚀等。

激光热加工是指利用激光束投射到材料表面产生的热效应来完成加工过程，因此如果利用聚焦装置使激光聚焦，可以获得很高的功率密度，足以使光斑范围内的材料在短时间内达到熔化或汽化。即激光热加工是把激光作为热源，对材料进行加工，机械工业上一般都采用此类方式，例如激光切割、激光焊接等。

现就常用的激光加工技术进行简要介绍如下：

（1）激光切割

激光切割是利用聚焦装置使聚焦后的激光束的功率密度达到把材料加热到汽化温度的值，通过汽化蒸发把加工部分材料去除，然后移动工件或移动激光束进行连续材料去除，从而形成切缝。

（2）激光焊接

激光焊接是用大功率密度的激光束对材料表面进行照射，通过材料表面吸收光能并且转变为热能使焊接部位温度升高熔化成为液态，在随后冷却凝固过程中实现两种材料的连接。

（3）激光打标

激光打标是利用高能量密度的激光束照射在工件表面，光能瞬时变成热能，使工件表面迅速蒸发，从而在工件表面刻出任意所需的文字和图形，作为永久标志。

（4）激光雕刻

激光雕刻是利用高功率密度的聚焦激光光束作用在材料表面或内部，使材料汽化或发生物理变化，通过控制激光的能量、光斑大小、光斑运动轨迹和运动速度等相关参数，使材料形成要求的平面或立体图像。

（5）激光打孔

激光打孔是指激光经聚焦后作为高强度热源对材料进行加热，使激光作用区域内的材料熔化或汽化继而蒸发，形成孔洞的激光加工过程。

8.2.3 激光加工的特点

激光由于具有单色性好、方向性好、相干性好和高亮度等特征，因此给激光加工带来很多其他加工方法所不具备的优点。

1）加工过程中，激光束光点小，能量集中，对于加工点以外的位置几乎没有热影响，或者热影响极小，工件热变形小。

2）非接触加工，对工件无污染，环境污染小。

3）可对复杂工件进行加工，而且便于实现自动化。

4）生产效率高，加工质量稳定可靠，经济效益和社会效益好。

8.3 激光加工设备

8.3.1 激光打标机

常见的激光打标机有分体式和整体式两种，本小节主要介绍 CO_2-H120 分体式激光打标机。

1. 设备结构和工作原理

CO_2-H120 分体式激光打标机由光学系统、主控箱、冷却系统、升降工作台和计算机（工控机）组成，如图 8-2 所示。

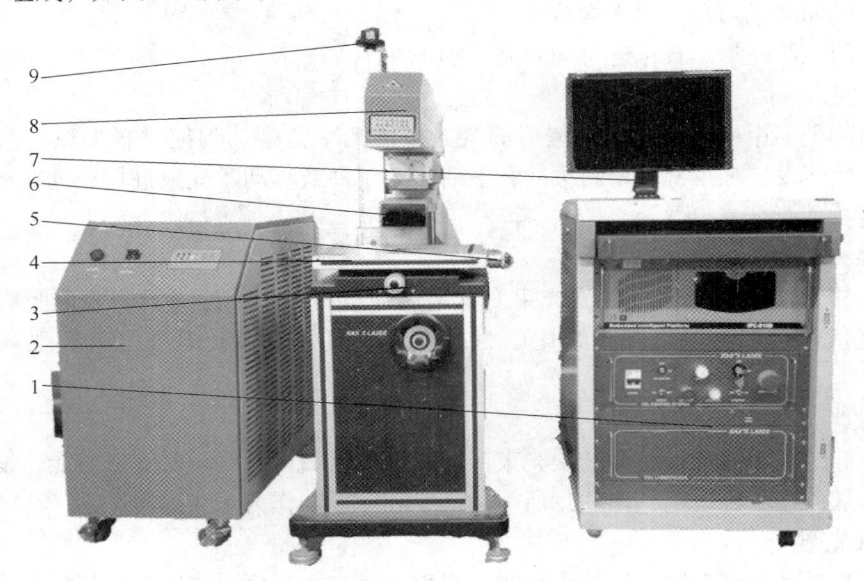

图 8-2　CO_2-H120 分体式激光打标机

1—主控箱　2—冷却系统　3—Y 向调整手柄　4—升降工作台　5—X 向调整手柄　6—垂直梁　7—计算机　8—横梁　9—高度调整手柄

其中，主控箱控制面板如图 8-3 所示。

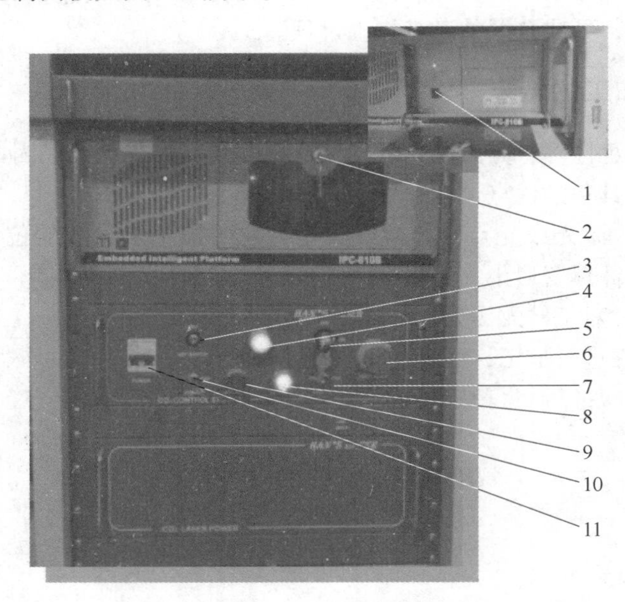

图 8-3　主控箱控制面板

1—工控机启动按钮　2—钥匙门　3—激光器使能开关　4—启动按钮　5—钥匙开关　6—急停开关　7—扫描振镜电源开关　8—激光电源启动按钮　9—激光电源关闭按钮　10—激光器 RF 信号开关　11—断路器

光学系统主要集中在垂直梁和横梁内部，如图 8-2 所示，采用密封式设计，可以有效地避免粉尘对光学元件的损坏，其结构原理如图 8-4 所示。

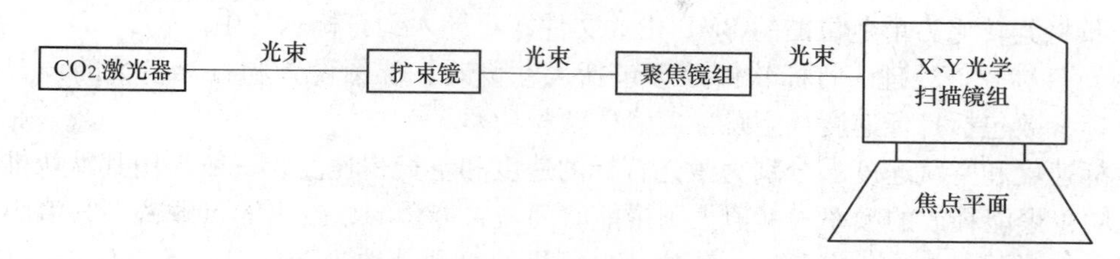

图 8-4　光学系统结构原理示意图

激光打标机系统工作原理如图 8-5 所示。用户将图像、标记等输入计算机，主控箱供电给激光电源，从而使激光器射出光束，光束经过光学系统到达工作台，同时扫描镜组驱动器控制 X、Y 光学扫描镜组快速摆动，使激光束在平面 XY 上进行扫描，形成微细高能量密度的光斑，每一个高能量密度的光斑能在瞬间烧蚀物体表面，从而实现打标。CO_2 激光器在工作时会产生大量的热量，因此需要通过冷却系统快速把热量带走，否则会对激光器造成很大的影响，严重时会损坏激光器。

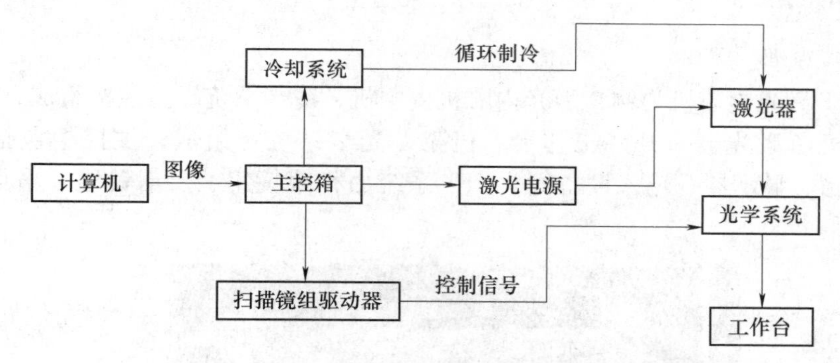

图 8-5　激光打标机系统工作原理框图

2. 基本操作流程

激光打标机基本操作流程如图 8-6 所示，其主要操作过程介绍如下。

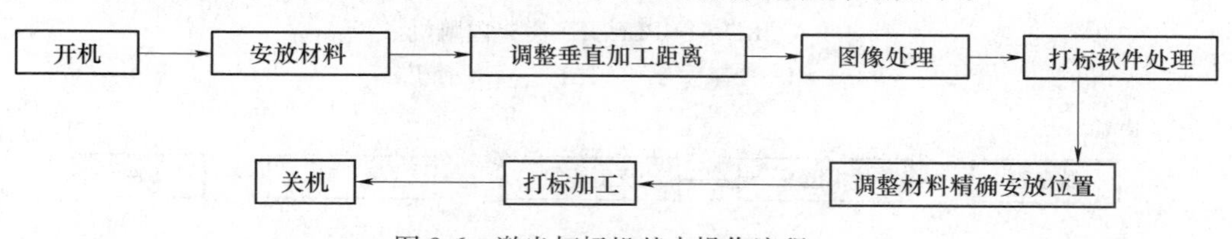

图 8-6　激光打标机基本操作流程

（1）开机　在检查电源接线正确无误后才可按顺序开机。

（2）调整垂直加工距离　光学系统的横梁底部与材料表面的距离为垂直加工距离。调整垂直加工距离为聚焦透镜的焦距时，激光能量较集中，激光点精度高，打标作品质量好。因此，调整好此距离后，如加工的材料厚度相同，则后续加工无需再调整，只有当材料的厚度变化很大时，才需要重新调整。

(3) 图像处理　除了可以直接在打标软件中绘制打标的图形外，还可以通过打标软件导入 PLT、BMP 和 DXF 等格式的文件进行打标。如果打标图形是彩色图像，需要使用“画图”工具将其转化为单色位图的 BMP 格式文件，再导入到打标软件中。

(4) 打标软件处理　打标软件处理包括尺寸修改、位图设置和打标参数的设置等。其中，打标参数包括打标速度、空跳速度、Q 频和功率。

打标速度和空跳速度：分别为激光打标的速度和空行程速度，一般采用其默认推荐值。

Q 频：聚能释放的频率，其值大则聚能时间短，能量弱，打出的点致密；其值小则聚能时间长，能量强，打出的点稀疏。建议此打标机的 Q 频值取 10kHz。

功率：激光功率越大，打出的点颜色越深。如果是硬纸或薄木片等材料，打标的激光功率过大可能会使其被打穿，而形成镂空的效果。因此，激光功率需根据材料的不同进行设置。

(5) 调整材料精确安放位置　通过微调工作台的 X、Y 位置进行精确定位，当定位完成后，对于相同的材料规格的打标，位置无需重新调整，只有材料规格有变化时，才需重新调整。

8.3.2　激光内雕机

1. 结构及工作原理

以 SUPER JET 激光内雕机为例，激光内雕机由主机、冷却系统、主控柜组成，如图 8-7 所示。其中，主机由激光器、升降工作台、机架、光学系统等组成；主控柜包括计算机（工控机）、主控箱、显示器、输入设备等。光学系统由扩束镜组、反射镜组、聚焦镜等组成，如图 8-8 所示。

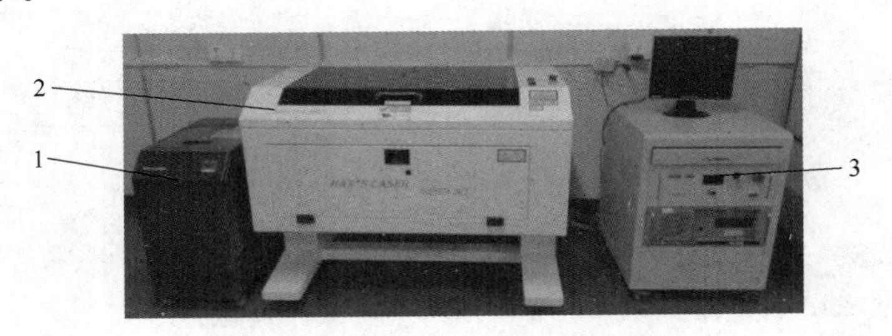

图 8-7　SUPER JET 激光内雕机

1—冷却系统　2—主机　3—主控柜

图 8-8　光学系统结构示意图

激光内雕机的工作原理：通过计算机将内雕图形与参数输入到主控箱，一方面，主控箱供电给激光电源使激光器射出光束，光束经过光学系统后到达工件内部，使其内部的特定部位发生爆裂而形成细微的白点，从而产生细微的图像；另一方面，主控箱通过驱动器控制光学系统的聚焦镜在 XY 平面上移动，从而使激光束扫描形成平面，而三维图像则需依靠升降工作台实现 Z 轴方向的移动，如图 8-9 所示。

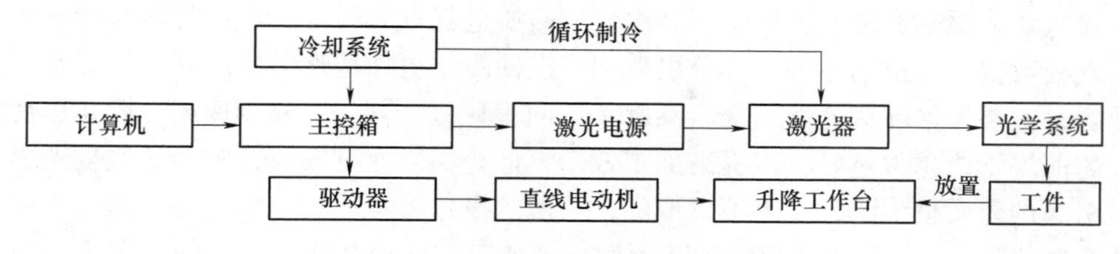

图 8-9　激光内雕机工作原理框图

注意：由于在工作期间，激光器会产生大量的热量，因此，要采用冷却系统对其进行冷却，才能使激光器可靠稳定地工作。冷却系统的循环水要求使用纯净水、去离子水或蒸馏水，不能使用自来水、矿泉水等金属离子或其他矿物质含量较高的水，以免对激光器件造成损坏。

其主控柜控制面板按钮如图 8-10 所示。

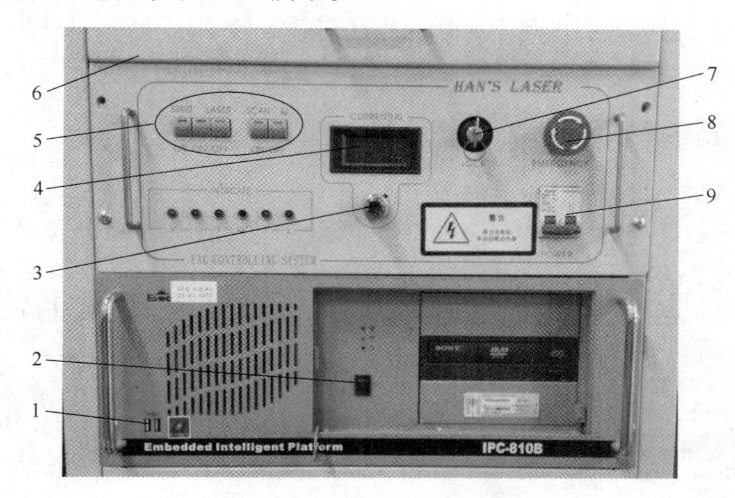

图 8-10　激光内雕机主控柜控制面板

1—USB 接口　2—工控机电源开关　3—电流调节旋钮　4—电流显示屏
5—激光控制按钮组合（START、LASER ON、LASER OFF、SCAN 和 Q 频开关）
6—隐藏键盘和鼠标的抽屉　7—钥匙开关（LOCK）　8—急停按钮　9—断路器

2. 基本操作流程

激光内雕机基本操作流程如图 8-11 所示，其主要操作过程介绍如下。

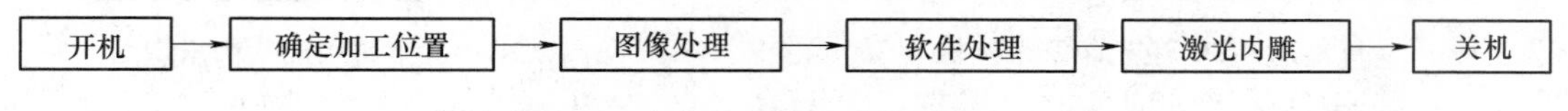

图 8-11　激光内雕机基本操作流程

（1）开机　在检查电源接线正确无误后才可按顺序开机。

（2）图像处理　本内雕机无法雕刻彩色作品，只能根据图像的明暗程度来决定激光爆裂点的多少，即内雕作品是依靠激光打点的疏密程度来体现图像的灰度的，因此需要利用图像处理软件将彩色图像进行灰度处理，最终得到灰度图像。

（3）激光内雕——参数设置　在激光内雕加工前，首先需对图像尺寸进行修改，以保证图像被完整地雕刻在透明工件中。其次，还需要进行点云转化处理，将图像转化成不同层次上的点云数据，在透明工件内部分层雕刻，以使图像更加清晰形象。最后，需要进行雕刻参数设置，主要包括雕刻速度、物料高度和Z向偏移量。其中，雕刻速度一般在保持雕刻质量良好的前提下，越大越好，以提高加工效率，但是如果速度太快，则会导致激光爆裂点未形成，引起内雕质量下降，这是不可取的，一般的设备推荐值为300mm/s。物料高度与加工工件的厚度一致。Z向偏移量决定内雕图像将被加工在材料厚度方向上的上半部、中间还是下半部。即当Z向偏移量为0时，默认激光开始内雕的第一层在材料厚度方向上的中间位置，当Z向偏移量为正数时，如设置为2mm，则是指激光开始加工的第一层在材料厚度方向上的中间偏上2mm处。反之，当Z向偏移量为负数时，如-2mm，则是指激光开始加工的第一层在中间偏下2mm处。因此设置该值时需充分考虑材料厚度、分层数目和层间距，否则，可能会造成内雕加工在材料之外，而影响加工。

（4）关机　在关闭激光（按下LASER OFF按钮）后，需要等待2~3min，待冷却系统继续运转一段时间，激光器温度降下来后，再逆时针旋转钥匙开关（LOCK），关闭激光内雕机。如果设备不常使用，则需断开断路器，切断电源，保证电气设备安全。

8.3.3　激光印章雕刻机

1. 设备结构及工作原理

以S25激光印章雕刻机为例，该激光印章雕刻机主要由计算机、冷却泵、主机、工作台等组成，如图8-12所示。

其中，主机又包括 CO_2 激光器、聚焦光路、控制电路板等，内部结构如图8-13所示。

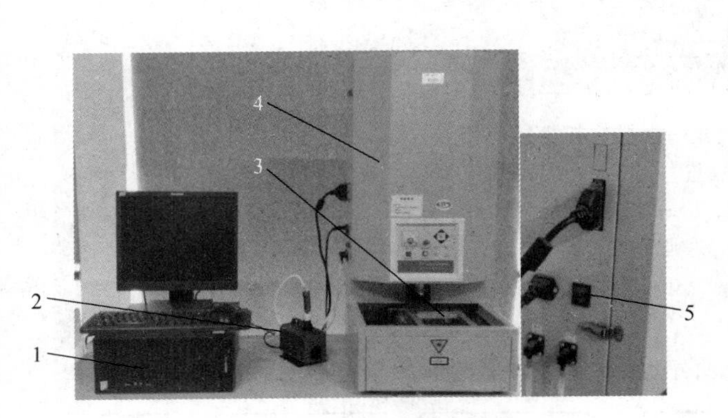

图8-12　S25激光印章雕刻机
1—计算机　2—冷却泵　3—工作台
4—主机　5—电源开关

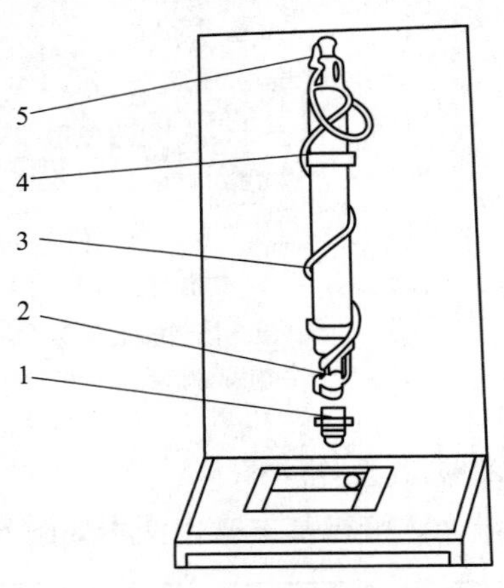

图8-13　主机内部结构示意图
1—聚焦镜　2—激光器负极　3—冷却水管　4—激光器座　5—激光器正极

工作原理：由激光器发射激光，聚焦镜将激光聚焦到印章上，控制电路板控制进给电动机使工作台带动印章相对于主机运动，在运动过程中随着激光电源的开、关，激光在印章的表面进行逐行扫描、雕刻，从而形成文字或图像，如图8-14所示。

主机控制面板按钮如图8-15所示。

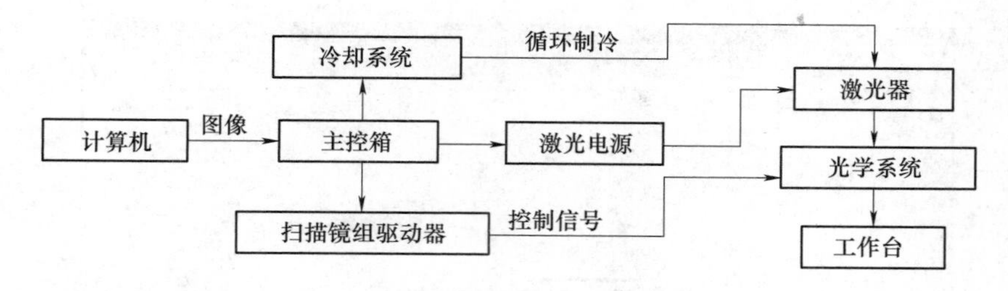

图 8-14　激光印章雕刻机工作原理

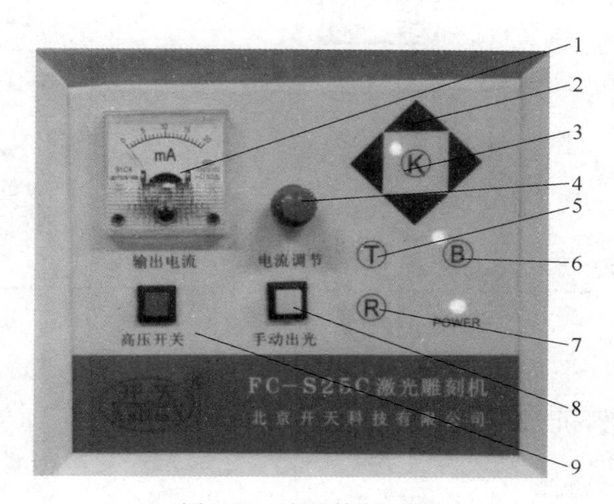

图 8-15　主机控制面板

1—输出电流指示　2—工作台移动按钮　3— K 键（工作台自动移到左前角）　4—电流调节旋钮　5—T 键（检查机器运行状态）　6—B 键（工作台自动移到右前角）　7—工作台复位按钮　8—手动出光按钮　9—高压开关

2. 基本操作流程

激光印章雕刻机基本操作流程如图 8-16 所示，其操作过程如下。

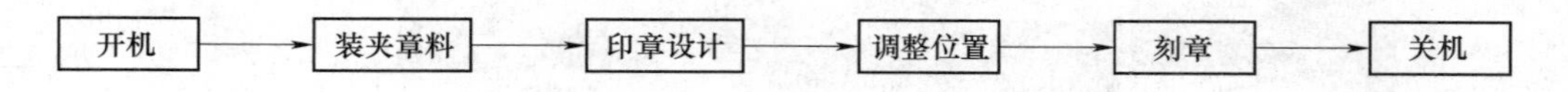

图 8-16　激光印章雕刻机基本操作流程

（1）开机　根据印章材料，调整工作电流大小，电流越大，激光能量越高。印章雕刻机在长时间使用后，激光功率可能会衰减，此时需要将电流稍微调大。

注意：切勿将电流调到最大，以免烧坏加工材料，最好是在调节电流之前将章料移开。工作电流无需反复调整，只有在更换材料后，才需要重新调整。

（2）印章设计　印章设计一般有以下两种方法。

1）采用现成的彩色图像进行刻章，一般需要将其转化为单色位图的 BMP 格式文件。

2）直接在本机自带的印章雕刻软件中编辑所刻印章的图像，通过选择印章的模板，输入所刻文字，更改文字高度、宽度、间距等参数，得到印章图像，如图 8-17 所示。

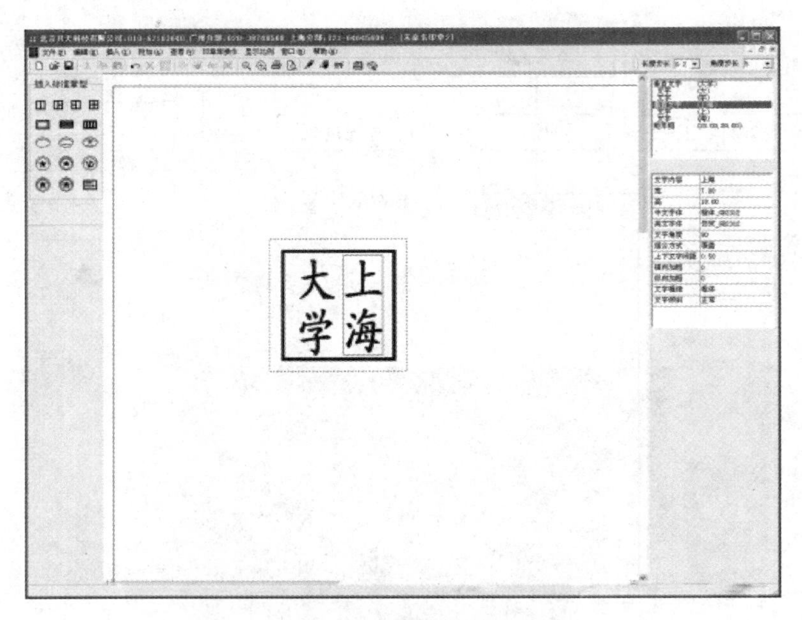

图 8-17　印章编辑图

8.3.4　激光切割机

1. 设备结构及工作原理

以 X1309 通用型高精度激光切割机为例，激光切割机主要由计算机、机床主机、冷却装置和大功率排风机等辅助设备组成，如图 8-18 所示。其中，机床主机包括实现 X、Y、Z 轴运动的机械机构、切割头及切割平台、CO_2 激光器、聚焦光路及控制电路板。大功率排风机用于抽除加工时产生的烟尘和粉尘，保持环境清洁。

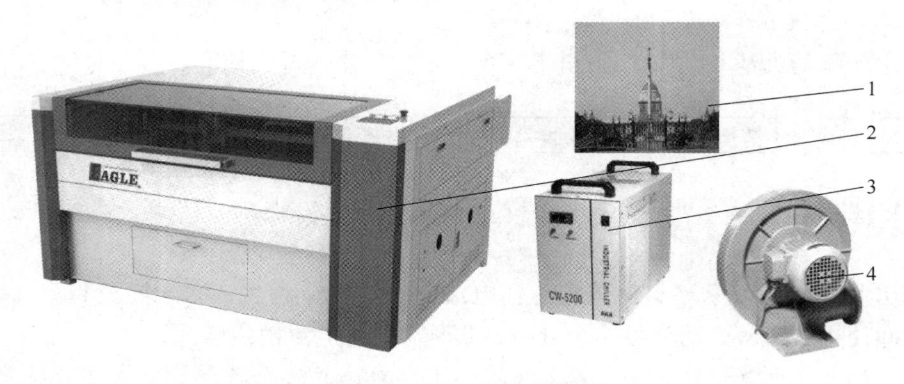

图 8-18　X1309 通用型高精度激光切割机

1—计算机　2—机床主机　3—冷却装置　4—排风机

聚焦光路如图 8-19 所示，包含一系列反射镜，用于将激光导向所需要的方向。为了使光束通路不发生故障，所有反射镜都用保护罩加以保护，并通入洁净的正压保护气体保护镜片不受污染。

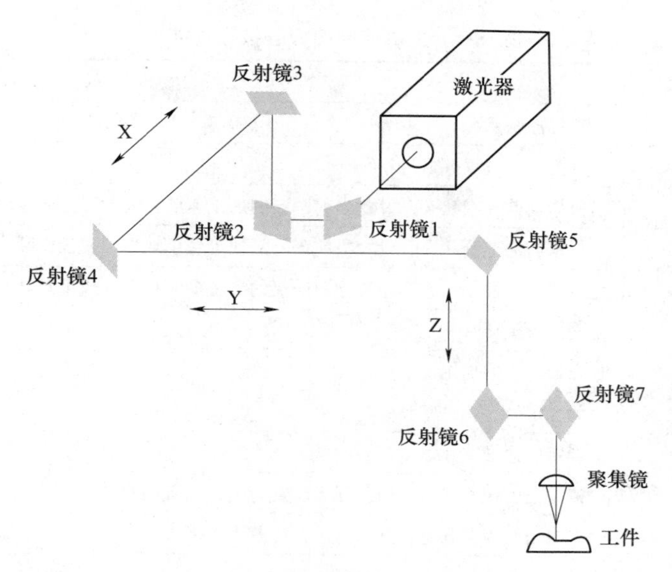

图 8-19　聚焦光路示意图

聚焦光路的工作过程：激光器输出的激光束经一系列反射镜反射，然后透过聚焦镜，将面积较大的激光光斑聚焦成具有高功率密度的激光光束，以作用到工件上进行切割，而主机通过控制电路板控制平台或激光头在 XY 平面上运动，并调节激光功率的大小，冷却装置对激光器和镜组进行冷却，保持稳定的光束传输质量。

其主机面板上的按钮如图 8-20 所示。X1309 通用型高精度激光切割机可选配双激光切割头，当配有双激光切割头时，激光开关 2 才有效。同理，该设备可选配辅助旋转工作台，用于加工圆柱形工件，此时旋转工作台开关有效，无辅助旋转工作台则旋转工作台开关无效。控制面板按钮如图 8-21 所示，控制面板上各按钮功能见表 8-1。

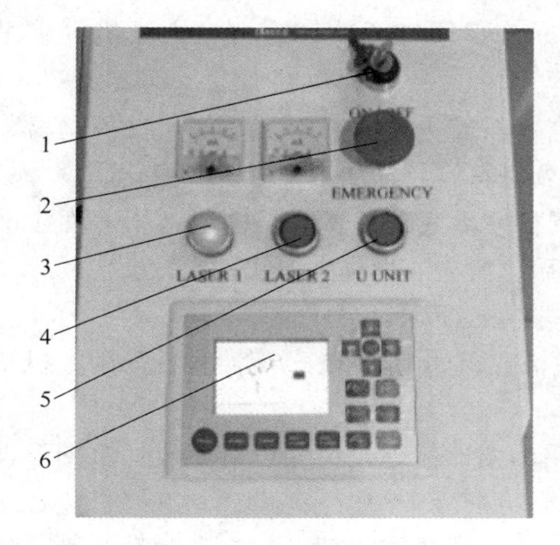

图 8-20　主机面板按钮

1—钥匙开关　2—急停开光　3—激光开关 1
4—激光开关 2　5—旋转工作台开关　6—控制面板

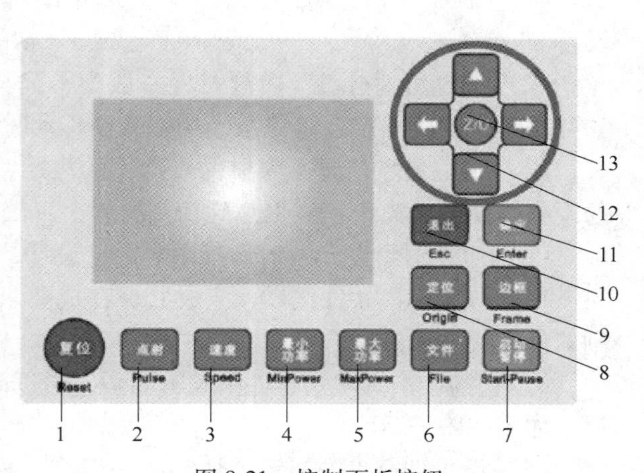

图 8-21　控制面板按钮

1—复位　2—点射　3—速度　4—最小功率　5—最大功率
6—文件　7—启动暂停　8—定位　9—边框　10—退出
11—确定　12—左、右、上、下　13—Z/U

表 8-1　主机控制面板各按钮功能

序号	按钮名称	功　　能
1	复位	复位控制系统
2	点射	点射出光（又叫脉冲）
3	速度	根据当前控制状态，设置当前图层的加工速度，或设置方向按钮的移动速度
4	最小功率	根据当前控制状态，设置当前图层的加工最小功率，或设置脉冲按钮的点射最小功率
5	最大功率	根据当前控制状态，设置当前图层的加工最大功率，或设置脉冲按钮的点射最大功率
6	文件	文件管理
7	启动暂停	开始或暂停加工
8	定位	加工定位
9	边框	走定位边框
10	退出	根据当前控制状态，取消任务，或者退回上级菜单
11	确定	根据当前控制状态，确认修改，或者进入下级菜单
12	左、右、上、下	根据当前控制状态，移动激光切割头向左或向右，或者移动光标向左或向右；移动激光头向上或向下，或者修改数值增大或减小
13	Z/U	进入设置菜单

2. 基本操作流程

激光切割机基本操作流程如图 8-22 所示，操作过程中应注意如下问题。

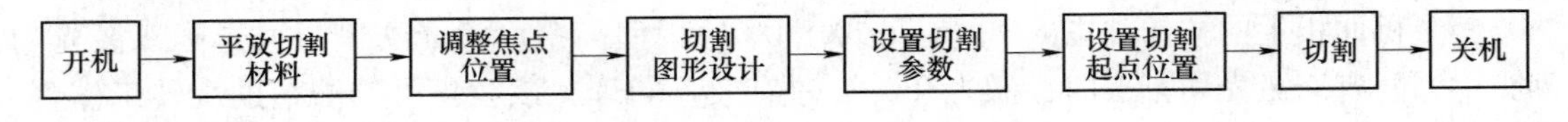

图 8-22　激光切割机基本操作流程

（1）开机　开机前需检查冷却装置和排风机，并必须打开冷却装置、排风机等辅助设备。

（2）平放切割材料　切割材料一般为平面材料，只需平放，一般无需固定，但是材料如有翘起，则应固定，以免激光切割头在移动时碰到材料，导致加工位置发生变化。

（3）调整焦点位置　需根据聚焦镜的焦距，调整喷嘴底部位置与切割材料上表面之间的距离，使激光光斑正好聚焦到切割材料上。聚焦后，激光能量集中，切割质量高。

（4）切割图形设计　对切割图形进行设计，一般有以下两种方法。

1）采用 CAD 软件设计，完成后保存成要求的格式，如 DXF 格式等，然后采用本机切割软件直接导入即可。

2）直接在本机切割软件中编辑图形，通过简单的图形命令及尺寸设置完成切割图形设计，如图 8-23 所示。

（5）设置切割参数　激光切割机一般会有两种加工模式，即激光扫描和激光切割。激光扫描类似于激光打标，是将图案或文字标刻到材料上，一般采用较高的速度和较低的激光功率，例如在 3mm 厚木材上采用激光扫描模式加工时，速度一般为 200~400mm/s，且速度越大，标刻深度越浅，采用的激光功率在 30%左右。激光切割模式是指按图形切割，因此

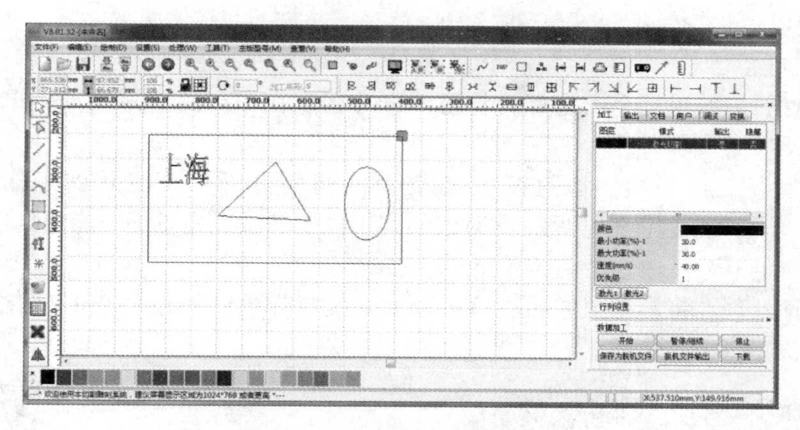

图 8-23　切割图形设计

采用较低的速度和较高的激光功率，一般与材料性质和厚度有关，例如切割 3mm 厚的松木板，一般采用 40mm/s 的速度和 40%的激光功率。

注意：尽量通过降低激光速度达到所需切割效果，不采用 90%以上的激光功率，以免影响激光器使用寿命。

（6）设置切割起点位置　通过控制面板上的左、右、上、下四个方向按钮移动激光切割头到合适的起点位置，以保证图形被完整地切割下来。

（7）切割　完成以上工作后可开始激光切割。

（8）关机　先关闭计算机软件，并将激光切割头移动到主机工作台中间位置，关闭机器，待冷却 2~3min 再关闭冷却装置和排风机。

8.4　激光加工实践案例

8.4.1　激光打标实践案例

1. 案例分析

本案例采用 50mm×80mm 彩色硬纸卡片，以 CO_2—H120 分体式激光打标机进行打标，来了解激光打标过程。

2. 实践操作过程

（1）开机

1）将主控箱面板上的断路器 POWER 向上拨到接通状态。

2）将钥匙开关 LOCK 顺时针旋转到“ON”状态。

3）按下启动按钮 START，START 指示灯亮，同时冷却系统通电运转。

4）等待冷却系统运行 3min 后，打开主控箱钥匙门，按下工控机启动按钮，并打开显示器电源。

5）将激光器使能开关 KEY SWITCH 顺时针旋转到“ON”位置。

6）拨动激光器 RF 信号开关 SIGNAL 到“ON”位置，激光器 RF 信号接通。

7）按下激光器电源启动按钮（LASER ON），接通激光器电源，此时激光光源打开指示灯亮，开机完成。

（2）加工准备

1）安放材料。采用三个固定螺钉将硬纸卡片固定在平台的中间位置，作为初始位置，如图 8-24 所示。

2）调整垂直工作距离。通过高度调整手柄调整升降台，使其到工作台的距离为 235mm，此距离为聚焦透镜的焦距。此时聚焦到工件上的激光光斑小，能量集中，加工的图片较清晰。

3）图形预处理。将彩色图像通过 Windows 系统自带的“画图”工具转化成 BMP 格式的单色位图，如图 8-25 所示。

图 8-24　安放材料

a) 原始图像　　b) 单色位图

图 8-25　彩色图像预处理

4）打标软件处理。

① 双击桌面图标，运行激光打标软件，进入主界面，单击菜单【文件】|【导入...】，系统弹出“外部文件导入”对话框，选择单色位图的 BMP 格式文件，并单击“打开”按钮，结果如图 8-26 所示。

图 8-26　主界面

② 调整旋转角度和图像尺寸：当材料摆放与图像的方向不同时，可以调整图像位置，如将图像旋转 90°；再根据材料尺寸，修改打标图像大小。本案例需将打标幅面控制在 45mm×75mm 以内，因此直接在“对象属性”对话框的“尺寸（mm）：Y”文本框中输入“75”，成比例缩放后，如果显示的 X 尺寸小于 45mm，则图像不会超过材料大小，可以打标到该材料上，否则需继续修改尺寸，直到 X、Y 尺寸在规定的 45mm×75mm 内，再单击“应用”按钮，如图 8-27 所示。

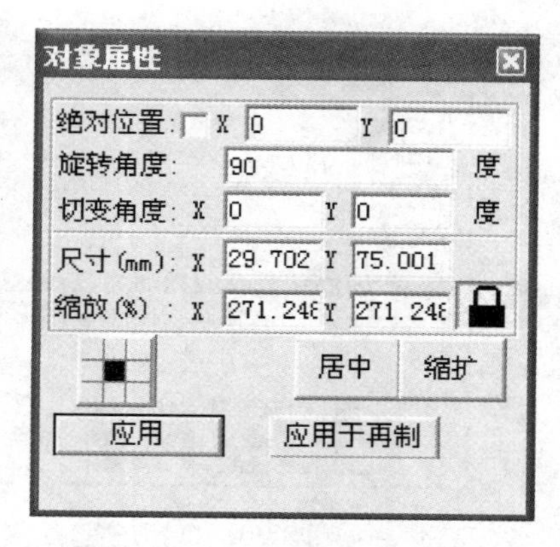

图 8-27 “对象属性”对话框

③ 打标参数设置：在主界面右下角“通用”选项卡的“功率”文本框中输入“35”，可保证硬纸卡片不被击穿，又能较好地呈现图像效果，其余参数采用默认推荐值，如图 8-26 所示。

5）位图设置：单击主界面左侧工具栏中的“位图”图标，系统弹出“位图设置”对话框（见图 8-28），选中“二值图像”单选框，单击“确定”按钮，完成位图设置。

（3）精确调整材料的加工位置　在主界面下，单击“通用平面打标”图标，系统弹出“普通打标方式”对话框（见图 8-29），“工作模式”选择“红光预览”，单击“开始”按钮。观察红光扫掠的位置，如果位置有偏移，则分别调整 X、Y 方向调整手柄，使红光扫掠的范围落在材料的合适位置。

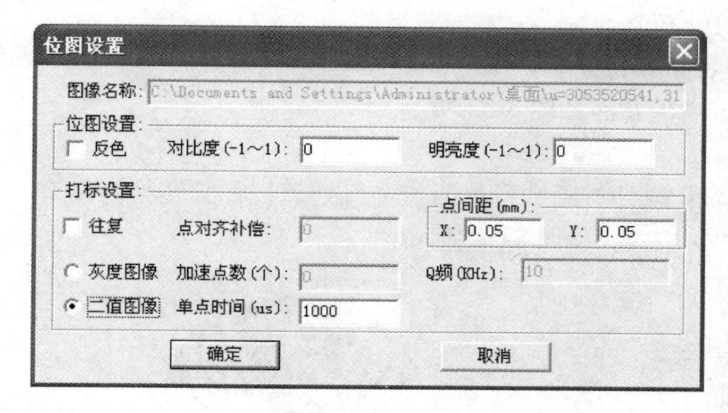

图 8-28 “位图设置”对话框

图 8-29 “普通打标方式”对话框

（4）正式打标　“工作模式”选择“打标”，单击“开始”按钮则进行正式打标（见图 8-29），出现如图 8-30 所示的打标进程，打标成品如图 8-31 所示。

（5）关机　加工结束，取下打标作品，关闭打标机电源，清洁打标机。

8.4.2 激光内雕实践案例

1. 案例分析

本案例采用 50mm×50mm×12mm 的透明人造水晶，以 SUPER JET 激光内雕机进行内雕，来了解激光内雕过程。

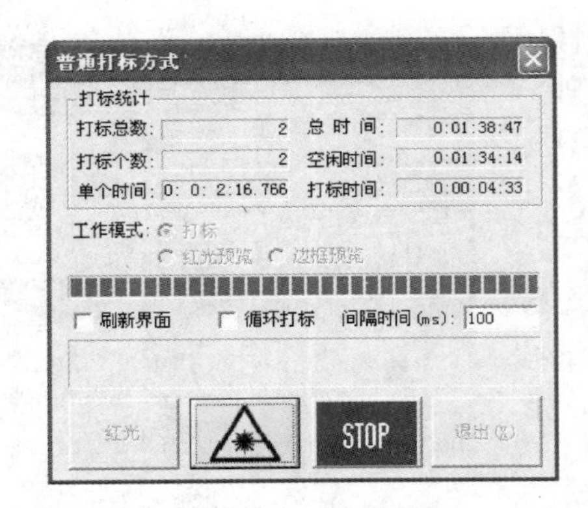

图 8-30　打标进程

图 8-31　打标成品

2. 实践过程

（1）开机

1）将主控箱上的断路器（POWER）拨至“ON”位置，设备通电。

2）检查主控箱上的急停按钮（EMERGENCY），顺时针旋转使其处于释放状态，将钥匙插入钥匙开关（LOCK）并顺时针转至“ON”位置，打开电源。

3）按下总启动开关（START）启动设备，冷却系统开始工作，启动工控机，开启计算机显示器。

4）等待冷却系统温度接近设定温度（冷却系统指示灯变绿）后，按下激光电源启动开关（LASER ON），电流表显示当前的电流值。

5）按下 Q 频开关（Q ON/OFF），将其打开。

6）调整电流值至 18A，开机完成后的状态如图 8-32 所示。

（2）加工准备

1）图像预处理。采用 PHOTOSHOP 软件对原始彩色图像进行处理，将其转换为具有一定明暗梯度的灰度图像，并保存成 JPG 格式，如图 8-33 所示。

图 8-32　主控柜正常状态

图 8-33　内雕图像预处理结果

2）确定材料加工位置。双击桌面图标，运行激光内雕软件，进入主界面，如图 8-34 所示。

① 单击主界面左侧工具栏“矩形”图标▫，绘制一个矩形，系统弹出“变换”对话框，如图 8-34 所示。根据材料规格，在“横向”和“纵向”文本框中均输入“50”，单击“应用”按钮后关闭对话框，返回到主界面。单击主界面上方工具栏中的“居中”图标回，将矩形框居中。然后单击“点位预览”图标，系统弹出“点位预览”对话框，如图 8-35 所示，单击“开激光”按钮打开激光，然后依次单击对话框左侧方形的四个顶点，单击“关激光”按钮关闭激光，再单击“退出”按钮。此时在激光内雕机升降工作台面上绘制出 50mm×50mm 的矩形定位框（见图 8-36），此为实际加工时人造水晶的放置位置。

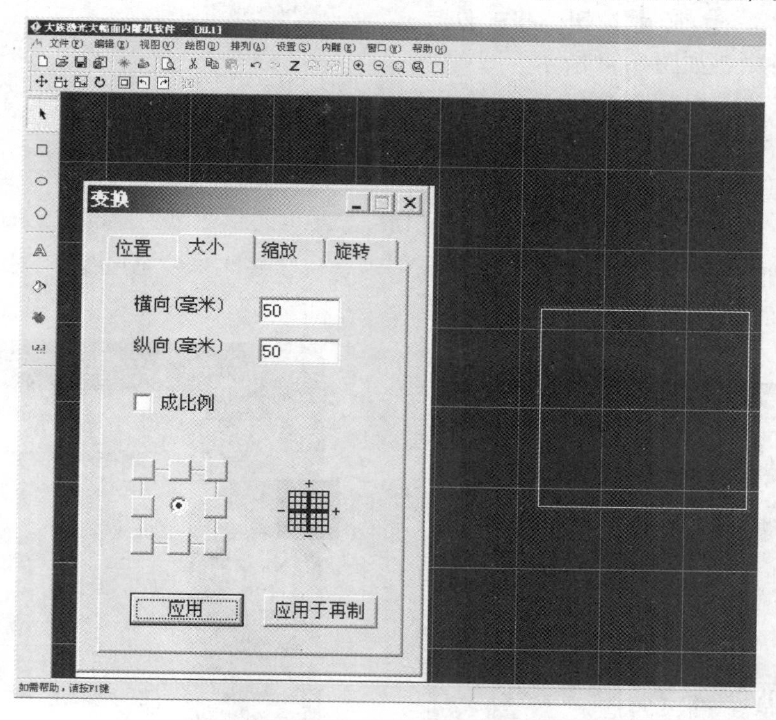

图 8-34　主界面及绘制矩形

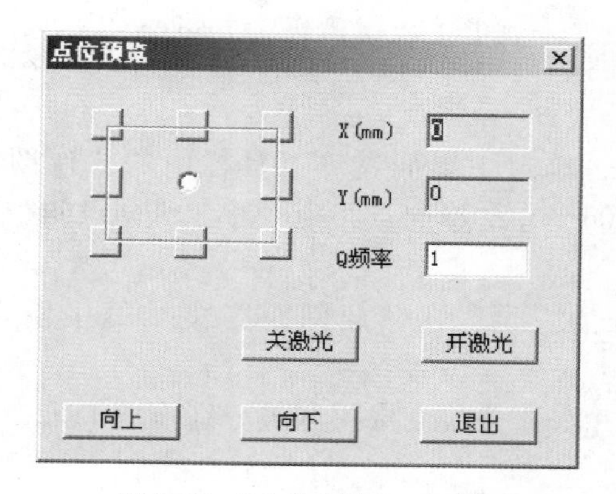

图 8-35　“点位预览”对话框

图 8-36　定位框

② 将人造水晶放置在如图 8-36 所示的矩形定位框后，单击主界面上方工具栏中的“通

用内雕”图标，系统弹出“通用内雕”对话框，如图 8-37 所示。在对话框中选中“XYZ轴”，单击“复位”按钮，使激光内雕机复位。

③ 关闭“通用内雕”对话框，并删除主界面中绘制的矩形框，以便进行后续的内雕图像处理。

（3）内雕图像处理　在主界面中单击菜单【文件】|【导入...】或按钮，将文件导入到激光内雕软件中，如图 8-38 所示。

1）尺寸修改。根据材料调整图像大小，单击主界面上方工具栏中的按钮，系统弹出“变换”对话框，如图 8-39 所示，在“纵向”文本框中输入“39.6”，然后按比例缩放，横向尺寸为 31.2mm，保证该图像完整地被雕刻在人造水晶中。

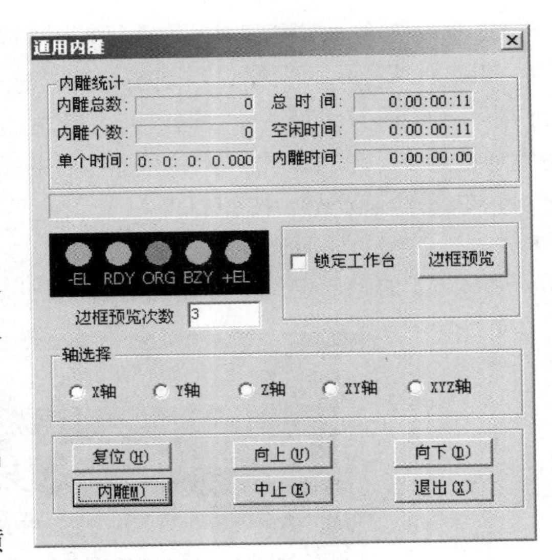

图 8-37 “通用内雕”对话框

图 8-38 导入图像

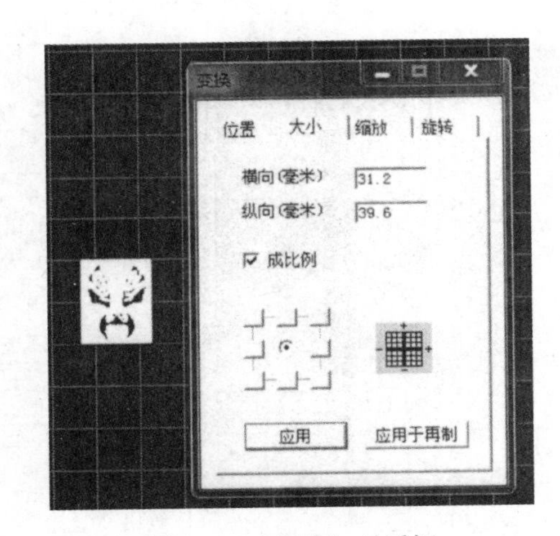

图 8-39 “变换”对话框

2）点云转化处理。

① 为了保证图像足够清晰、加工效率较高，单击主界面左侧工具栏中的“位图”图标，系统弹出“图像设置”对话框（见图 8-40），在“横向点间距”和“纵向点间距”文本框中输入“0.1”。

② 分层划分：根据所选用材料大小，可分为三层，在“层间距”文本框中输入“0.6”。

③ 分层点云调整：勾选“显示点云”选项，并在“分层衰减”区域分别拖动 1、2、3 层滑块，使左侧示意图最清晰。

全部设置结束，单击“确定”按钮。

3）内雕参数设置。单击主界面左侧工具栏中的“内雕参数”图标，系统弹出“雕刻参数设置”对话框，如图 8-41 所示，在“雕刻速度”“雕刻次数”“物料高度”“Z 向偏移量”文本框中分别输入“300”、“1”、“10”（水晶厚度为 12mm）、“0”。

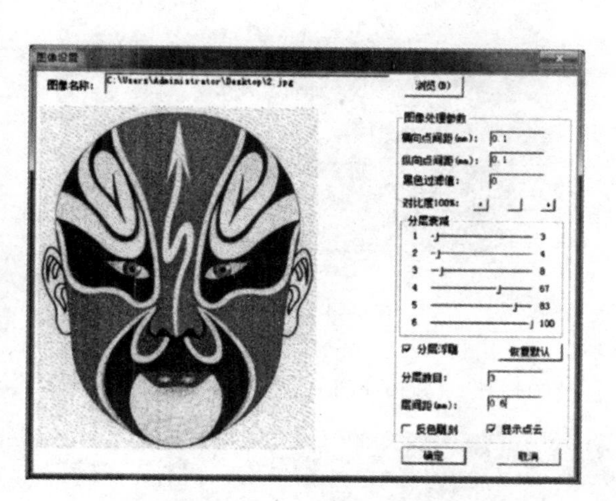

图 8-40 “图像设置”对话框

图 8-41 “雕刻参数设置”对话框

（4）内雕加工　根据材料放置在升降工作台中间的位置，将图像也居中放置，方法与步骤（2）中将定位框居中相同，然后单击主界面上方工具栏中的“通用内雕”图标，系统弹出“通用内雕”对话框（见图 8-37），单击“内雕”按钮开始加工，如图 8-42 所示。当进度条满格后，内雕加工结束，内雕机会自动复位到初始加工状态，最终作品如图 8-43 所示。

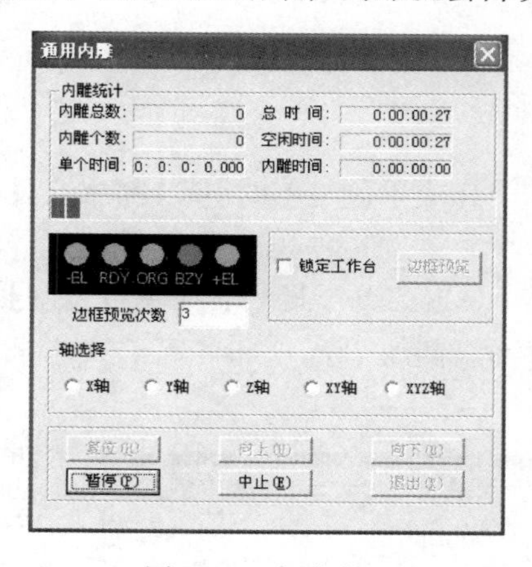

图 8-42 内雕进程

图 8-43 最终作品

（5）关机　加工结束，取下内雕作品，关机顺序为开机顺序的倒序。关机后清洁内雕机。

8.4.3 激光刻章实践案例

1. 案例分析

本案例采用 20mm×20mm 的矩形橡胶材料、以 S25 激光印章雕刻机进行激光刻章，以了解激光刻章过程。

2. 实践过程

（1）开机

1）检查液压泵工作状态正常后，打开电源开关。

2）按下控制面板上的“高压开关”。

3）调节电流：按“手动出光”按钮，打开激光，旋转“电流调节”旋钮使电流值为 6mA 左右，再按“手动出光”按钮关闭激光，则开机过程完成，状态如图 8-44 所示。

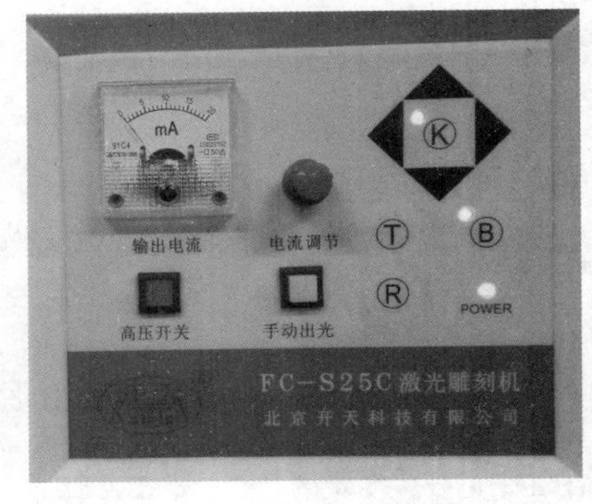

图 8-44　开机状态

（2）加工准备

1）装夹橡胶材料，进行加工定位。将橡胶材料装夹在工作台的左上角，待刻表面与夹具上表面持平，如图 8-45 所示。

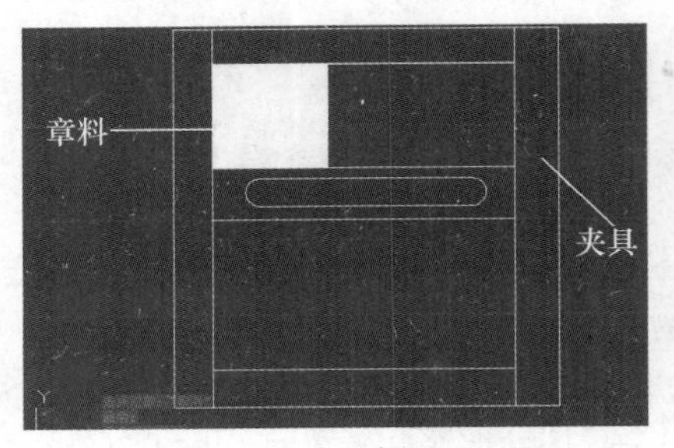

a) 装夹示意图

b) 实际装夹图

图 8-45　装夹图

2）印章设计。

① 彩色图像处理：使用“画图”软件将彩色图像转化成单色位图的 BMP 格式文件，如图 8-46 所示。

② 图像尺寸设置：双击桌面图标，进入主界面，单击菜单【插入】|【单色位图】，打开单色位图的 BMP 文件；根据印章材料规格，在主界面右侧的“宽”和“高”文本框中均输入“22”，印章设计结束，如图 8-47 所示。

图 8-46　单色位图

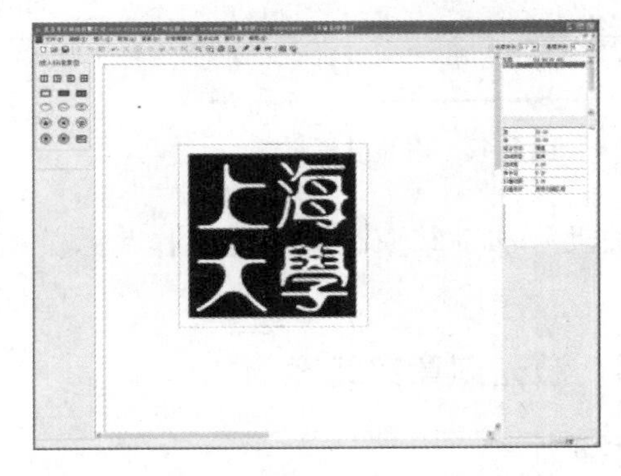

图 8-47　主界面

3）印章雕刻位置调整。

① 粗定位：单击菜单【文件】|【雕刻输出】，或者单击主界面上方的“雕刻输出”图标，进入图8-48所示窗口，用鼠标右键单击雕刻区域并将雕刻位置快速移动到鼠标右键单击处，观察工作平台是否带动橡胶材料移动到激光印章雕刻机聚焦镜的正下方附近。

② 精确定位：初步定位完成后，单击“画定位框”按钮，观察定位框是否与橡胶材料位置有差异，可以用键盘上的方向键微调位置，直至绘制的定位框与橡胶材料位置基本相符。

③ 保存位置坐标：当定位完成后，单击“中心坐标库”按钮，系统弹出“中心坐标库”对话框（见图8-49），在“当前坐标名”文本框中输入“20方章”，并单击“保存当前坐标”按钮，此规格的印章雕刻位置即保存完毕，关闭“中心坐标库”对话框。

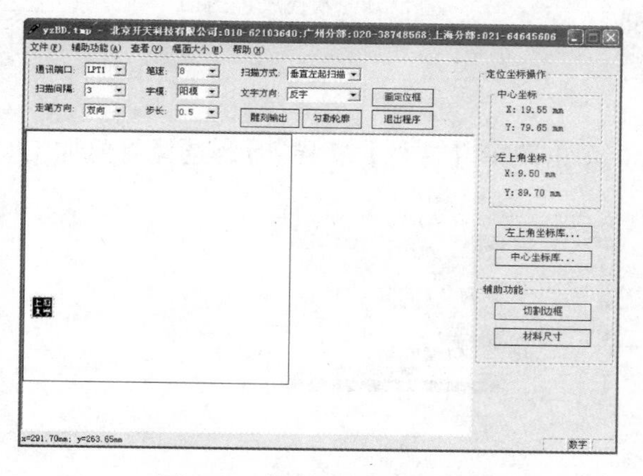

图8-48　保存雕刻位置界面

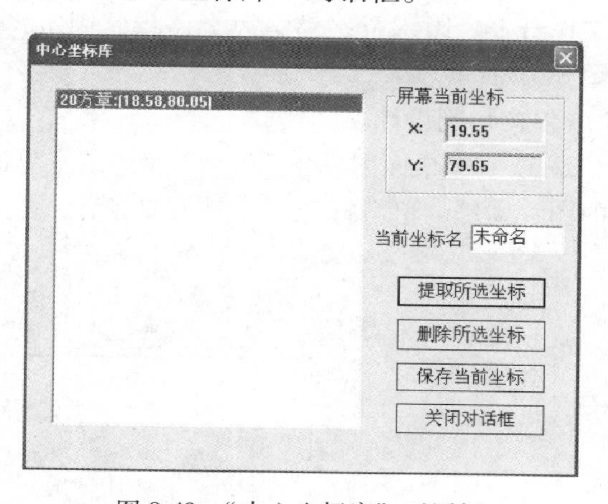

图8-49　“中心坐标库”对话框

（3）印章雕刻加工　返回图8-48所示窗口，单击“中心坐标库”按钮，在其对话框（见图8-49）中选择“20方章”，再单击“提取所选坐标”按钮，此时工作台带动橡胶材料移动到主机聚焦镜的正下方，然后在待雕刻表面覆盖一层浸湿的薄纸，单击雕刻输出按钮，系统弹出“是否雕刻”对话框，单击“确定”按钮后开始雕刻，图8-50所示为雕刻完成的印章。

图8-50　最终印章

（4）关机　加工结束后，取下印章，关闭高压电源，关闭印章雕刻机和计算机电源，清洁印章雕刻机。如长时间不用，则须切断整机电源。

8.4.4　激光切割机实践案例

1. 案例分析

本案例采用2000mm×2000mm×3mm的木板，以X1309通用型高精度激光切割机切割一块50mm×80mm的手机支架，来了解激光切割过程。

2. 实践过程

（1）开机

1）打开电源总开关。

2）检查冷却装置、排风机等辅助设备，并打开冷却装置和排风机，待工作状态正常后，打开钥匙开关。

3）等待系统启动，切割头复位到机器零位参考点（即回到原点）。

4）按下主机面板上的“LASER1”按钮，开启激光器。

（2）加工准备

1）将 2000mm×2000mm×3mm 木板平放在工作台上，因木材平整，故无需将其固定，如图 8-51 所示。

图 8-51　木板放置图

2）切割设计。

① 双击桌面图标 EagleWorks，进入主界面，单击菜单【文件】|【导入】，选择需要加工的图片文件，单击打开，如图 8-52 所示。

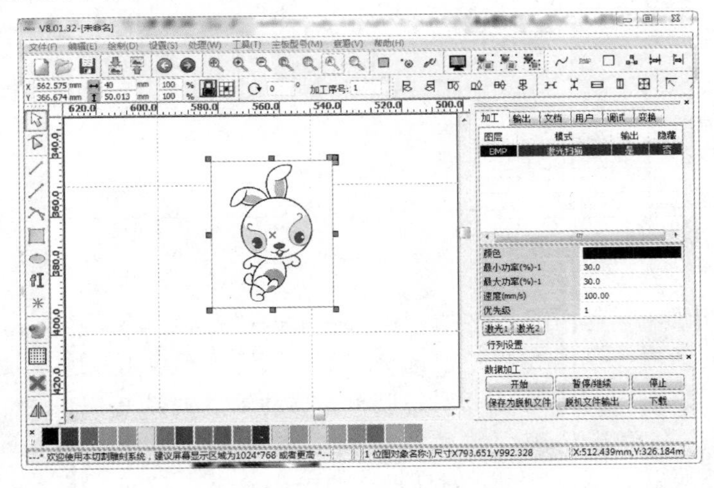

图 8-52　打开图片界面

② 图片尺寸的设置：将图片大小设置为加工尺寸的大小，首先在左上角的“尺寸”工具条中单击锁定按钮，将尺寸比例设置为与原图一致，然后修改 X 方向尺寸为 40，Y 方向将成比例缩放，如图 8-53 所示。

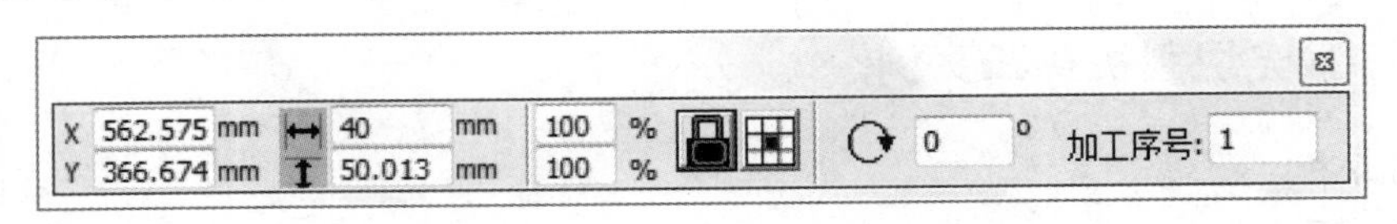

图 8-53　“尺寸”工具条

③ 绘制切割框大小：单击矩形命令图标，在 BMP 图形外添加一个矩形框，并且在相同的“尺寸”工具条中单击锁定按钮，将尺寸比例锁定打开，分别将 X、Y 尺寸修改为

50mm 和 80mm。

④ 绘制手机支撑片和插槽：按照步骤③，在 BMP 图形的下方绘制 40mm×3.05mm 的插槽，并位于矩形框内，用来插入手机支撑片，然后在图形旁绘制 40mm×50mm 的手机支撑片，如图 8-54 所示。

⑤ 设置加工参数：双击系统工作区（见图 8-55）中的第一个 BMP 图层，系统弹出“图层参数”对话框，如图 8-56 所示，将“加工方式”设置为“激光扫描”，然后勾选“速度”旁的“默认”选项，将速度值设定为 400mm/s，勾选“最大功率”和“最小功率”旁的“默认”选项，以默认的 30%作为激光扫描的功率，单击“确定”按钮保存参数。继续双击系统工作区的第二个黑色框图层，即 BMP 下方的图层，则出现同样的对话框，设定绘制好的切割矩形框的加工参数，首先将“加工方式”选为“激光切割”，取消勾选“默认”选项，将速度值修改为 40mm/s，其余参数不变。

图 8-54　手机支撑片和插槽

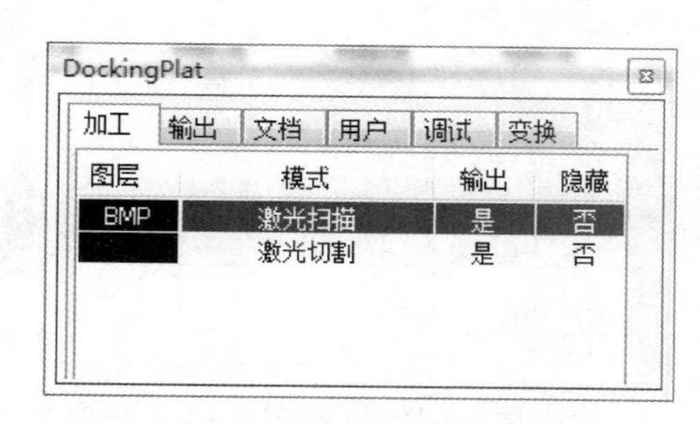

图 8-55　系统工作区

⑥ 下载加工数据：单击主界面右侧下方“数据加工”栏中的“下载”按钮，将加工文件传输到激光切割机上，系统出现如图 8-57 所示的“下载文档命名”对话框，直接采用默认的文件名下载，单击“确定”按钮，系统将出现图 8-58 所示提示框，单击“是”按钮，传输完毕系统会出现如图 8-59 所示提示框。

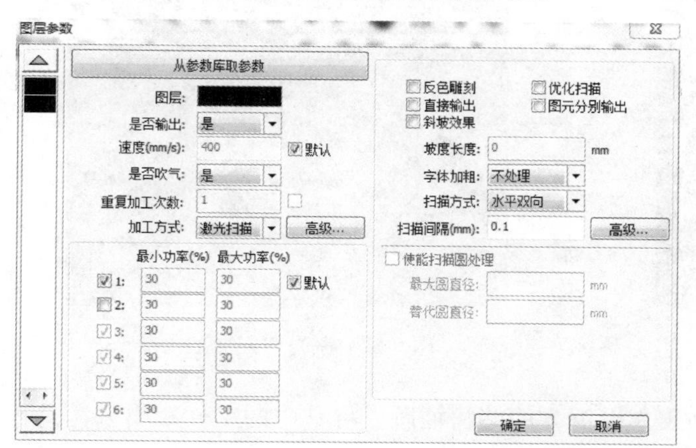

图 8-56　“图层参数”对话框

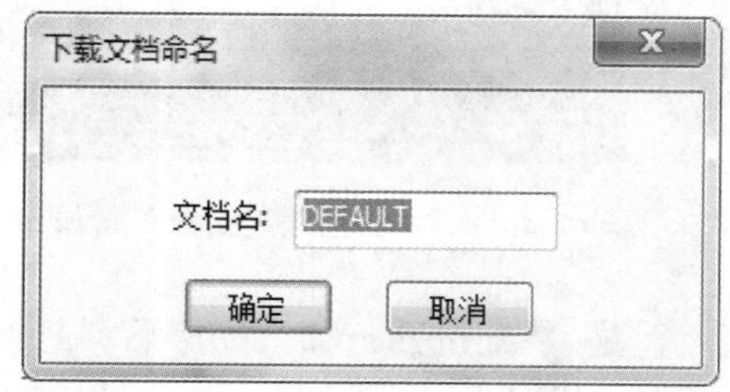

图 8-57　“下载文档命名”对话框

⑦ 激光切割加工文件选择：在 X1309 通用型高精度激光切割机控制面板上按下“文件”按钮，控制面板的显示屏上会出现加载在该设备中的所有文件，通过上、下方向键，

找到上一步命名的文件，查看图形是否正确，若正确，则单击“确定”按钮，显示屏如图8-60所示。

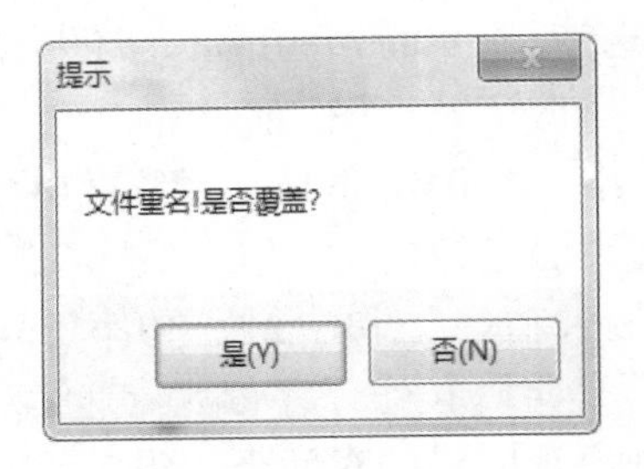

图 8-58　提示框

图 8-59　下载成功提示框

图 8-60　显示屏

⑧ 激光加工起始点设置：移动切割头到固定好的木板左上角位置，如图8-61所示。单击“走边框”按钮，切割头会将待加工工件的范围圈出一个最小包络矩形。观察矩形边框是否能将工件完整地切割下来，若不能，则调整切割头位置，直到起始点位置设置正确。

⑨ 激光切割：起始点位置确定后，按下主机面板上的“启动暂停”按钮，加工开始，如图8-62所示。

图 8-61　切割头起始点位置设定

图 8-62　激光切割加工状态

⑩ 装配拼插：加工完毕后，打开工作台下方的储物抽屉，将其中的工件拿出来，进行拼装，将手机支撑片插入主体的插槽内，如图8-63所示。

（3）关机　将切割头移动到工作台中间位置，关闭计算机，将钥匙开关旋至“OFF”位置，等待1~2min，关闭激光开关“LASER1”按钮。关闭冷却装置、排风机，关闭总电源。清洁机床，整理环境。

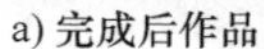

a) 完成后作品

b) 放置手机

图 8-63 手机支架作品

思 考 题

1. 简述激光加工的特点。
2. 简述激光打标的原理，并说明其应用场合。
3. 激光内雕加工中有哪些参数需要设置，它们对加工质量各有什么影响。
4. 激光内雕材料有什么特点？请举出一两种适合激光内雕的材料。
5. 简述 X1309 通用型高精度激光切割机由哪几部分组成。
6. 激光切割机的工作原理是什么？

第9章

3D打印实践

9.1 实践目的

1）了解3D打印的基本概念和原理，以及3D打印技术的特点。
2）熟悉熔融沉积（FDM）3D打印的工作原理。
3）掌握UP 3D打印机的操作方法。

9.2 3D打印技术概述

3D打印技术是将计算机辅助设计（CAD）、计算机辅助制造（CAM）、计算机数控（CNC）技术、激光技术、材料技术等集成于一体的多学科交叉的先进制造技术。

9.2.1 3D打印基本原理

3D打印技术是基于离散-堆积原理的成形方法，由三维CAD模型直接驱动，用材料逐层或逐点堆积出样件，快速地制造出相应的三维实体模型，相对于车、铣、刨、磨等减材成形方式，又称之为增材成形。

3D打印工艺过程主要包括数据前处理、分层叠加成形和样件后处理。

1. 数据前处理

数据前处理是对设计或重建的3D模型进行数据转换、纠错、叠加方向选择，以及支撑结构生成等操作，再通过分层切片将三维模型转变成二维截面信息，最终将各层的二维截面信息转换成G代码以用于控制打印过程。

2. 分层叠加成形

分层叠加成形是3D打印的核心，主要包括模型截面的制作及叠加。在计算机控制下，以平面加工方式有序地连续加工出每个薄层模型，层层叠加形成与3D模型相对应的三维实体。

3. 样件后处理

根据使用要求对打印件进行支撑剥离、拼接、修补、打磨、抛光和表面喷涂等处理，最终得到所需的样件。

9.2.2 3D打印常见工艺

常用的3D打印工艺有如下五种。

1. 薄材叠层制造（Laminated Object Manufacturing，LOM）

LOM 工艺是按照 CAD 分层模型实现直接从片材到三维零件的制造，使用的材料是可粘结的带状薄层材料（如涂覆纸、PVC 薄膜等），采用的切割工具是激光束或刻刀等。

LOM 的工作原理：在计算机控制下，切割工具按照零件各层截面轮廓形状在 XY 平平逐层切割带状材料，当一层切割完成后，工作台与已成形的工件一起沿 Z 方向下降一层高度，再将一层新的薄层材料移到加工区域，按新一层的截面轮廓信息进行切割，新的薄层材料牢固地粘在前一层薄层材料上，如此反复，直至逐层堆积形成一个三维实体模型。非零件实体部分被切割成网格，保留在原处，起支撑和固定作用，样件加工完毕后，将其剥离，进行打磨、抛光、喷涂、机加工等后处理。LOM 的成形原理示意图如图 9-1 所示。

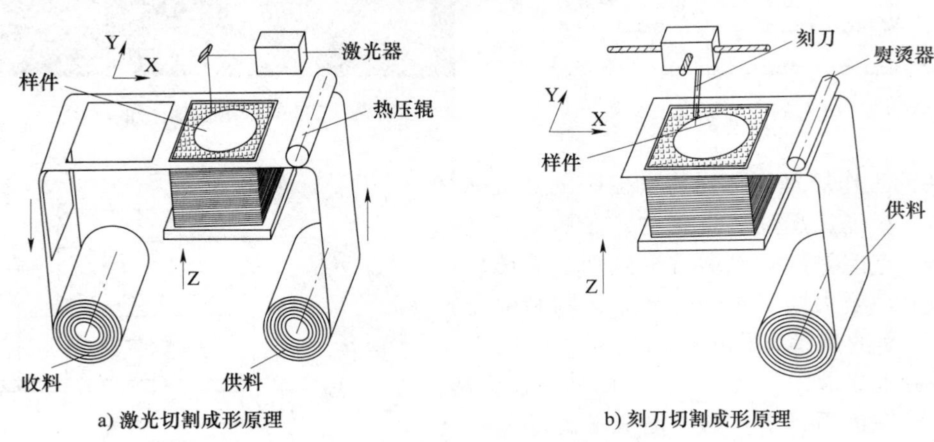

图 9-1　LOM 的成形原理示意图

LOM 制造的样件如图 9-2 所示。

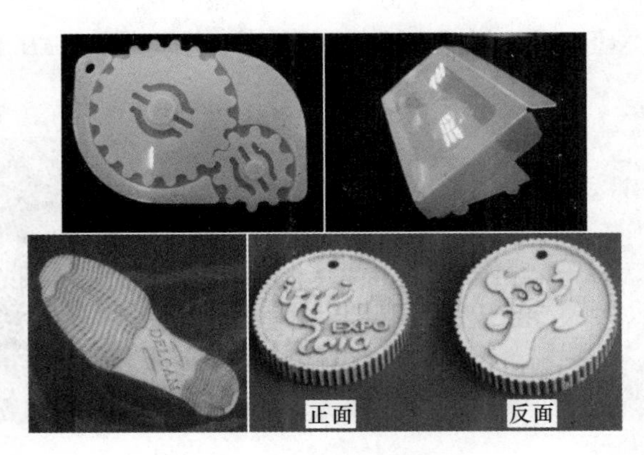

图 9-2　LOM 制造的样件

2. 光固化立体成形（Stereo Lithography Apparatus，SLA）

SLA 工艺基于光敏树脂的光聚合原理，激光器发出的紫外激光束使液体光敏树脂逐层固化。

SLA 的工作原理：在计算机控制下，激光束按照零件的截面形状在 XY 平面的光敏树脂上进行逐点或面阵扫描，形成零件的一个薄层（约 0.1mm），未被扫描的树脂仍呈液态。当前层扫描完毕后，工作台沿 Z 方向下降一层高度，在固化的树脂表面涂敷一层新的液态树脂，刮板将黏度较大的树脂液面刮平，激光束按照新层的截面信息在树脂上扫描，新层树脂固化并与前一层已固化的树脂粘接，如此反复，直到零件实体模型形成。SLA 的成形原理如图 9-3 所示。

SLA 制造的样件如图 9-4 所示。

3. 熔融沉积造型（Fused Deposition Modeling，FDM）

FDM 技术是使丝状材料熔融后将其由喷头挤出，进而实现逐层堆积成形的一种 3D 打印方法。

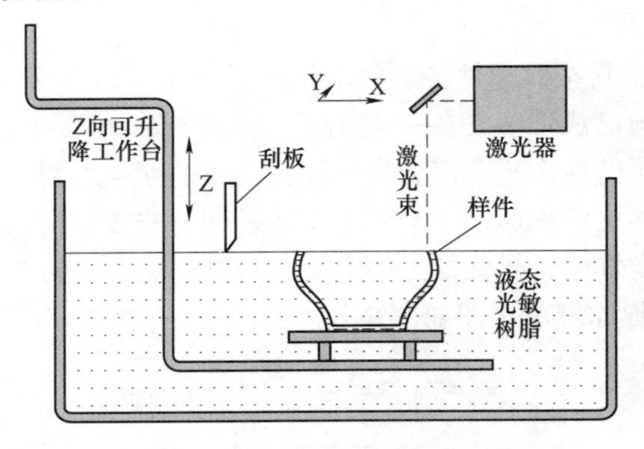

图 9-3　SLA 的成形原理示意图

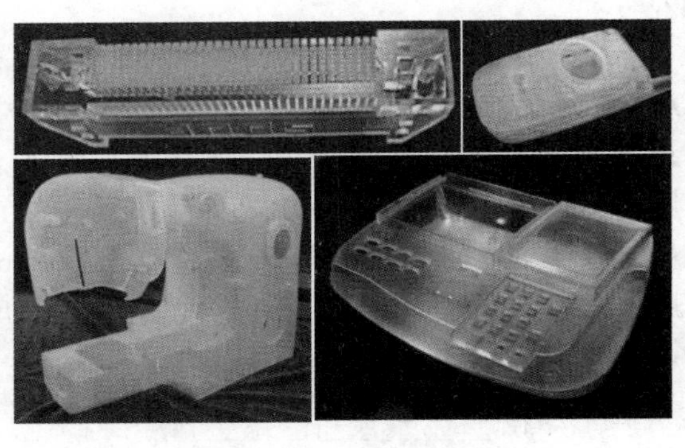

图 9-4　SLA 制造的样件

FDM 的工作原理：在计算机控制下，支撑材料和成形材料经过加热装置融化，在挤出前呈半熔融状态，支撑材料和成形材料分别被输送至相应的喷头上，喷头按照零件的截面轮廓和填充轨迹做 XY 平面的运动，将半熔融的材料逐层堆积到工作平台上成形，并与前一个层面粘结在一起。当一层沉积完成后，工作台与已成形的部分一起按预定的增量下降一层的厚度（一般为 0.1～0.2 mm），再继续熔融沉积下一层截面的形状，如此循环，最终形成一个完整的三维实体模型。FDM 的成形原理如图 9-5 所示。

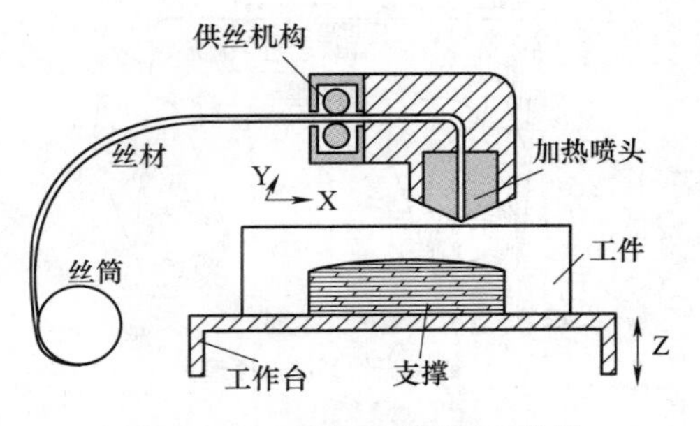

图 9-5　FDM 的成形原理示意图

FDM 制造的样件如图 9-6 所示。

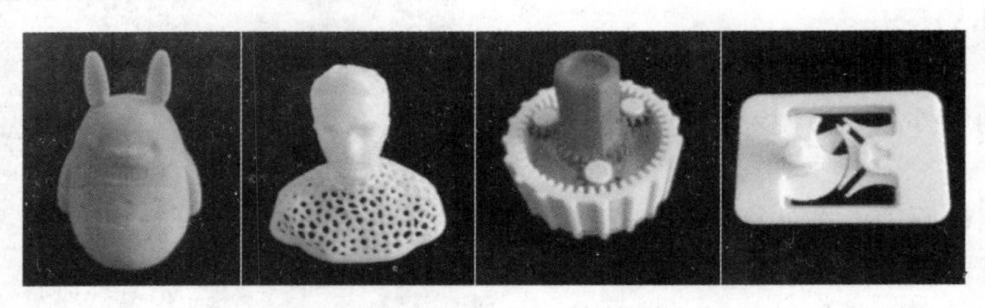

图 9-6　FDM 制造的样件

4. 选择性激光烧结（Selective Laser Sintering，SLS）

SLS 工艺采用激光对固体粉末材料进行逐层选择性的烧结，再层层叠加得到所需要的零件。

SLS 的工作原理：首先设定好预热温度、激光功率、扫描速度、扫描路径、单层厚度等工艺条件，在工作台上用铺粉辊铺一层粉末材料，待粉末材料预热到合适的温度后（依据材料种类确定），由 CO_2 激光器发出的激光束按照各层横截面信息在 XY 平面所铺的薄层粉末上有选择地进行逐点扫描（即逐点熔融烧结），形成样件的一个薄层，而未被烧结的粉末保持松散状态，作为成形件和下一层粉末的支撑。当一层截面烧结完成后，工作台下降一层高度，再进行下一层铺粉烧结，新一层和前一层粉末烧结在一起，如此反复，直至制造完成一个实体模型，如图9-7所示。

SLS制造的样件如图9-8所示。

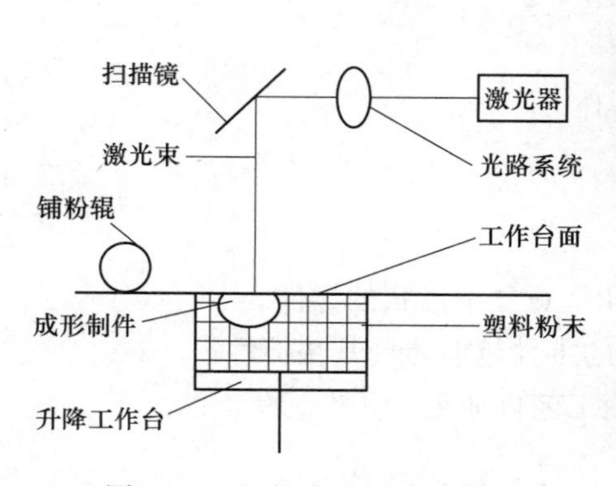

图9-7　SLS的成形原理示意图

图9-8　SLS制造的样件

5. 三维印刷（Three Dimensional Printing，3DP）

3DP与喷墨打印机工作方法类似，采用喷墨打印原理，将粘结剂（液态造型墨水）由打印头根据模型截面喷涂于材料上，加工、成形使用的材料为粉末和粘结剂。3DP工艺与SLS工艺类似，均是采用粉末（如陶瓷、金属和塑料等粉末）材料成形，所不同的是粉末材料是通过喷头喷出的粘结剂将零件的截面"印刷"在粉末材料上面。

3DP的工作原理：首先在工作台上用铺粉辊铺一层粉末材料，在计算机控制下，喷头按照各层横截面信息在XY平面所铺的薄层粉末上有选择地进行逐点喷射粘结剂，未被粘结的粉末保持松散状态，并在成形过程中起支撑作用，形成零件的一个薄层（约0.1mm）。当一层截面粘结完成后，成形活塞下降一个距离（约0.089~0.102mm），供粉活塞上升一定高度供应新粉末，由铺粉辊推到成形缸上铺平、压实，再按下一层截面的成形数据喷射粘结剂，新层和前层粉末粘结在一起，层层粉末不断地铺平、扫描、粘结，如此周而复始，直至逐层堆积完毕形成零件实体，其成形原理如图9-9所示。

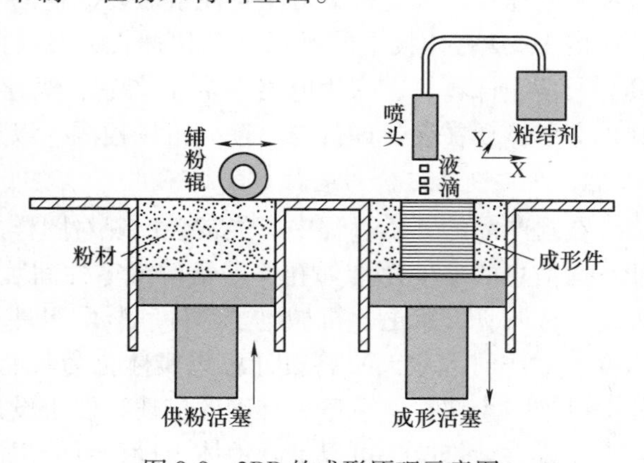

图9-9　3DP的成形原理示意图

3DP制造的样件如图9-10所示。

图 9-10　3DP 制造的样件

9.2.3　3D 打印技术特点

1）高柔性：3D 打印不需专用工（夹）具即可打印任意复杂形状的样件。

2）快捷性：缩短新产品研发周期，且结构越复杂的零件越能体现其快捷性。

3）易与传统方法结合：3D 打印样件可以进行传统工艺再加工。

4）个性化：可以实现个性化定制。

5）适于创新与开发：3D 打印的制造成本与零件复杂程度、批量无关，适合单件、小批量制造。

9.2.4　3D 打印技术应用

3D 打印技术经过几十年的发展，从设备、工艺到材料等各个方面都取得了长足的进步，在研究、工程和教学等应用领域占据了独特的地位。3D 打印开辟了不用任何刀具而制作各类零件的途径，并为常规方法不能或难以制造的零件或模型提供了一种新的制造手段。

由于 3D 打印技术的灵活性和快捷性，3D 打印已经应用到航空航天、交通、教育、玩具、通信、计算机、家用电器、电子产品、医疗、建筑、工艺美术、模具制造、军事等领域，主要体现在设计评价与验证、市场预测，以及产品功能和性能测试、装配检验等方面。

1. 产品设计评价与验证

在新产品的开发过程中，经常会出现对图样的错误理解。随着零件复杂程度的增加，保证几何信息的准确性（如孔、筋错位或零件间装配不当）、避免零件间产生干涉（如钢索、束线、橡胶管、管道、机械电子部件和装配组件等）的难度增加。3D 打印技术能以最快的速度（数小时或数天）将设计思想实体化为具有一定结构功能的产品样件，为新产品的设计提供了一个快捷、清楚、准确的描述，便于设计部门和制造部门之间形成良好的沟通与交流，完成设计修改，可以更好地体现设计者的想法和设计，及早发现及纠正错误，从而对新产品的设计方案进行快速评价、测试与改进，促进合作，减少产品的开发时间并降低成本，是设计者检验 CAD 数据的正确性和提高设计质量的工具，如图 9-11 所示。

2. 产品功能测试和性能试验

3D 打印技术不但能帮助设计者检验新产品 CAD 数据的正确性，而且制造的产品原型能够用于进行功能测试与性能试验。随着新型材料的开发，3D 打印制造的新产品原型已经具

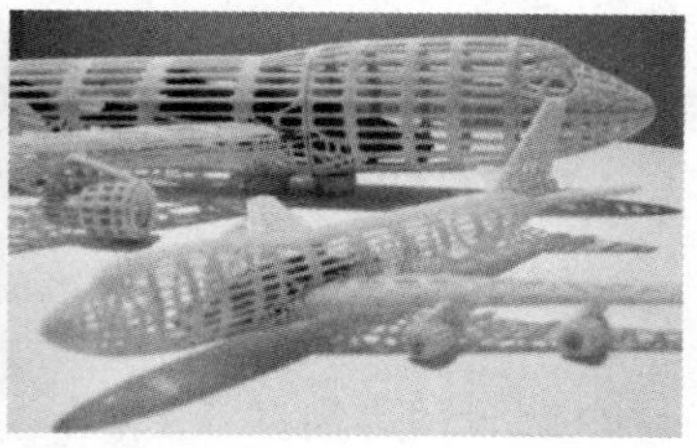

图9-11　产品设计评价与验证

有一定的机械强度，可以用于装配、传热性能及流体力学等性能检测与试验，如图9-12所示。

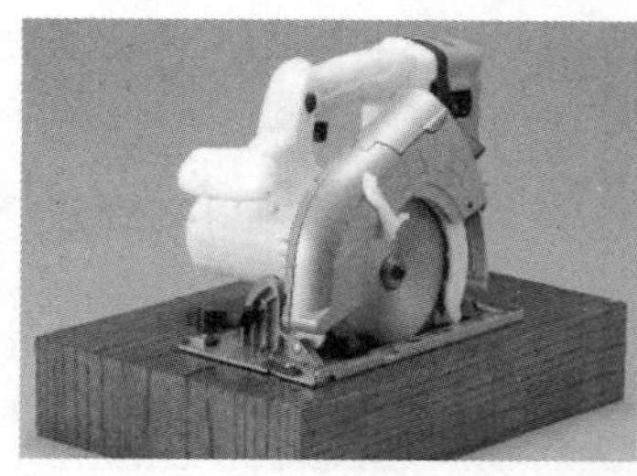
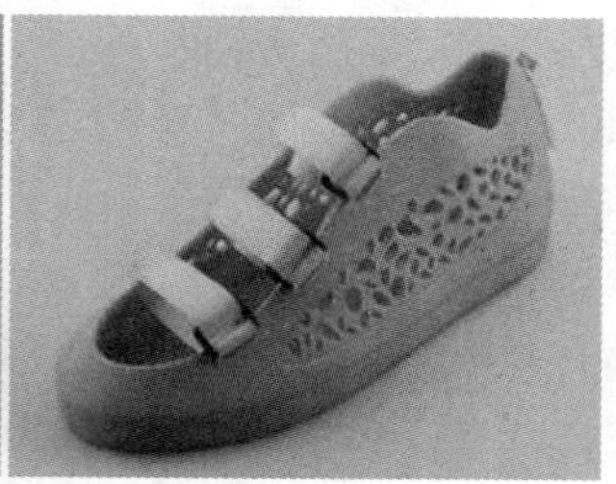

图9-12　产品功能测试和性能试验

3. 产品报价与投标

供应商在报价或投标过程中，附带一个3D打印技术制作出的一定比例的产品样件是极其有效与明智的选择，借助3D打印的样件，供应商可以清楚、直接地表达工程图样的设计意图与特点，避免造成报价失真，因此3D打印的样件可以应用于造船、建筑、汽车、航空航天及家电等行业的产品报价与投标。

4. 医疗

医疗是3D打印技术又一个重要的应用领域。3D打印技术可以用于医疗教学、制作术前模型、制造假肢、外科修复、手术分析等。特别是3D打印技术的个性化定制，使其在医学上有很大的发挥空间，如牙齿、骨骼、医学器械和植入体的定制等，如图9-13所示。

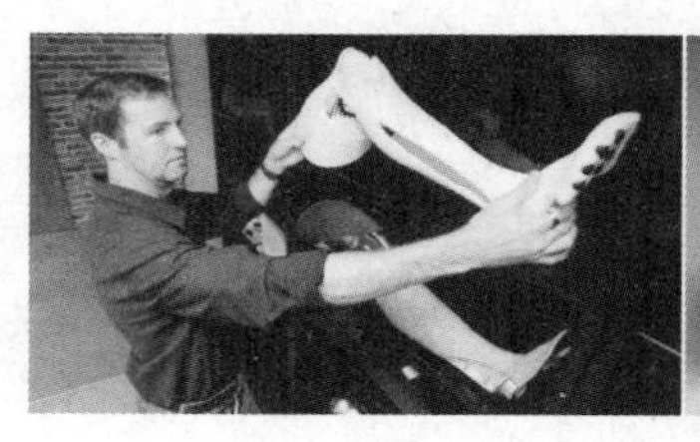
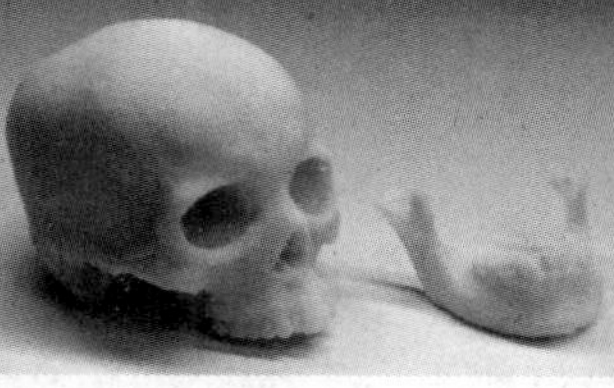
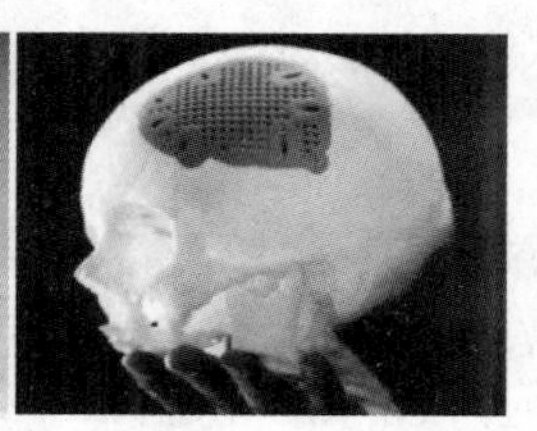

图9-13　3D打印在医疗领域的应用

9.3　FDM 3D打印实践案例

本案例以图9-14所示内齿零件为对象，通过UP3D打印机了解FDM工艺方法。

1. 开机前的准备工作

1）检查电源是否开启、数据线是否连接电脑、打印耗材是否充足，确保打印机准备就绪；

2）将打印平台安装在打印机上。

2. 开机操作

1）打开设备总电源开关，启动计算机。

2）双击桌面图标，运行 UPStudio 软件，软件界面如图 9-15 所示。

3. 实践案例操作

（1）初始化设备　单击菜单【初始化】按钮，使设备处于零位状态。

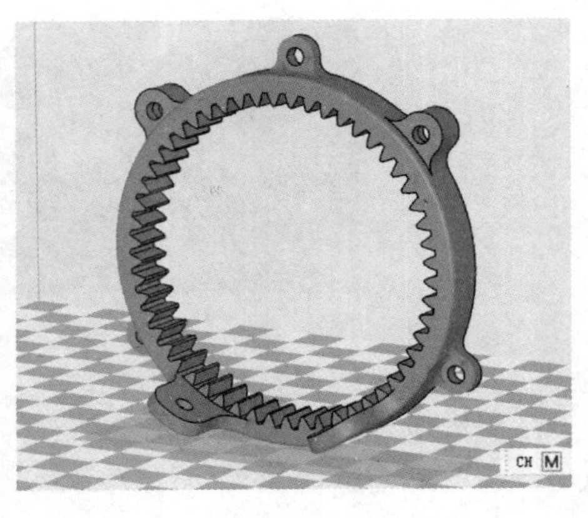

图 9-14　内齿零件三维零件图

（2）校准喷头高度　为了确保打印的模型与打印平台粘结正常，防止喷嘴与打印平台碰撞而对设备造成损坏，需要在打印开始之前进行校准，设置喷嘴高度，该高度以喷嘴距离打印平台 0. 2mm 为佳。

1）单击【校准】按钮，系统弹出“平台校准”对话框，如图 9-16 所示。

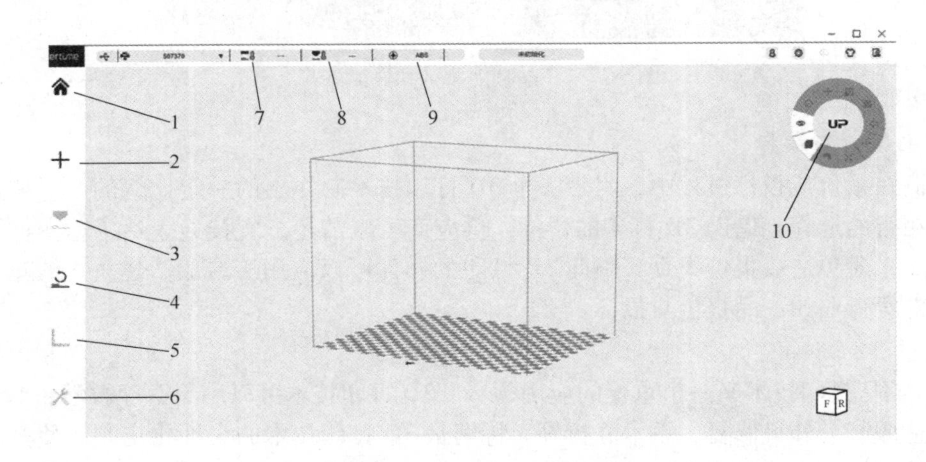

图 9-15　UPStudio 软件界面

1—主页　2—添加　3—打印　4—初始化　5—校准　6—维护　7—平台当前温度

8—喷嘴当前温度　9—当前使用材料　10—模型方位调整罗盘

2）单击使设备喷嘴位于打印平台中心的上方（图 9-16）。

3）在文本框内将“100”改为数值“200”，即设打印平台的高度为 200，注意该值必须小于喷嘴高度值，以免喷嘴与打印平台干涉，如图 9-17 所示。

4）按回车键，使打印平台上升至所设 200mm 的高度，如图 9-18 所示。

5）检查喷嘴与打印平台之间的距离，若发现喷嘴与打印平台之间的距离较大或太小，则可以单击“平台校准”对话框中两边的“-”“+”进行微调，直至喷嘴距离打印平台约 0. 2mm（即约一层纸的厚度），如图 9-19 所示。

6）当打印平台和喷嘴之间的距离在 0. 2mm 左右时，单击“设置”按钮将目前调整好

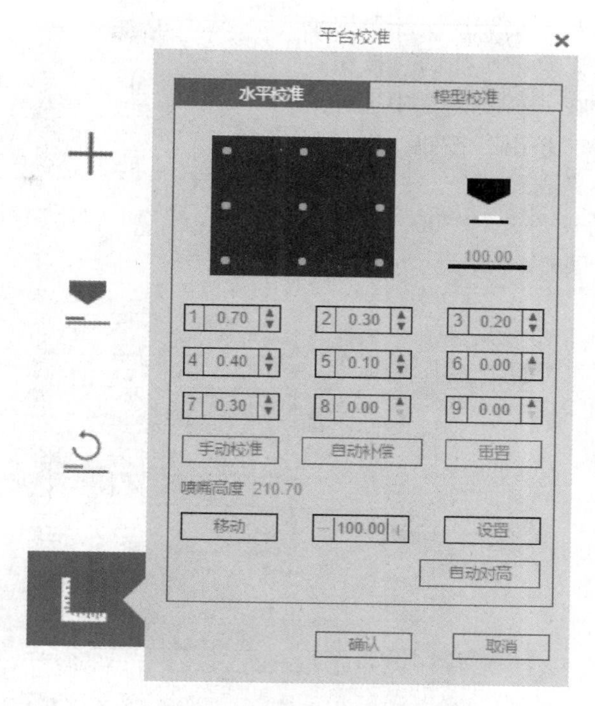

图 9-16 “平台校准”对话框

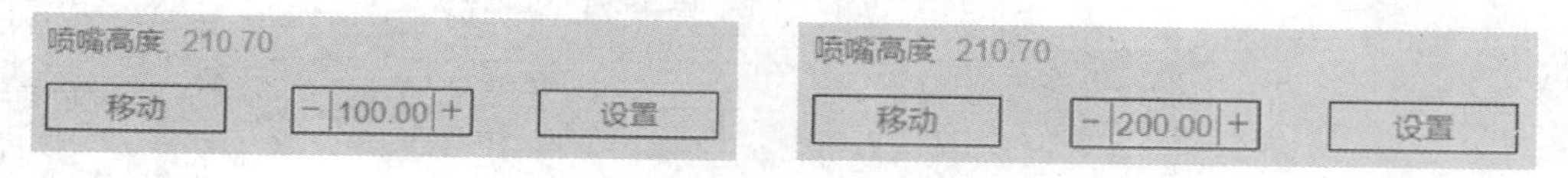

图 9-17 喷嘴高度调整

的高度设为喷嘴高度，该数值将被系统自动记录，加工时打印平台会自动上升至这个高度，如图 9-20 所示。

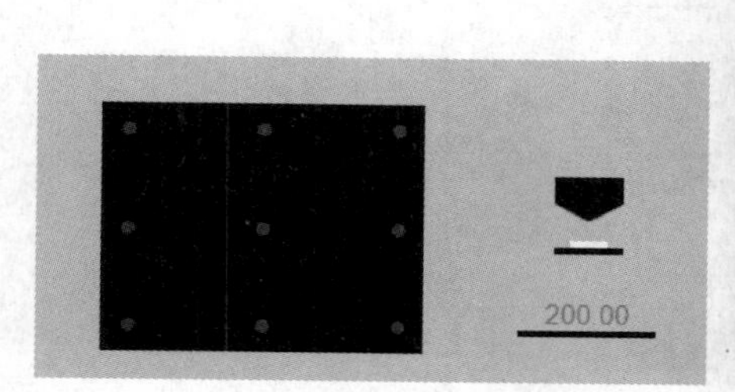

图 9-18 喷嘴当前高度

图 9-19 喷嘴与打印平台距离调整

（3）材料选择 单击【维护】按钮 ×，系统弹出“维护”对话框，如图 9-21 所示，检查设备所安装材料是否与软件中材料类型一致。如需更换材料，则先单击“撤回”按钮将设备现装材料撤出，再在“材料“栏中选择对应的材料，选定后单击“挤出”按钮，当材料从喷嘴挤出后材料更换完成。

注意：如果使用的设备为 UP300，还需更换相应材料所使用的喷头！

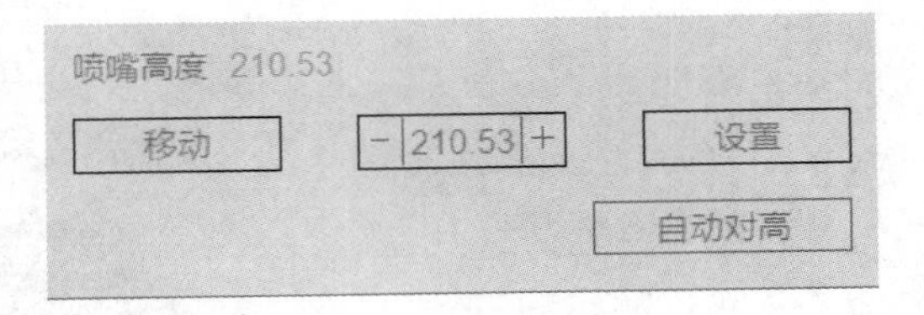

图 9-20　喷嘴高度设置

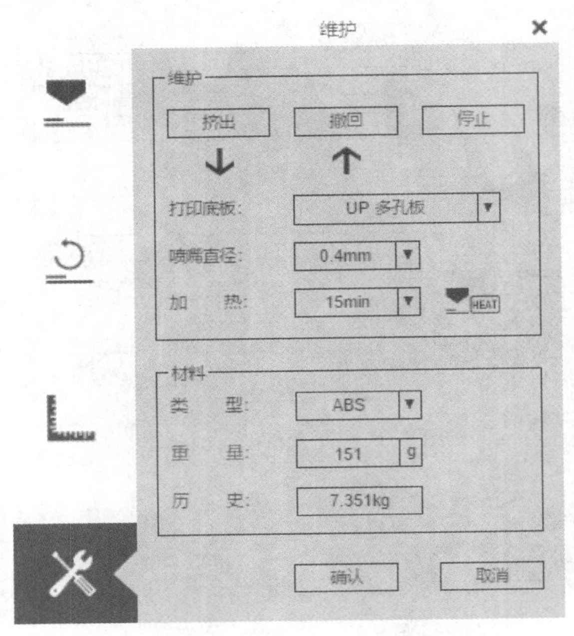

图 9-21　“维护”对话框

（4）打印模型导入

1）单击【添加】按钮＋，系统弹出“添加”对话框，如图 9-22 所示。

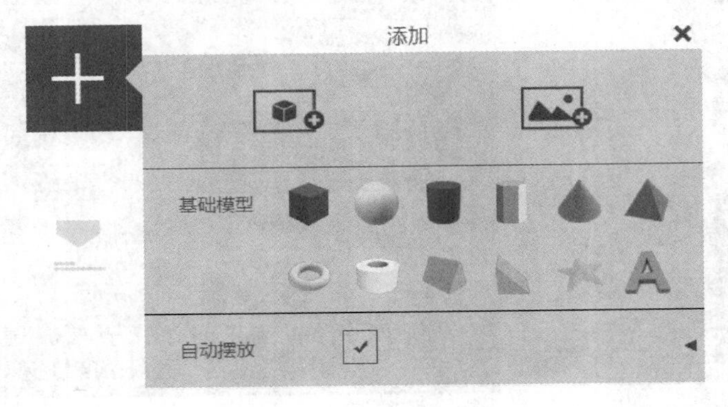

图 9-22　“添加”对话框

2）单击【添加模型】按钮，导入所需加工模型，如图 9-23 所示。

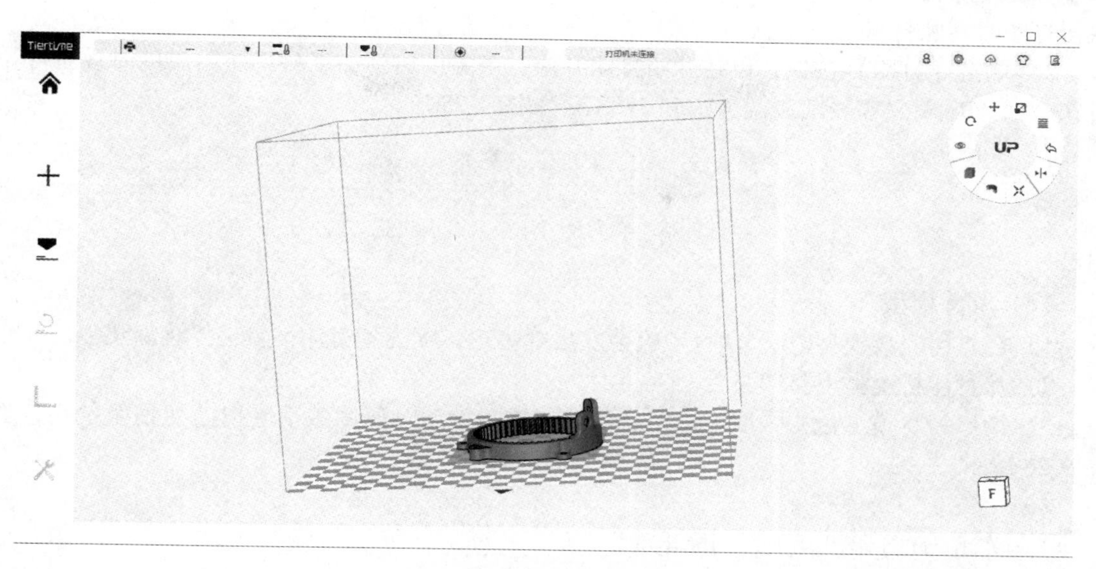

图 9-23　模型导入界面

通过【模型方位调整罗盘】来调整模型在打印平台的位置、摆放角度及模型的大小。

（5）打印参数设置

1）单击【打印】按钮打开“打印设置”对话框，设置打印参数，如图 9-24 所示。

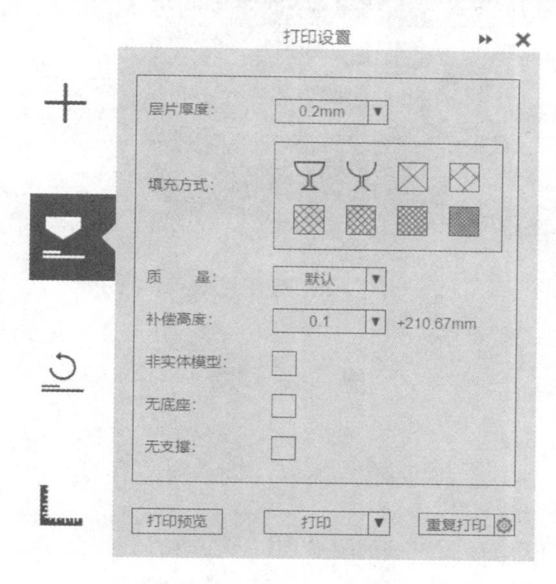

图 9-24　“打印设置”对话框

在文本框内设置加工参数，选择填充结构，设置完成后，单击【打印预览】按钮，可获得打印时间及材料用量信息。

2）单击【打印】按钮，设备开始打印升温，当温度达到加工材料所需温度时设备开始打印。如 ABS 材料需要喷头温度达到 270℃，如图 9-25 所示。

图 9-25 喷头及工作平台升温过程

（6）移除模型

1）当打印完成模型时，3D 打印机会发出蜂鸣声，喷嘴和打印平台会停止加热。

2）从打印机上撤下打印平台。

3）用铲刀将模型撬松，取下模型。切记在撬动模型时要佩戴手套以防烫伤及铲伤，如图 9-26 所示。

（7）关机

1）关闭 3D 打印机开关，切断电源。

2）退出 UP 软件，关闭计算机，关闭总电源。

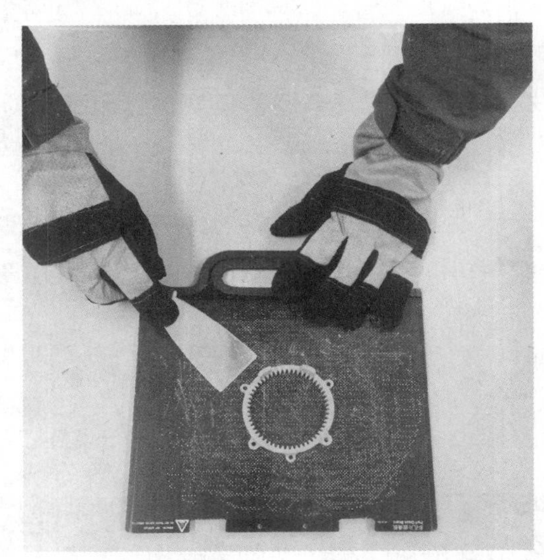

图 9-26 取下模型

思考题

1. 3D 打印的基本原理是什么？
2. 3D 打印一般分为哪几种工艺？它们所使用的材料类型分别是什么？
3. 3D 打印的技术特点是什么？
4. 3D 打印目前所运用的领域有哪些？请举例说明。

第10章

现代精密测量实践

10.1　精密测量技术实践目的

1）了解测量技术，了解普通测量与现代精密测量技术的常用测量仪器。

2）了解测高仪、投影仪的工作原理及适用测量项目。

3）掌握上述两种现代精密测量仪的测量方法。

10.2　测量技术概述

1. 机械测量的发展

制造的任何一件产品均应满足设计的几何精度要求，这就需要采用机械测量来校验产品的质量。在机械制造业中的机械测量或精密测量，主要是指几何参数的测量，包括长度、角度、表面粗糙度、几何误差等的测量，直到20世纪初，大部分几何量的测量仍使用机械式的常规测量器具，如万能量角器、千分尺、内径千分尺、深度千分尺、杠杆卡规等。20世纪50年代后，制造业随着加工精度达到了0.1μm，开始采用光学和电动量仪，而后又逐渐应用了光学显微镜、投影仪等。

随着科学技术的不断发展，测量所包含的内容越来越广泛，加工设备精度不断提高，产品精度要求也越来越高，传统测量手段已不能满足现代制造要求，常规的测量器具难免在测量中产生一些微小误差，对于高精密的机械零件来说，极为微小的尺寸测量误差对其自身影响较大，这就导致常规测量技术满足不了要求，因此产生了现代精密测量技术。现代精密测量是一门集光学、电子、传感器、图像、制造及计算机技术为一体的综合性交叉学科，涉及广泛的学科领域，而精密测量仪器就是以满足精益求精的设计及加工制造的要求而形成的计量、分析几何关系的仪器。

现代精密测量技术随着产品制造精度的不断提高，会提出更为复杂的、精密的测量要求，这必然会促进精密测量仪器的不断进步和发展，甚至衍生出更加先进的现代精密测量仪器。同时，精密测量仪器的不断发展也推动了我国工业和加工制造的不断升级。

2. 常用测量仪器

计量器具是测量仪器和测量工具的通称，通常按结构特点、测量原理及用途可以分为四类：基准量具、极限量规、计量仪器和计量装置。

（1）基准量具　测量中体现标准量的量具。其中，体现固定值的基准量具为定值基准量具，没有可动的结构，不具有放大功能，如米尺、钢直尺、量块、直角尺、多面棱体等。体现一定范围内各种量值的标准量的为变值基准量具，如量角器、千分尺、游标卡尺等，如图 10-1 所示。

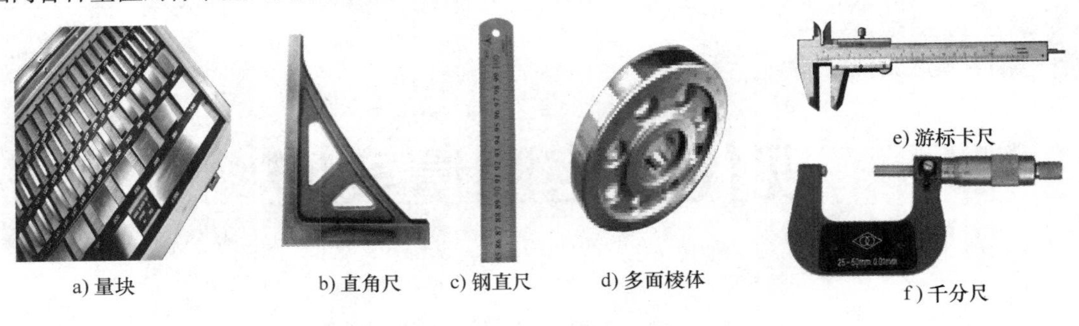

a) 量块　b) 直角尺　c) 钢直尺　d) 多面棱体　e) 游标卡尺　f) 千分尺

图 10-1　基准量具

（2）极限量规　指没有刻度的专用计量器具，用以检验零件尺寸、形状或相对位置，其特点是只能判定被检验工件是否合格，不能得到工件的具体数值，如图 10-2 所示。

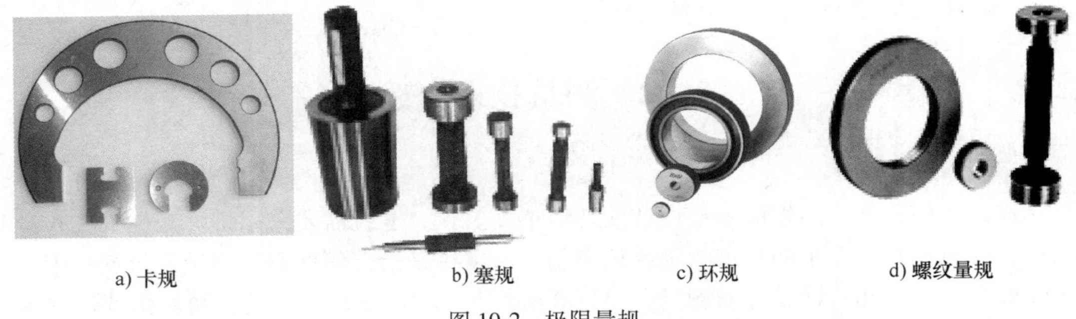

a) 卡规　b) 塞规　c) 环规　d) 螺纹量规

图 10-2　极限量规

（3）计量仪器　计量仪器是指能将被测几何量的量值转换成可直接观测的示值或等效信息的测量器具，按原始信号转换的原理可分为以下几种。

1）机械式量仪：用机械方法实现信号转换的量仪，即被测量的变化使得测头产生相应的位移，再由机械变换器进行转换得到示值。主要机械方法包括螺旋、杠杆、弹簧和齿轮变换等，常用仪器如图 10-3 所示。

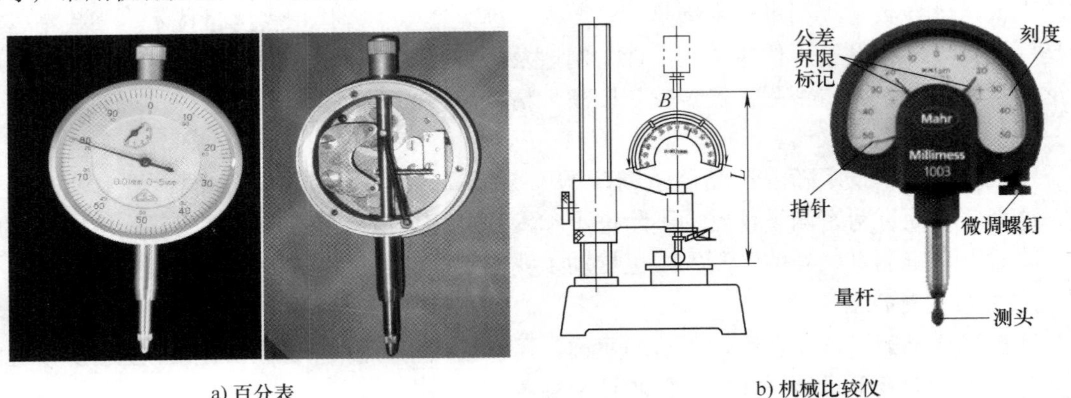

a) 百分表　b) 机械比较仪

图 10-3　机械式量仪

2）光学式量仪：用光学方法实现原始信号转换的量仪，即利用光学成像的放大或缩小、光束方向的改变、光波干涉和光量变化等原理，实现对被测量的变换，是一种高精度的变换形式，主要包括影像变换、光学杠杆变换、光波干涉变换、光栅变换等，常用仪器如图 10-4 所示。

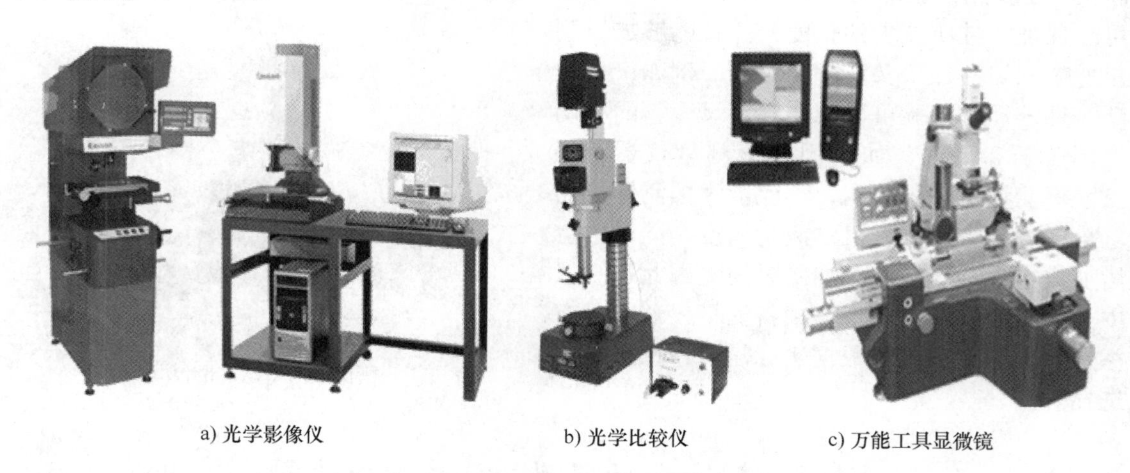

a) 光学影像仪　　b) 光学比较仪　　c) 万能工具显微镜

图 10-4　光学式量仪

3）电动式量仪：将原始信号转换为电量形式的量仪，即将被测量转换为电阻、电容或电感等电量的变化，以电流或电压的形式输出，其变换精度高，主要包括电感变换和磁电变换，常用仪器如图 10-5 所示。

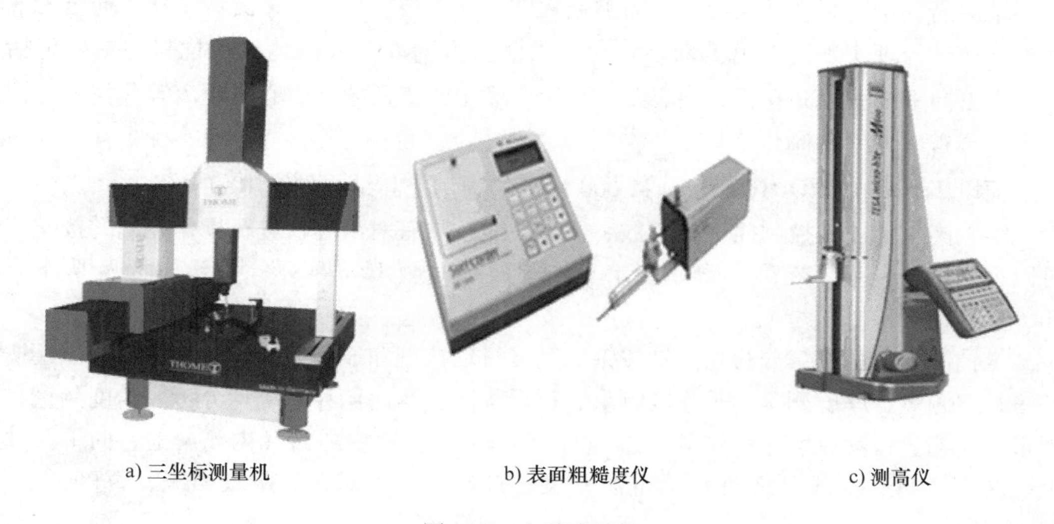

a) 三坐标测量机　　b) 表面粗糙度仪　　c) 测高仪

图 10-5　电动式量仪

4）气动式量仪：用压缩空气实现原始信号转换的量仪，即将被测量的变化转换为压缩空气压力或流量的变换，主要包括气压变换和气流变换，常用仪器如图 10-6 所示。

（4）计量装置　计量装置是指为确定被测几何量量值所必需的计量器具和辅助设备的总体。例如计量电能表、互感器、计量自动化终端、表箱（柜）等。

总之，在机械零件生产过程中，测量占有很重要的地位，随着工业的发展，虽然有了现代精密测量仪器，但是并不说明常规测量量具就失去了作用，正确选择测量工具和测量方法可以保证零件所要求的精度，并且能够加快测量速度和缩短加工及装配的时间。例如，被锯断零件的尺寸检验可以用游标卡尺，它的准确度不低于 0.1mm，如果用精密测量仪器，如三坐标测量机进行检测，不但会磨损测针，而且会影响三坐标测量机的测量精度，同时也会增加成本，延长零件的加工时间。因此在测量中，常规测量量具和现代精密测量仪器都具有举足轻重的作用，要根据实际需要进行合理的选择。

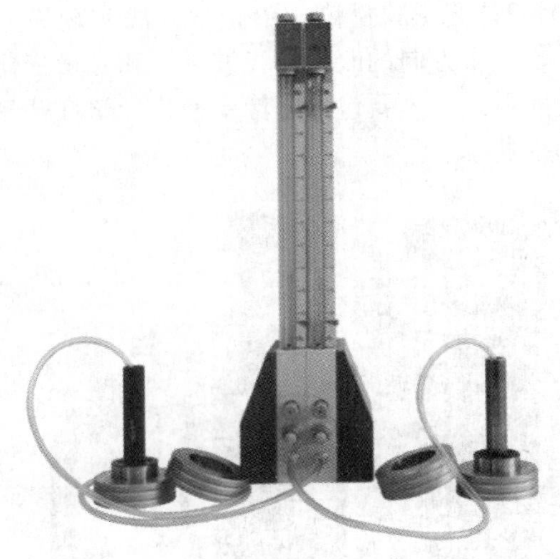

图 10-6　气动式量仪

10.3　精密测量仪器及基本测量流程

10.3.1　测高仪

1. 测高仪结构及工作原理

二维测高仪是以高精度光栅尺作为测量元件的立式数字化几何量测量仪器，通过光电转换和电路信号处理实现测量值的获取，对于沿竖直方向的尺寸测量具有优势，主要包括高度、竖直方向上的轴径和孔径、圆心距、台阶厚度、凹槽尺寸、中心线距离等几何尺寸，以及垂直度和直线度等几何公差。

下面以 TESA MICRO-HITE Plus M 600 测高仪为例，其结构如图 10-7 所示。

二维测高仪的二维控制面板配有数字显示功能，具有对测高仪进行操作控制的按键，并且可以将测量数值显示在数字显示屏上，控制面板如图 10-8 所示，按键图标及功能见表 10-1。

二维控制面板的按键分为功能性按键、测量行动按键和通用型按键。其中，功能性按键包括平行度测量、厚度测量、垂直度测量、执行程序、程序储存、统计分析、角度测量、槽宽测量等；测量行动按键包括测量平面（向上、向下）、测量圆弧（内弧向上、向下及外弧向上、向下）等；通用型按键包括电源开关、打印、键盘输入、两数相减、暂停、返回、计数归零等。

工作原理：测针由手动转动动力手轮通过传动带拖动，在其移动过程中，光电传感系统及电路信号处理单元采集测针的移动量，单片机处理数据，并对由光栅副和导轨误差所引起的仪器系统误差进行修正，从而提高仪器的测量精度，测量结果由二维控制面板上的数显屏显示。

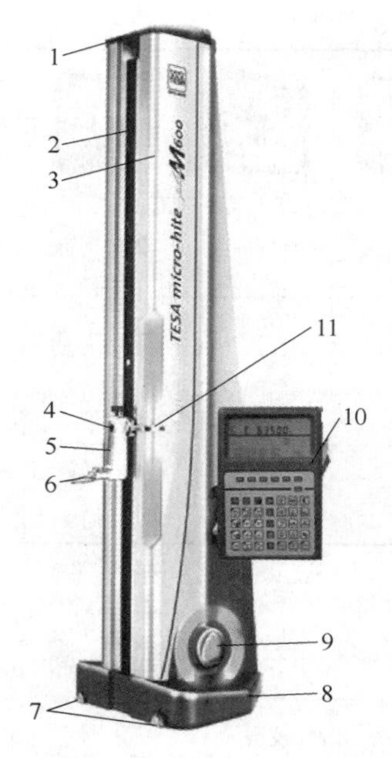

图 10-7　二维测高仪

1—上盖　2—驱动带　3—外壳
4—测臂架　5—固定测臂　6—测针
7—支撑点　8—三角铸铁底座
9—动力手轮　10—二维控
制面板　11—把手

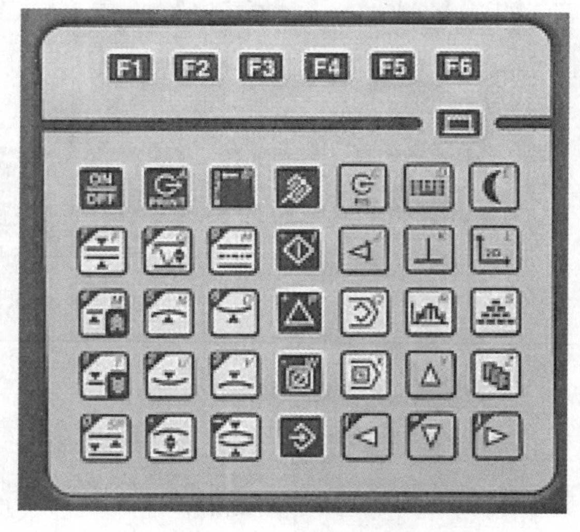

图 10-8　二维控制面板

表 10-1　二维控制面板图标及功能

黑色按键	按键图标								
	按键功能	电源开关	打印	计数归零	返回	取消参考点	两数相减	求直径或输入点差值	输入
右侧按键	按键图标								
	按键功能	数据传输	键盘输入	暂停	角度测量	垂直度测量	二维模式	程序存储	统计分析
	按键图标								
	按键功能	系统设置	执行程序	光标向上	数据分析	光标向左	光标向下	光标向右	

（续）

左侧按键	按键图标	7 F	8 G	9 H	4 M	5 N	6 O	1 T	2 U
	按键功能	测量厚度	测量平行度	测量并求平均值	测量平面	测量内弧	测量外弧	测量平面	测量内弧
	按键图标	3 V	0 SP	.	-				
	按键功能	测量外弧	测量槽宽	测量内圆	测量外圆				

2. 测高仪基本测量流程

二维测高仪的基本测量流程如图 10-9 所示。

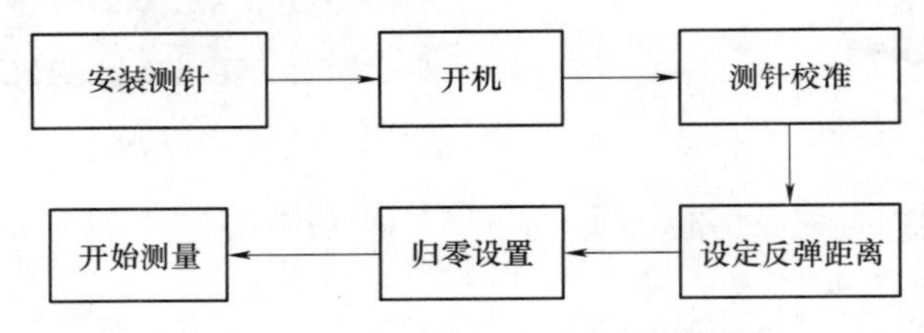

图 10-9　二维测高仪的基本测量流程

10.3.2　投影仪

1. 投影仪结构及工作原理

高精密光学式投影仪是集光学、精密机械、电子测量于一体的精密测量仪器。适用于对高精度零件的尺寸、形状、轮廓等进行精密放大和投影测量，应用于精密工业，如模具、工具、螺纹、齿轮、钟表、自动车床加工、光学部件、航空等工业的制造、设计开发、品管检验与学术研究用途。下面以 EP-1 光学投影仪为例，其结构如图 10-10 所示。

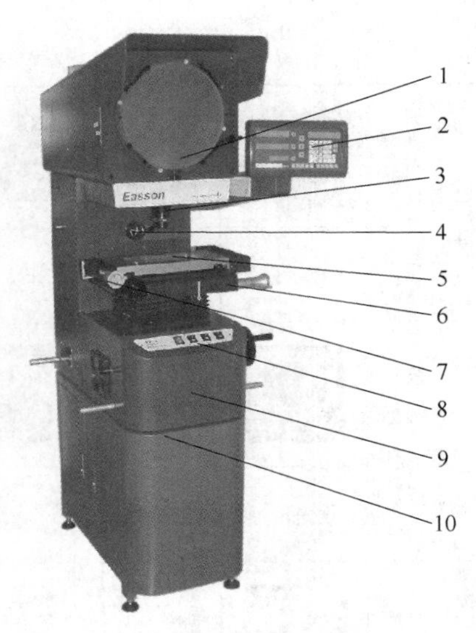

图 10-10　EP-1 光学投影仪结构
1—投影屏　2—数显表　3—物镜组　4—上光灯　5—工作台　6—X 方向工作台移动手轮　7—Y 方向工作台移动手轮　8—操作平台　9—投影仪机箱　10—投影仪机座

下面针对几个关键部分进行具体介绍。

（1）操作平台　投影仪操作平台面板如图 10-11 所示。

（2）工作台　投影仪工作台如图 10-12 所示，转动 X 轴、Y 轴移动手轮，能分别控制工作台在 X 轴和 Y 轴方向上的移动，以承载工件并根据待测元素的需要进行定位。

（3）数显表　投影仪数显表如图 10-13 所示，其上各部分功能见表 10-2。

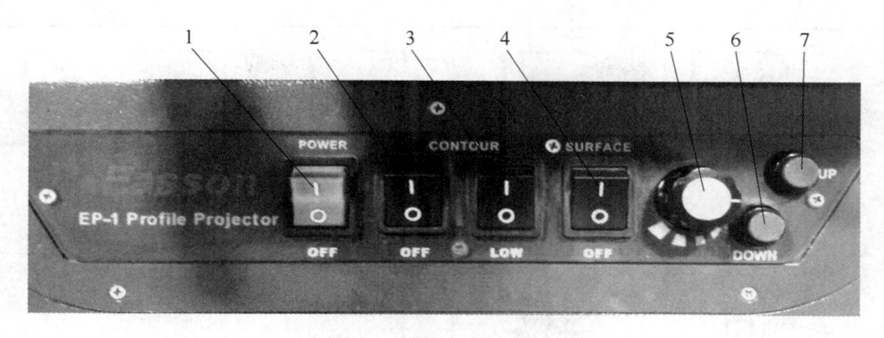

图 10-11　投影仪操作平台面板

1—电源开关　2—投射灯电源开关　3—投射灯强弱控制开关　4—反射灯控制开关
5—工作台升降速度调节旋钮　6—工作台下降按钮　7—工作台上升按钮

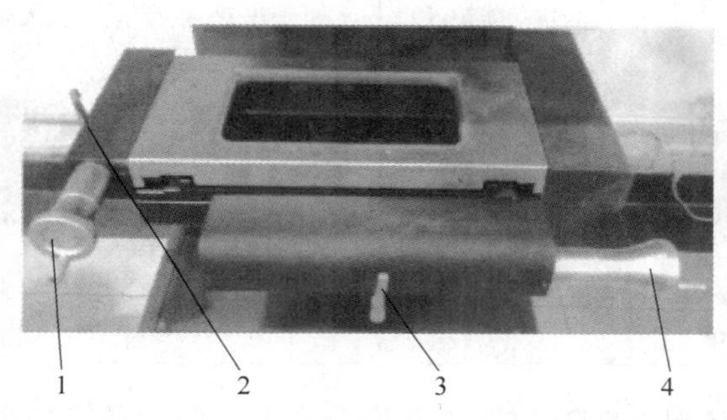

图 10-12　工作台

1—Y 轴移动手轮　2—Y 轴锁紧手柄　3—X 轴锁紧手柄　4—X 轴移动手轮

图 10-13　投影仪数显表

表 10-2　投影仪数显表各部分功能

窗口及黄色按键					
	图标		X Y	X_0 Y_0	
	功能	功能状态显示窗	X、Y 角度输入键	X、Y 角度清零键	前后翻页键

续表 10-2

白色按键	按键图标	Polar/XY	store	recall	R/D	Print
	按键功能	极坐标与 XY 坐标切换键	储存功能键	呼叫存取功能键	半径、直径转换键	打印输出功能键
	按键图标	7 8 9 4 5 6 1 2 3 ± 0 ·		ce	ent	
	按键功能	数字输入功能键区	测量功能键区	退出键	输入确定键	
灰色按键	按键图标	abs/inc	1/2	ref	sdm	in/mm
	按键功能	绝对、相对坐标转换键	自动分中功能键	辅助零位功能	用户坐标系切换键	公制、英制转换键

投影仪工作原理：被测工件 Y 放置于工作台面上，启动平行光源 S_1，灯光 S_1 经过光学镜 K_1 与 C_1 转化为平行光，被测工件 Y 的影像投射到精密放大镜 O，影像通过两块反射镜 M_1 与 M_2 后投射到屏幕 P 生成放大影像 Y′，操作人员通过操作 X、Y 工作台和数字显示系统，能够直接测得工件的尺寸大小，如图 10-14 所示。

2. 投影仪基本测量流程

投影仪基本测量流程如图 10-15 所示。

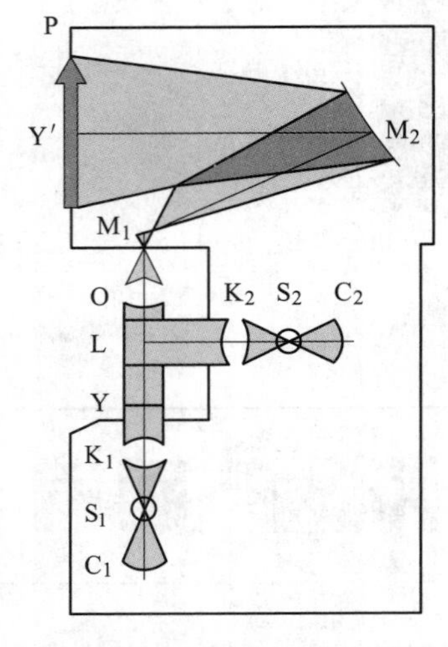

图 10-14　投影仪工作原理图

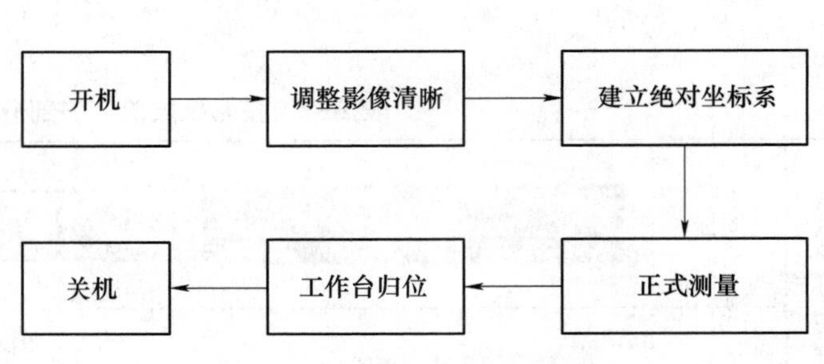

图 10-15　投影仪基本测量流程

10.4 精密测量实践案例

10.4.1 测高仪实践案例

1. 案例分析

本案例以图10-16所示样件为例，通过M 600测高仪来了解尺寸的测量方法，并判断样件是否合格（注：实践中具体测量数值因零件实际情况和操作误差而会有差异）。

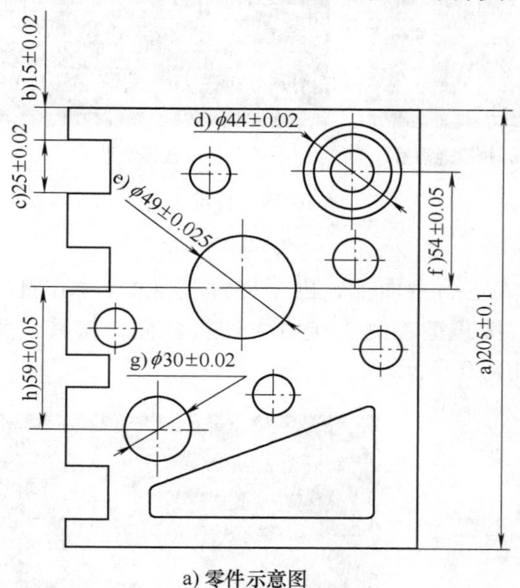

a) 零件示意图

b) 实物图

图10-16 样件

该样件由若干个孔、槽、台阶等元素构成，它们均为规则的特征元素，而且均为竖直高度方向上的尺寸。要求测量的元素及对应的理论值见表10-3，并且要求每个测量元素测3~5遍，取平均值作为测量值。

表10-3 样件测量元素与零件图尺寸对照表

测量元素	理论值/mm	测量元素	理论值/mm
a	205±0.1	e	ϕ49±0.025
b	15±0.02	f	54±0.05
c	25±0.02	g	ϕ30±0.02
d	ϕ44±0.02	h	59±0.05

2. 实践操作过程

（1）仪器校验

1）开机。按电源 ON/OFF 按钮，测头自动上下找寻参考点，一旦测头通过参考点后，测头自动停在参考点处，屏幕显示“C 6.3500”表示初始化成功，如图10-17所示。

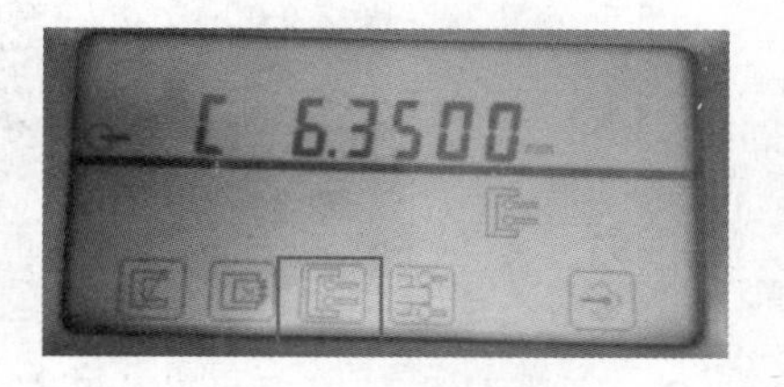

图10-17 开机初始化结束

2）测针校准。根据样件待测尺寸的特点，选择显示屏上“沟槽测针”对应的“沟槽校验”方式进行校验（图 10-17）。将测头置于校准规的沟槽内（图 10-18a），然后按下显示屏上“沟槽测针”对应的按钮 F3，进行测针校准，校准结果如图 10-18b 所示。其中，“st-2”表示是双向尺寸测量模式，“2.9757mm”为测得的测头实际直径。

a) 校准规沟槽

b) 校准结果

图 10-18　校准过程

3）测头反弹距离设定。按 F3 键设定测头反弹距离，根据样件实际沟槽尺寸预设反弹值为“5mm”，按键确认，如图 10-19 所示。

4）归零设置。样件与测高仪均放置于大理石台面上，由于样件基准面与测高仪大理石台面相接触，因此以大理石台面为基准面，按键使测头接触大理石台面，将其设为零点，显示“0.0000”表示基准设置成功，如图 10-20 所示。

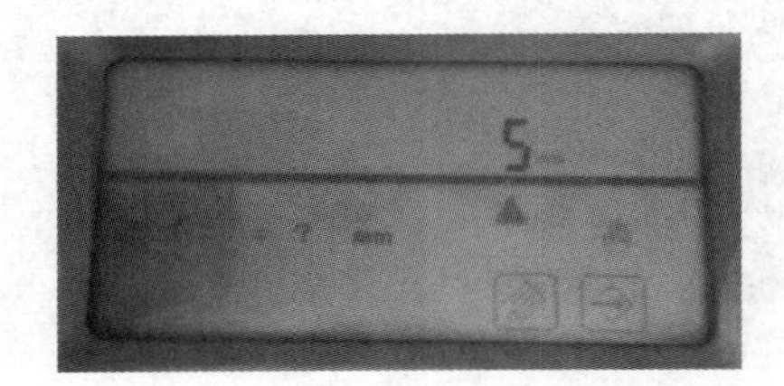

图 10-19　输入反弹距离

图 10-20　归零设置

（2）尺寸测量

1）元素 a 测量：通过动力手轮或手柄移动测头，将测针放置在样件最上方，如图 10-21a 所示；按键，测得元素 a 的结果为 205.1588mm，如图 10-21b 所示。

a) 实测图

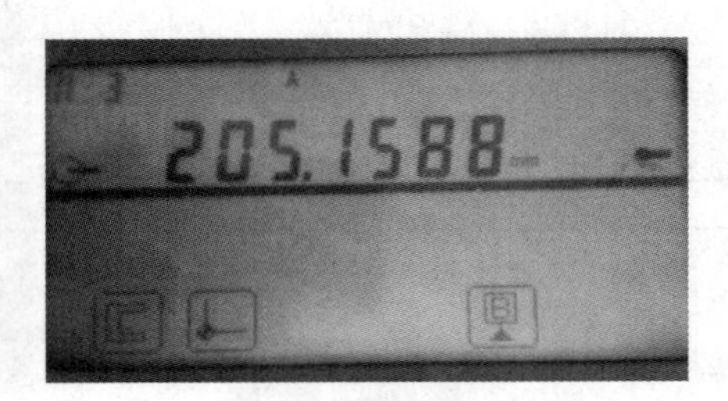

b) 测量数据显示

图 10-21　元素 a 测量

2）元素 b 测量：通过动力手轮或手柄移动测针，将测针放置在元素 b 对应的凸台下方，如图 10-22a 所示，按键，测针在凸台下端面取点，测得到基准面的距离为 190. 0169mm，如图 10-22b 所示；再按 F3 键（即选择功能），计算最近两次测量值的差值（205. 1588mm−190. 0169mm = 15. 1419mm），即元素 b 的测量结果为 15. 1419mm，如图 10-22c 所示。

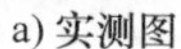

a) 实测图

b) 测量数据显示

c) 最近两次测量值之差

图 10-22　元素 b 测量

3）元素 c 测量：通过动力手轮或手柄移动测针，将测针放置在元素 c 对应的沟槽中间，如图 10-23a 所示，按键，测针将在沟槽的上端面和下端面分别进行取点操作，得到元素 c 的尺寸为 24. 9884mm，对应的沟槽中心至基准面的距离为 177. 5220mm，如图 10-23b 所示。

a) 实测图

b) 测量数据显示

图 10-23　元素 c 测量

4）元素 d 测量：通过动力手轮或手柄移动测针，将测针放置在元素 d 对应的凸圆下方，如图 10-24a 所示，按键，测针自动向上取点，垂直于测针方向平移工件，使测针找到最低点，当找到最低点时，测高仪会发出“滴”的声音，二维控制面板上的液晶显示屏状态如图 10-24b 所示；此时再将测针移至凸圆上方，如图 10-24c 所示，按键，测针自动向下取点，得到元素 d 的尺寸为 44. 0215mm，对应的凸圆圆心至基准面的距离为 173. 8918mm，如图 10-24d 所示。

5）元素 e 测量：通过动力手轮或手柄移动测针，将测针放置在元素 e 对应的圆孔中间位置，如图 10-25a 所示，按键，测针首先向圆孔上端移动，当碰到上端面时，垂直于测头平移零件，此时测头会寻找圆孔的最高点，当找到最高点时，测高仪会发出“滴”的声响，此时，测高仪二维控制面板的液晶显示屏如图 10-25b 所示。然后测针下探，当碰到圆孔的下端面时，同样垂直于测针平移零件，测针寻找该圆孔的最低点，找到后测高仪会发出

a) 实测图1

b) 二维控制面板状态显示

c) 实测图2

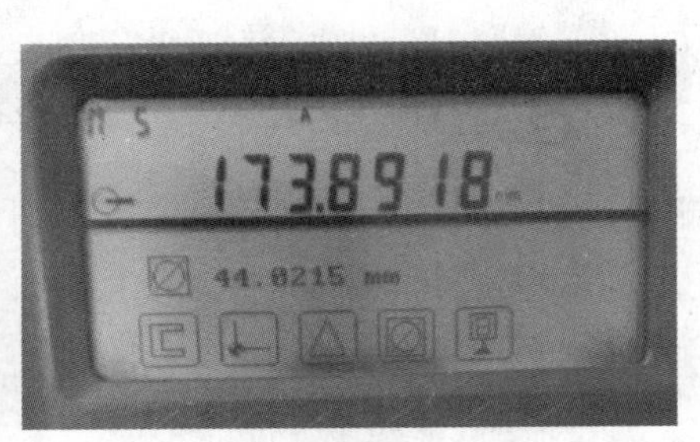

d) 测量数据显示

图 10-24　元素 d 测量

“滴”的声响，测量数据显示在液晶屏上，元素 e 的尺寸为 49. 8146mm，对应的圆孔中心至基准面的距离为 119. 9859mm，如图 10-25c 所示。

a) 实测图

b) 二维控制面板状态显示

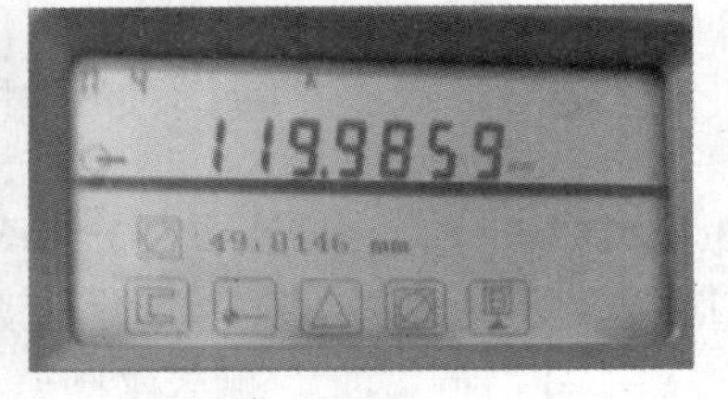

c) 测量数据显示

图 10-25　元素 e 测量

6）元素 f 测量：按 F3 键（即选择△功能），计算元素 d 对应的凸圆圆心至基准面的距离与元素 e 对应的圆孔中心至基准面的距离之差 173. 8918mm − 119. 9859mm = 53. 9059mm，即为元素 f 的测量数据，如图 10-26 所示。

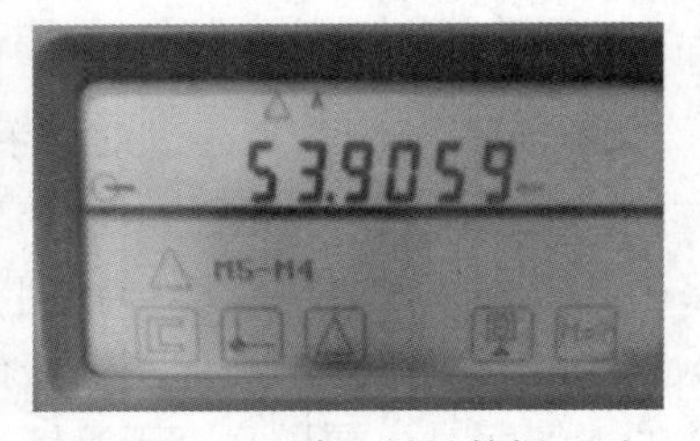

图 10-26　元素 f 测量数据显示

7）元素 g 测量：通过动力手轮或手柄移动测针，将测针放置在元素 g 对应的圆孔中间处，如图 10-27a 所示，然后参照元素 e 的测量步骤，将圆孔直径测量出来，结果如图 10-27b 所示，元素 g 的值为 29. 7499mm，圆心到基准面的距离为 61. 0815mm。

a) 实测图

b) 测量数据显示

图 10-27　元素 g 测量过程

8）元素 h 测量：与元素 f 的测量同理，元素 h 为元素 e 与元素 g 对应的圆孔中心至基准面的距离之差，因此，按 F3 键（即选择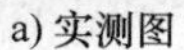功能），计算这两个测量值之差，则有 61. 0815mm－119. 9859mm＝－58. 9044mm，如图 10-28 所示，由于测高仪显示四位小数，而储存的是五位小数，因此显示结果为－58. 9043mm。元素 h 为距离值，是绝对值，因此元素 h 的值为 58. 9043mm。

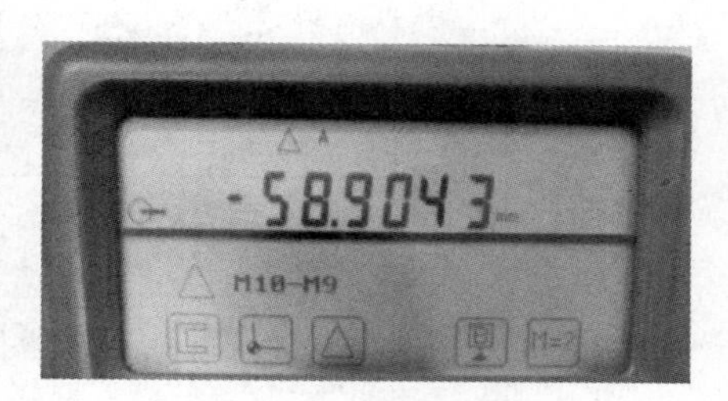

图 10-28　元素 h 测量数据显示

3. 测量结果及分析

所有元素测量完毕，结果见表 10-4。

表 10-4　测量结果与分析　（单位：mm）

测量元素	实测值					平均值	理论值	是否合格
	1	2	3	4	5			
a	205. 1588	205. 1599	205. 1600	205. 1490	205. 1566	205. 1569	205±0. 1	否
b	15. 1419	15. 1459	15. 1399	15. 1501	15. 1510	15. 1458	15±0. 02	否
c	24. 9884	25. 0010	24. 9923	25. 0000	24. 9982	24. 9960	25±0. 02	是
d	44. 0215	44. 0199	44. 0001	43. 9998	44. 0156	44. 0114	ϕ44±0. 02	是
e	49. 8146	49. 0201	49. 0119	49. 0195	49. 0214	49. 0175	ϕ49±0. 025	是
f	53. 9059	53. 9946	54. 0001	53. 9785	53. 9984	53. 9755	54±0. 05	是
g	29. 7499	29. 8995	29. 7935	29. 8001	29. 7989	29. 8084	ϕ30±0. 02	否
h	58. 9043	58. 9934	58. 8906	58. 9001	59. 0002	58. 9377	59±0. 05	否

由表 10-1 所示可以看出，元素 c、d、e、f 的测量值均在公差范围内，检测结果为合格；而元素 a、b、g、h 的测量值超过公差范围，检测结果为不合格，因此该零件不合格。

4. 关机

测量结束，则取下测针放好，关闭测高仪电源，盖好设备。

10.4.2 光学投影仪实践案例

1. 案例分析

本案例以图 10-29 所示定位模板为例，通过 EP-1 光学投影仪来了解小尺寸的测量方法，并判断样件是否合格。

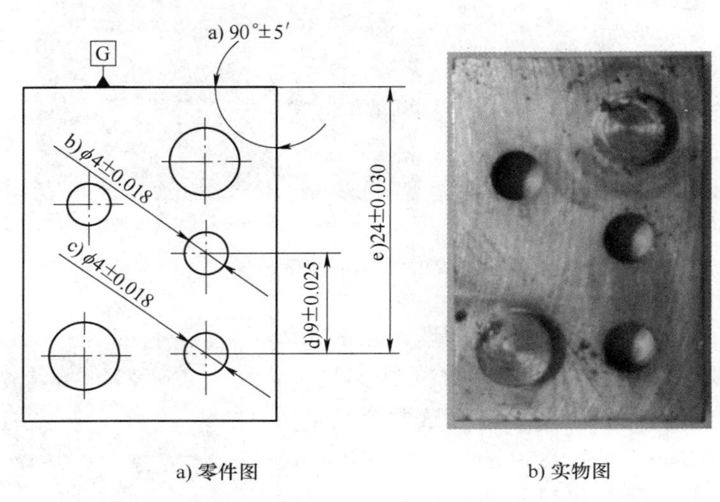

a) 零件图　　b) 实物图

图 10-29　定位模板

要求测量的元素及零件理论值对照表如表 10-5 所示，并要求每个测量元素测 3~5 遍，取平均值作为测量值。

表 10-5　测量元素与零件理论值对照表

测量元素	a	b	c	d	e
理论值	90°±5′	ϕ4±0. 018（mm）	ϕ4±0. 018（mm）	9±0. 025（mm）	24±0. 030（mm）

2. 实践操作过程

（1）仪器校验

1）开机。首先清除干净工件上的灰尘、毛刺等以免影响测量。将工件轻轻放置于工作台的玻璃板上，然后在操作平台面板上（图 10-11）依次打开电源开关、投射灯电源开关、投射灯强弱控制开关。

2）调整影像清晰。通过操作平台面板上的工作台上升旋钮、工作台下降旋钮及工作台升降速度调节旋钮进行焦距调节，直至投影屏显示的零件轮廓清晰为止。

3）建立绝对直角坐标系。数显表的功能状态显示窗中有“X REF”闪烁，提示找

图 10-30　找寻 X 方向参考零位

X方向尺寸中点，即X方向的参考零位，通常在X方向移动行程的中间处，如图10-30所示。

首先，将X轴锁紧手柄松开（图10-31a），可左右移动该手柄，则工作台沿X轴方向（即左右方向）缓慢移动，数显表找到X方向参考零点后，功能状态提示窗显示“Y REF”，如图10-31b所示，然后锁紧X轴锁紧手柄。

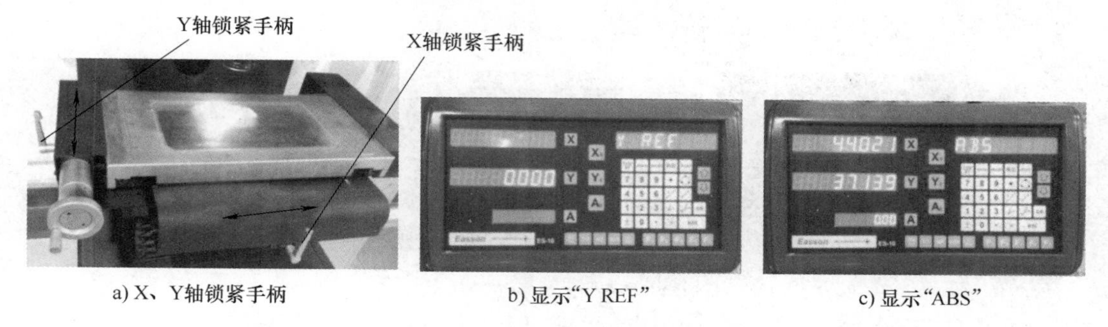

a) X、Y轴锁紧手柄　　b) 显示“Y REF”　　c) 显示“ABS”

图10-31　找寻X、Y方向参考零点操作步骤及结果

松开Y轴锁紧手柄（图10-31a），前后移动该手柄，则工作台沿Y方向（即前后方向）缓慢移动，找到Y方向参考零点后，数显表提示窗显示“ABS”，如图10-31c所示，然后锁紧Y轴手柄，此时投影仪的绝对直角坐标系建立完成，数显表进入正常工作状态。

注意：零件测量时尽可能在绝对坐标（即“ABS”）状态下进行。

（2）尺寸测量

1）元素a测量：在形成待测角度的两条直线上依次选取四个点（A~D），默认A、B两点构成第一条直线，C、D两点构成第二根直线，四点选取完毕则对应的夹角即可测得，这就是四点求夹角的基本测量原理，如图10-32所示。测量过程如下。

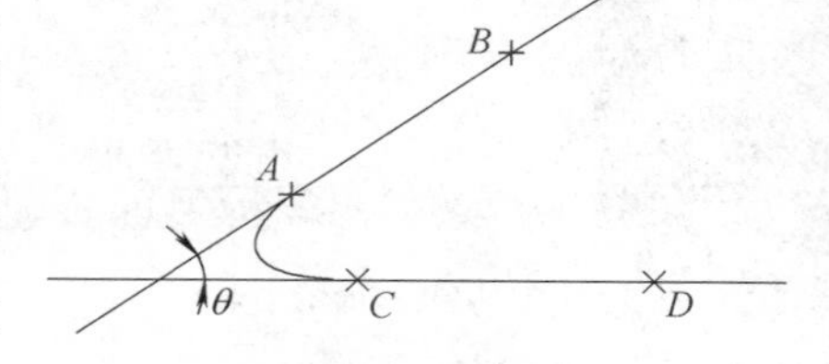

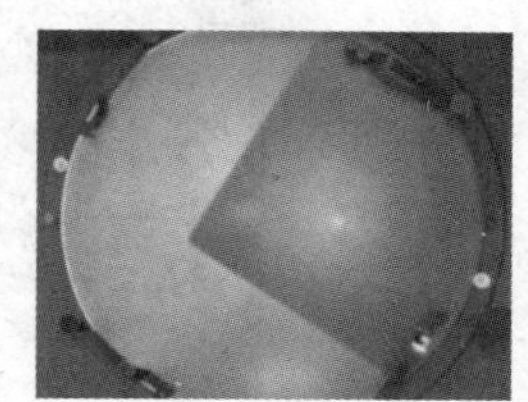

图10-32　四点求夹角的基本测量原理

① 按测量功能键（即四点求夹角），数显表闪烁提示“L1 PT. 1”，即“选取第一条直线的第一点”，如图10-33a所示。

② 用投影仪米字线选取第一条直线的第一点A，按［ent］键确认，数显表闪烁提示“L1 PT. 2”，即“选取第一条直线的第二点”，如图10-33b所示。

③ 用投影仪米字线选取第一条直线的第二点B，按［ent］键确认，数显表闪烁提示“L2 PT. 1”，即“选取第二条直线的第一点”，如图10-33c所示。

④ 用投影仪米字线选取第二条直线的第一点C，按［ent］键确认，数显表闪烁提示“L2 PT. 2”，即“选取第二条直线的第二点”，如图10-33d所示。

⑤ 用投影仪米字线选取第二条直线的第二点D，按［ent］键确认，数显表显示两直线间的角度和两直线相交的交点坐标，如图10-33e所示。

2）元素b和c：圆的测量。

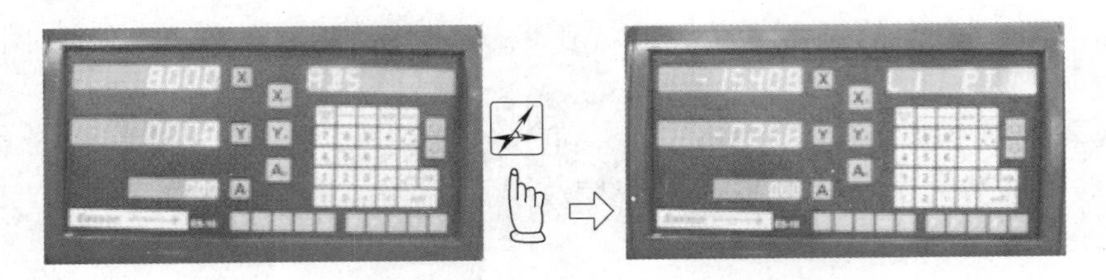

a) 选取第一条直线的第一点

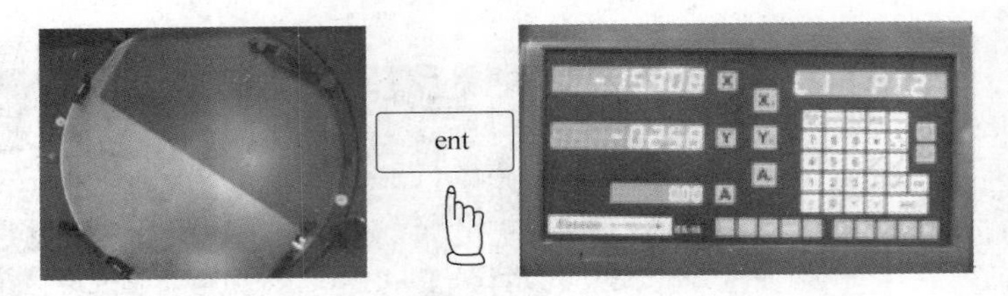

b) 选取第一条直线的第二点

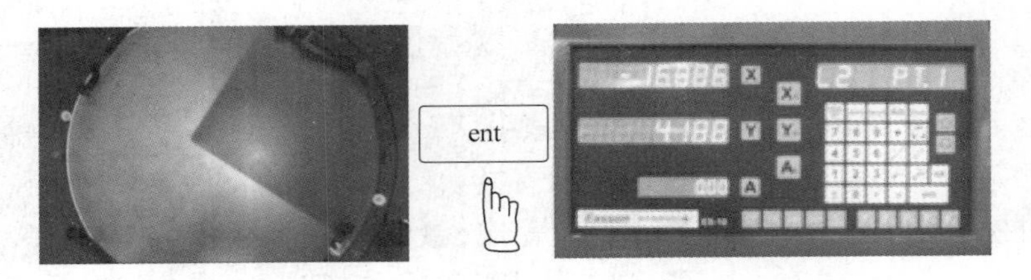

c) 选取第二条直线的第一点

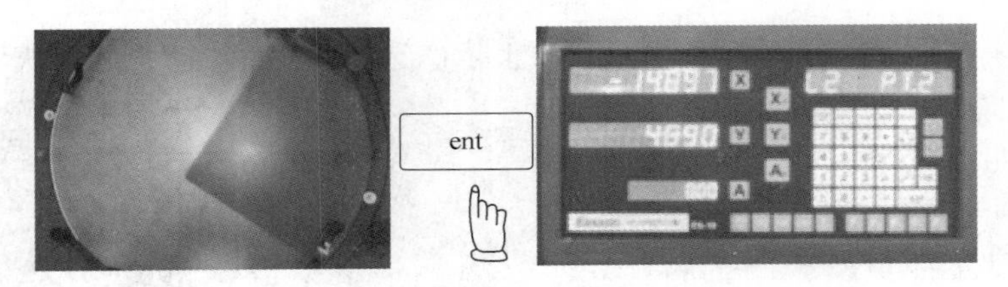

d) 选取第二条直线的第二点

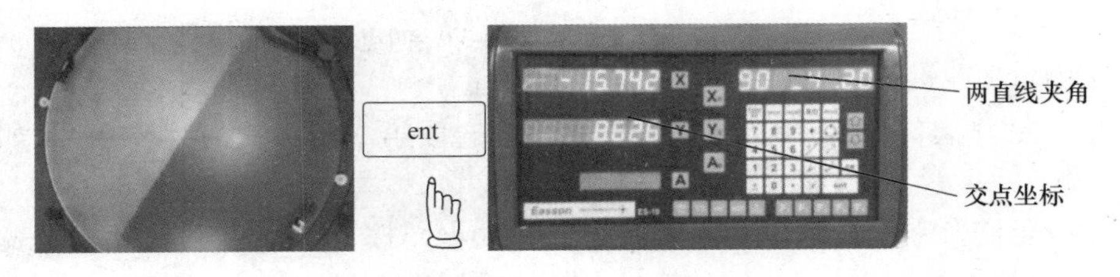

e) 测量结果

图 10-33　四点求夹角

① 按测量功能键◎（即三点测圆），数显表闪烁提示“ENT PT. 1”，即在被测圆的圆周上“选取第一点”，将投影仪的米字线交点移到圆周上的第一点，按［ent］键确认，如图 10-34a 所示。

② 数显表闪烁提示“ENT PT. 2”，即在被测圆的圆周上“选取第二点”，将投影仪的米字线交点移到圆周上的第二点，按［ent］键确认，如图 10-34b 所示。

③ 数显表闪烁提示“ENT PT. 3”，即在被测圆的圆周上“选取第三点”，将投影仪的米字线交点移到圆周上的第三点，按［ent］键确认，如图 10-34c 所示。

④ 圆周上三点选取完成后，数显表屏幕上首先显示该圆的圆心坐标，可按“向下翻页键”⇩查看其半径值，再按“向上翻页键”⇧，则数显表再次显示该圆的圆心坐标，可按“半径、直径切换键”R/D切换该圆显示的是半径值还是直径值，如图 10-34d 所示。

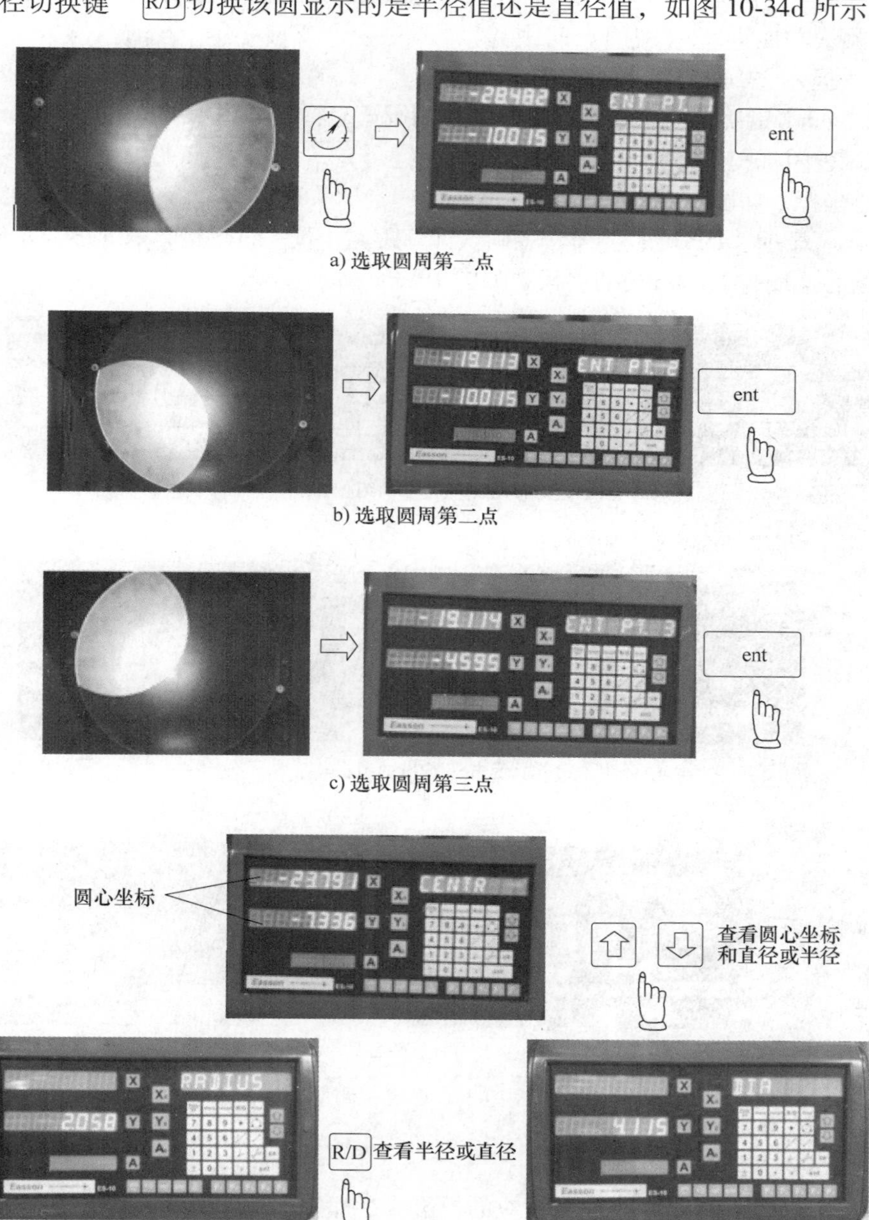

a) 选取圆周第一点

b) 选取圆周第二点

c) 选取圆周第三点

d) 计算圆心和半径直径

图 10-34　圆的测量

3）元素 d：圆心距测量。元素 d 为元素 b 和元素 c 对应的两个圆的圆心距，因此首先将这两个圆的圆心坐标分别储存在 1 号和 2 号存储号对应的文件中，如图 10-35 所示。

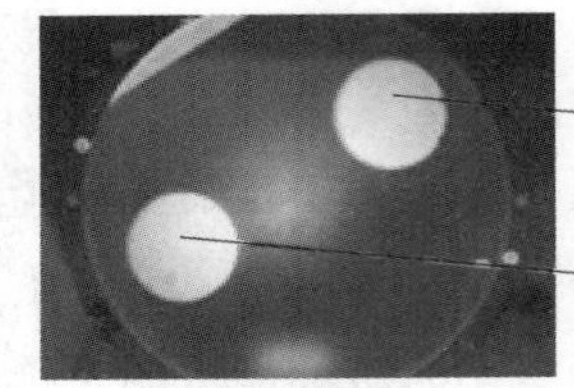

图 10-35 存储圆心坐标

① 按测量功能键（即两点间距离），数显表闪烁提示“SEL PT. 1”，按数字键［1］，再按［ent］键确认，选择存储号 1 对应的圆心坐标，如图 10-36a 所示。

② 数显表闪烁提示“SEL PT. 2”，按数字键［2］，再按［ent］键确认，选择存储号 2 对应的圆心坐标，如图 10-36b 所示。

③ 数显表显示“DIST”，要操作者确认计算距离，按［ent］键，数显表显示两个圆心间的距离和圆心连线与 X 轴方向的夹角，如图 10-36c 所示。

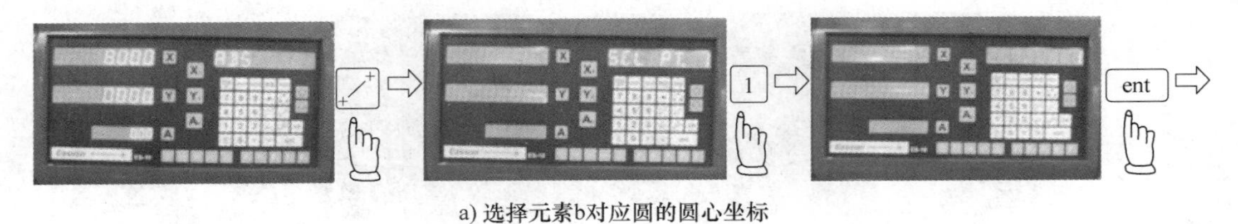

a) 选择元素b对应圆的圆心坐标

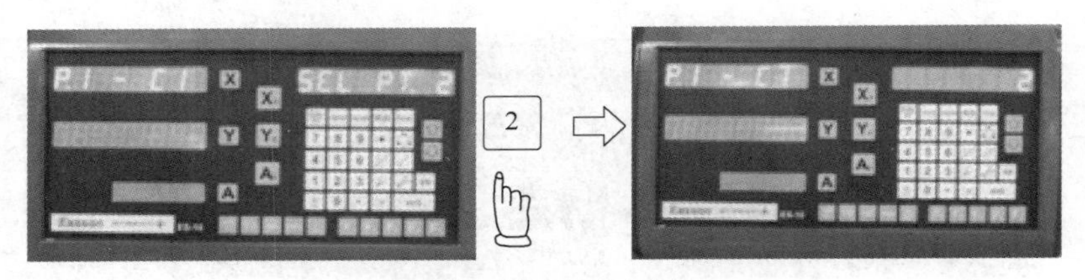

b) 选择元素c对应圆的圆心坐标

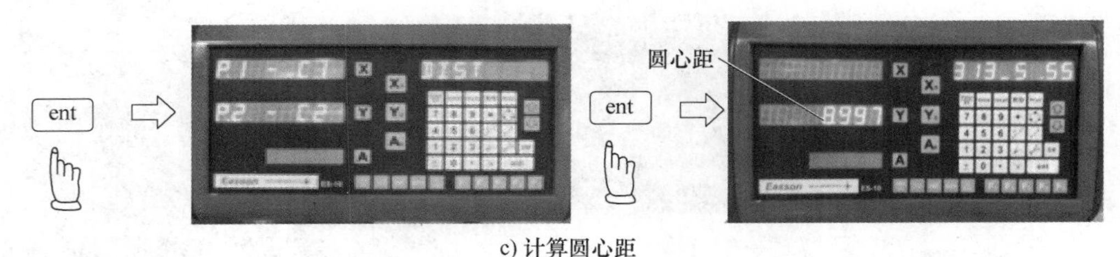

c) 计算圆心距

图 10-36 圆心距测量

4）元素 e：点到直线距离。

① 利用两点画线的方法做 G 面对应的投影线，即按下按钮，用米字线中心在 G 面对应的投影线上任意选取两点，构造一条直线，并存储在 6 号存储号对应的文件中，将 ϕC 的圆心坐标存储在 5 号存储号对应的文件中。

② 按测量功能键（即点到直线距离），数显表闪烁提示“SEL L1. 1”，按数字键［6］再按［ent］键确认，选择存储号 6 对应的直线，如图 10-37a 所示。

③ 数显表闪烁提示“SEL PT. 2”，按数字键［5］，再按［ent］键确认，选择存储号5对应的圆心坐标，如图10-37b所示。

④ 数显表显示“PEND PT.”即要求操作者确认计算，按［ent］键确认，数显表显示ϕC的圆心到G面投影直线的距离及垂足坐标，如图10-37c所示。

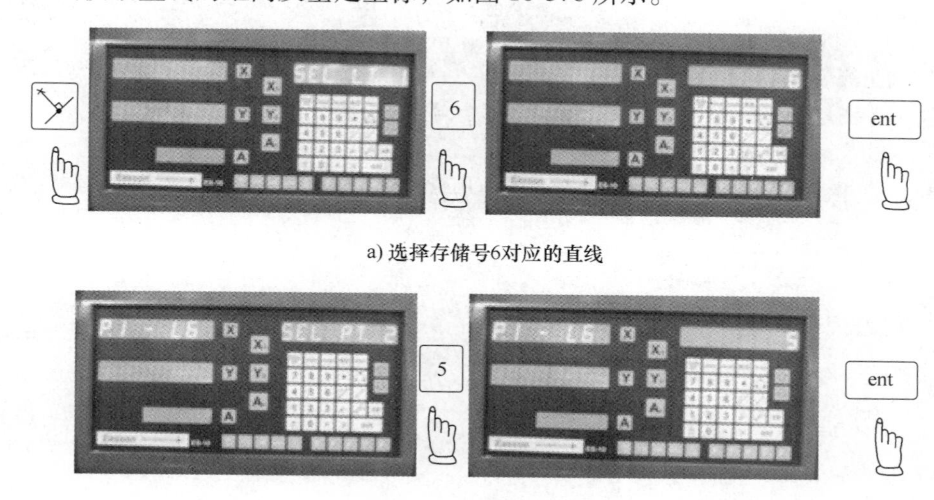

a) 选择存储号6对应的直线

b) 选择存储号5对应的圆心坐标

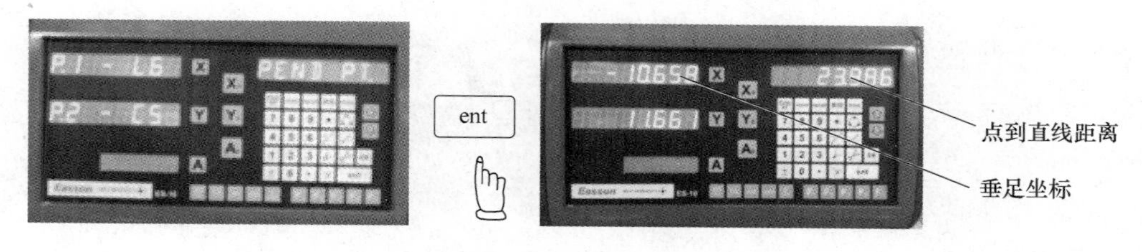

c) 圆心到G面投影直线的距离

图10-37　点到直线距离

3. 测量结果及分析

所有元素测量完毕，测量结果见表10-6，将平均值与理论值比较，判断是否合格。

表10-6　投影仪测量数据及分析　　（单位：mm）

样件元素	实测值					平均值	理论值	单项判断
	1	2	3	4	5			
a	90°4′20″	90°2′30″	90°3′40″	90°3′30″	90°3′30″	90°3′30″	90°±50′	合格
b	4. 115	4. 120	4. 081	4. 111	4. 107	4. 1068	4±0. 018	不合格
c	4. 016	3. 982	3. 999	3. 985	4. 001	3. 9966	4±0. 018	合格
d	8. 997	9. 001	9. 004	9. 022	9. 005	9. 0058	9±0. 025	合格
e	23. 986	23. 999	24. 000	23. 985	23. 994	23. 9928	24±0. 03	合格
判断	不合格							

4. 关机

测量结束，将 XY 工作台移动回到中间位置，关闭投影仪光源开关，再关闭投影仪电源。

思 考 题

1. 何为测量？简述其作用。
2. 常用测量工具有哪些？对应的特点是什么？分别适合测量什么类型的零件？
3. 简述投影仪的基本测量流程。
4. 列举几种现代精密测量仪器，并阐述其应用范围和工作原理。

第11章

钳工实践

11.1 实践目的

1）正确使用和维护保养常用设备，懂得常用工具、量具、夹具的结构，熟练掌握其使用、调整和维护保养的方法。

2）掌握钳工工作中的基本操作技能及相关理论知识，并能合理选择切削用量；能根据工件的技术要求编制加工工艺。

3）熟练掌握常用典型结构的装配工艺过程，理解尺寸链的概念，掌握尺寸链的基本解法，理解定位、夹紧的概念。

4）了解钳工的加工特点、工作范围及其在工业生产中的地位。

11.2 钳工技术概述

1. 钳工的作用

在工业生产中，钳工是利用各种工具及一些简单设备来加工完成目前不太适宜采用机械设备加工的零件。

钳工的主要任务是进行零件的加工、装配和机械设备的维护修理，主要包括如下应用场合。

1）通过各种加工工艺加工的零件，在装配过程中，有些零件往往还需要经过钳工（如钻孔、攻螺纹、配件、刮削等）才能完成装配。

2）精度不高的零件，经过钳工的仔细修配，可以达到较高的装配精度。

3）机器使用时间较长，其零部件会产生自然磨损或变形，也需要钳工来进行修理。

由此可见，钳工的任务是多方面的，而且具有很强的专业性。

2. 钳工的应用

随着机械加工的日益发展，生产效率的不断提高，钳工技术也越来越复杂，技术要求越来越高，应用范围越来越广。由于钳工技术应用的广泛性，钳工产生了专业性的分工，如装配钳工、机修钳工、工具钳工等，以适应不同工作和不同场合的需要。而且，至今尚无适当的机械化设备可以全部代替钳工作业。例如，某些精密的样板、模具、量具和配合表面（如导轨面和轴瓦等），仍需要依靠工人的手艺进行精密加工。在单件小批量生产、修配工作或缺乏设备的情况下，采用钳工制造某些零件仍是一种经济实用的方法。

总之，钳工的特点是灵活性强、工作范围广、技艺性强。操作者的技能水平直接决定加工质量，因此钳工在工业生产中占有重要的地位，发挥着重要的作用。

3. 钳工的分类

1）装配钳工：把零件按装配技术要求进行组件装配、部件装配和总装配，并进行调整、检验和试车等，使之成为合格的机械设备。

2）机修钳工：当机械在使用过程中产生故障、出现损坏，或者长期使用后精度降低、影响使用时，需要钳工来进行维护和修理。

3）划线钳工：根据图样或实物的尺寸，准确地在工件表面上（毛坯表面或已加工表面）划出加工界线。

4）钻孔钳工：准确掌握麻花钻钻孔方法，夹紧工件，并能进行钻削加工。

5）工具钳工：主要从事工具、夹具、量具、刀具等的制造和修理。

6）模具钳工：负责进行模具制造、维护、修理及更新。除模具之外，也包括各种夹具、钻具等的制作与维护。

4. 钳工的安全

1）铁屑必须采用毛刷来清除，禁止用手擦或用嘴吹。

2）所用手锤、锉刀、锯条等工具要经常检查，不得有裂纹、飞边、毛刺，顶部不得淬火，手锤柄要安装牢固。

3）使用虎钳夹紧工件时，不准用手锤敲击虎钳手柄。

4）锉削时，锉刀必须装柄使用，以免刺伤手腕。松动的锉刀柄应装紧后再用。

5）锯削时，工件夹持应稳定牢固，不可有移动。工件伸出部分要短，并且应将工件夹紧在台虎钳的顺手侧。

11.3 钳工基本操作技能及常用工具

11.3.1 钳工必备技能

钳工的工作灵活性强、范围很广，而且专业化的分工也比较明确，具有很强的独特性，但是技术要求高，每位钳工都必须熟练掌握各项基本操作技能，包括划线、锯削、锉削、钻孔、扩孔、铰孔、攻螺纹、套螺纹、刮削、装配等，且大多是在台虎钳的夹持下进行的。

钳工常用技术及选用原则见表 11-1。

表 11-1 钳工常用技术及选用原则

<table>
<tr><th>技术项目</th><th colspan="4">选用原则</th></tr>
<tr><td>台虎钳</td><td colspan="4">台虎钳夹紧工件时，需要在工件两侧面垫铜、铝等软材料的垫板，夹有色金属或塑料等材料，则需要垫木板、橡胶等</td></tr>
<tr><td rowspan="4">锯削</td><td colspan="4">锯条的安装要松紧程度适当。工件的锯削部位在装夹时应尽量靠近钳口，防止振动。锯削薄件、管件时，选用细齿锯条，锯削时锯条对工件的倾斜角小于 45°</td></tr>
<tr><td rowspan="3">锯条</td><td>细齿</td><td>1.0mm</td><td>薄材料、管子、角铁</td></tr>
<tr><td>中齿</td><td>1.4mm</td><td>中碳钢、铸铁及中厚件</td></tr>
<tr><td>粗齿</td><td>1.8mm</td><td>较软材料和较厚工件</td></tr>
</table>

（续）

技术项目	选用原则		
锉削	锉刀	选用条件	
		加工余量/mm	尺寸精度/mm
	粗齿锉	0.5~2	0.2~0.5
	中齿锉	0.2~0.5	0.05~0.2
	细齿锉	0.05~0.2	0.01~0.05
钻削	钻削是孔加工的一种基本方法，钻孔经常在钻床和车床上进行，也可以在镗床或铣床上进行。常用的钻床有台式钻床、立式钻床和摇臂钻床		
攻螺纹	丝锥切入工件时，应保证丝锥轴线对孔的端面垂直，攻螺纹时，应勤倒转，必要时退出丝锥，清洗切屑。根据工件的材料合理选用润滑剂		

11.3.2 钳工通用工具及设备

1. 钳桌

钳桌是钳工专用的工作台，如图11-1所示。主要用来安装台虎钳、放置工具和工件。钳桌有多种式样，有木制的、钢结构的，也有在木制的台面上覆盖铁皮的。其高度为800~900mm，长度和宽度可随工作需要而定。

钳桌上的量具必须单独摆放，不得和工具摆放在一起，避免量具磨损。

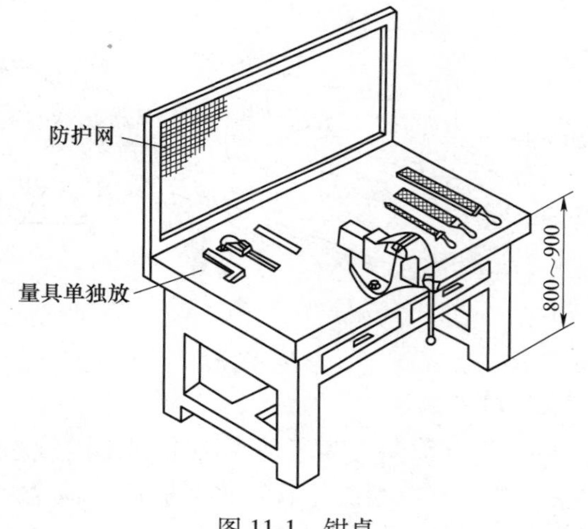

图11-1 钳桌

2. 台虎钳

台虎钳用来夹紧工件，安放在钳桌上，有固定式和回转式两种，如图11-2所示。其规格是用钳口宽度来表示的，常用的有100mm、125mm和150mm等。

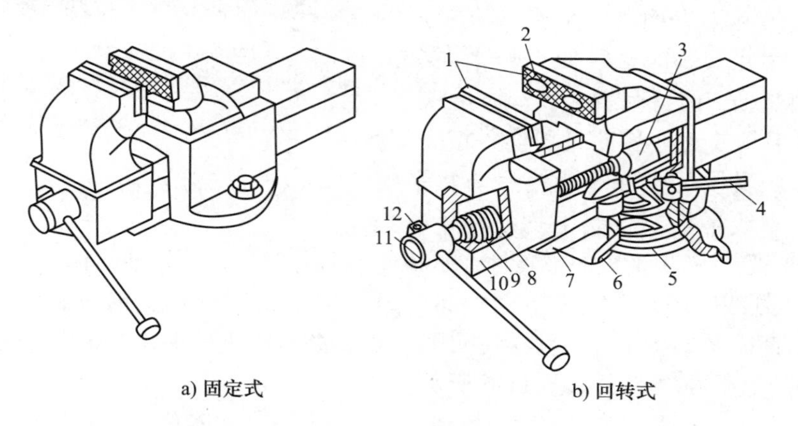

图11-2 台虎钳

1—钳口 2—螺钉 3—螺母 4—手柄 5—夹紧盘 6—转盘座 7—固定钳身 8—挡圈 9—弹簧 10—活动钳身 11—丝杆 12—手柄

11.3.3 划线及工具

1. 划线

划线是根据图样或实物的要求，在工件表面划出零件加工界线的操作过程。划线不但能使零件在加工时有一个明确的界线，而且能及时发现和处理不合格的毛坯，避免加工后造成损失。当毛坯误差不大时，又可通过划线的借料得到补救，此外，划线还便于复杂工件在机床上的安装、找正和定位，更便于加工。

平面划线是在工件的一个表面上划线，以明确反映出加工界线，如图 11-3 所示。

在划线工作中，为了保证尺寸的正确性和达到较高的工作效率，必须熟悉各种划线工具及其正确使用方法，以及各种划线涂料的应用方法。

划线主要使用划针、划规与直尺、直角尺、样板等导向工具配合。划针尖端要紧贴导向工具移动，上部向外侧倾斜 15°~20°，向划线方向倾斜 45°~75°，如图 11-4 所示。

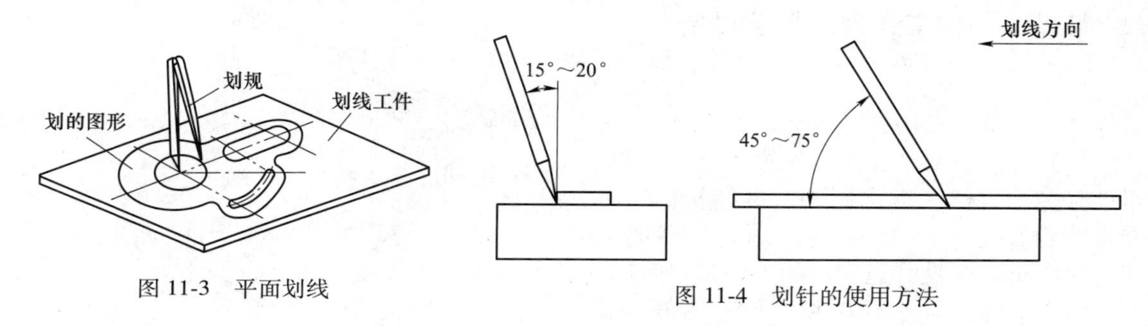

图 11-3 平面划线

图 11-4 划针的使用方法

2. 划线工具

1）划线涂料：为了使工件上划出的线条清晰，划线前需要在划线部位涂上一层涂料。常用的涂料有白喷漆、石灰水、蓝油（淡金水）、锌钡白、无水涂料等。

2）划线平板：一般由铸铁制成，工作表面经过精刨或刮削加工，如图 11-5 所示。由于平板表面是划线的基本平面，其平整性直接影响划线的质量，因此安装时必须使工作平面保持水平。在使用过程中要保持清洁，防止铁屑、灰尘等在划线工具或工件移动时划伤平板表面。划线时工件和工具要轻放在平板上，防止平板表面受撞击，划线平板要各处平均使用，避免造成局部地方凹陷，影响平板的平整性，平板使用后要擦净，并涂油防锈。

图 11-5 划线平板

3）划针：划线时用来在工件上划线条，通常用工具钢或弹簧钢丝制成，其长度约为 200~300mm，直径为 3~6mm，尖端磨成 10°~20°，并经淬火处理。为了使针尖更锐利耐磨，可以焊上硬质合金后再磨锐，如图 11-6 所示。

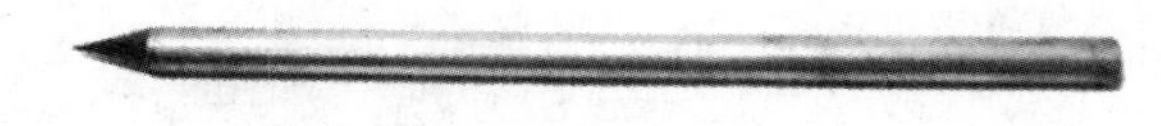

图 11-6 划针

4）划规：主要用于等分线段、量取尺寸及划圆、圆弧、角度等，包括普通划规、弹簧划规等。划规采用工具钢制成，划规脚尖必须坚硬，一般需淬火，有的划规还在脚尖上加焊硬质合金，可以更加锋利和耐磨。

普通划规结构简单，制造方便。铆合处松紧要适当，两脚长短要一致，如图 11-7 所示。如在普通划规上装锁紧装置，则当锁紧螺钉拧紧时，划规可保持已调节好的尺寸不会松动。

5）游标高度卡尺：是使划线稳定、线条清晰和尺寸精确的测量工具，划线的量爪前端镶有硬质合金，它的分度值一般为 0.02mm，如图 11-8 所示。

6）宽度直角尺：钳工常用的测量工具，在划线时测量工件的竖直或平行线，同时可用来校正工件在平台上的垂直位置，如图 11-9 所示。

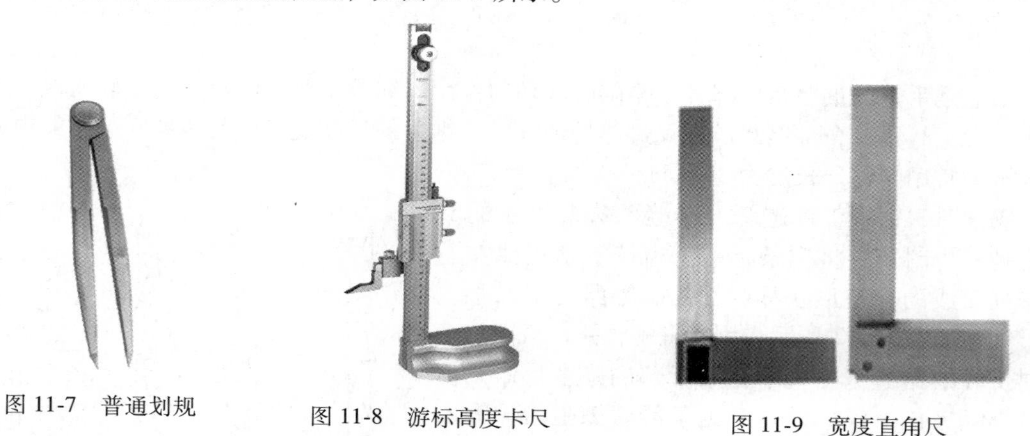

图 11-7　普通划规　　图 11-8　游标高度卡尺　　图 11-9　宽度直角尺

7）样冲：用工具钢制成，冲尖磨成 45°~60°，并淬火硬化，如图 11-10 所示。样冲是在划好的线上冲眼的工具。冲眼的目的是使划出来的线条保持永久性的标记，同时作为划规划圆的圆心，钻孔中心也需要打上冲眼，作为圆心的定点中心。

图 11-10　样冲

冲眼要满足以下几点要求。

① 冲眼位置要准确，冲尖对准线条宽度的中间位置。

② 冲眼距离根据线条的长短、曲直而定。对长的直线条，冲眼应均匀分布，而且间距可大一些，对短的曲线，冲眼间距可小一些，在线条的交叉、转折处必须冲眼。

③冲眼的深浅根据零件表面质量情况而定，粗糙毛坯表面的冲眼应深些，光滑表面或薄壁工件上的冲眼可浅些，精加工表面禁止冲眼。

11.3.4　锯削及工具

用手锯对材料或工件进行切断、切槽等的加工方法称为锯削。钳工的锯削只是利用手锯对较小的材料或工件进行分割或切槽，主要用于锯断各种原材料或半成品、锯去工件上的多余部分、在工件上锯出沟槽。

1. 锯削工具

手锯是钳工用来进行锯削的手动工具，由锯弓（锯架）和锯条两部分组成。锯弓用来张紧锯条，可分为固定式锯弓和可调式锯弓两种，如图 11-11 所示。其中，固定式锯弓为整体结构，只能安装一种规格的锯条，即尺寸 L 是不能改变的。可调式锯弓可以伸缩，因此使用时可安装几种长度规格的锯条，其尺寸 L 可以改变。

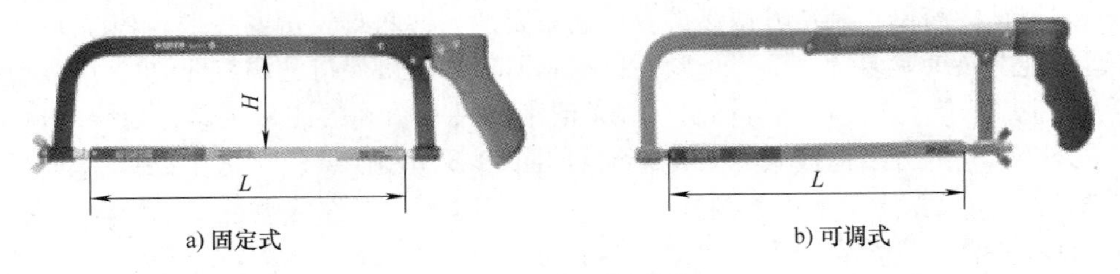

图 11-11 锯弓的结构

锯条是手锯的重要组成部分，锯削时起切削作用。锯条一般用渗碳软钢冷轧而成，也有的用碳素工具钢或合金钢制成，经过热处理淬硬。锯条的长度规格以其两端安装孔的中心距来表示，常用的锯条长度为 300mm。

锯削时，锯入工件越深，锯缝两边对锯条的摩擦阻力越大。制造时将锯条上的锯齿按一定规律左右错开排列而成的一定形状称为锯路。锯路有交叉形、波浪形等，如图 11-12 所示。锯条有了锯路，就能够使锯削时工件的锯缝宽度大于锯条背部的厚度，锯条便不会被锯缝夹住，减少锯缝对锯条的摩擦阻力，锯条便不会因摩擦过热而加快磨损。

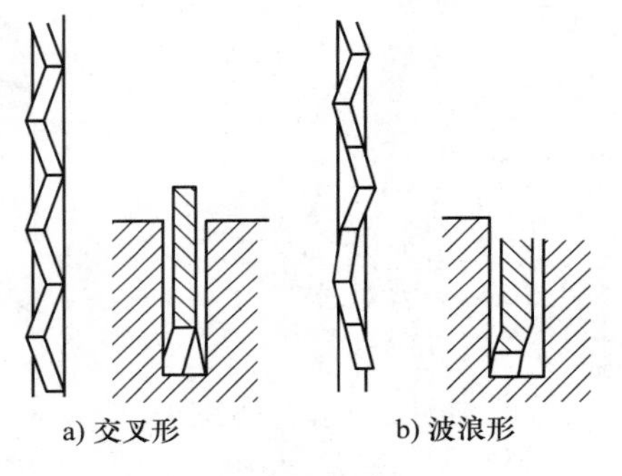

图 11-12 锯路

2. 锯条的安装

锯条中的锯齿都是朝着同一方向的，因为在锯削时手锯是在向前推进过程中进行切削的，所以在安装锯条时要保证齿尖向前，如图 11-13 所示。

安装锯条时，要保证其松紧适度，安装过紧则锯条受力大，锯削时稍有阻滞便会产生弯折，因此很容易崩断。锯条若安装得过松，则不但容易弯曲造成折断，而且容易造成锯缝歪斜。安装好锯条之后，还应检查锯条安装得是否歪斜，如有歪斜，必须校正。

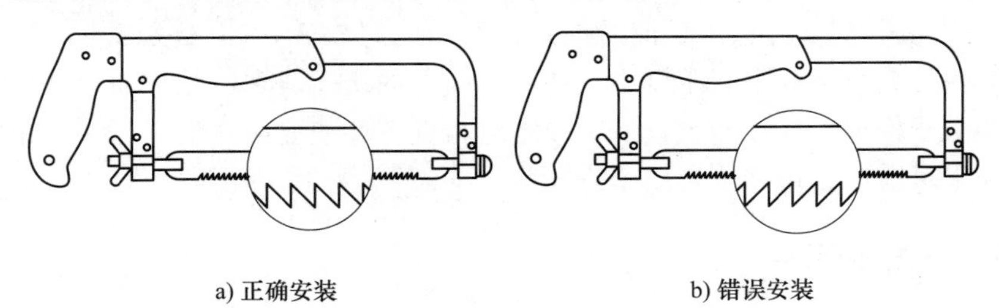

图 11-13 锯条安装方法

3. 锯削方法

锯削的基本方法包括锯弓的运动方式和起锯方法。

1）锯弓的运动方式有直线式与摆动式两种。直线式适用于锯要求底面平直的槽和薄型工件。采用摆动式进行锯削时，锯弓两端可自然上下摆动，这样可减少切削阻力，提高工作效率。

2）起锯方法是指锯削工作开始的方法，起锯质量的好坏直接影响锯削质量，拇指起锯法最为常用。起锯时，左手拇指弯曲，关节处贴住锯条，右手手持锯弓，轻轻来回锯削，使工件表面产生锯缝。另外，起锯时压力要轻，同时可用拇指挡住锯条，使其准确地锯在所需的位置上，手握锯弓的方法要正确，如图 11-14 所示。

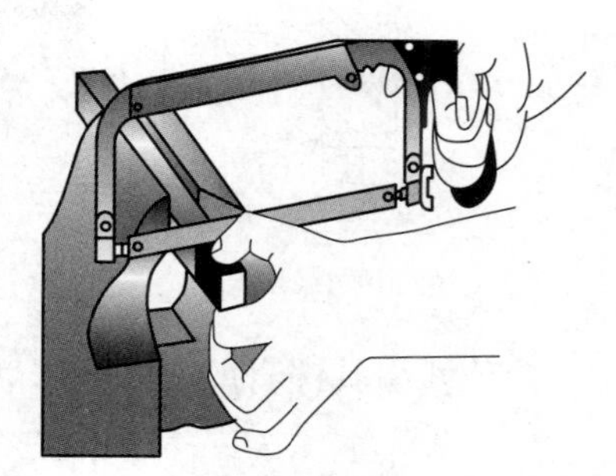

图 11-14　拇指起锯法

4. 锯削操作要求

1）工件的夹持应当稳定牢固，不可有移动。工件伸出部分要短，并且工件应夹紧在台虎钳的左侧。

2）锯削时，为保证锯缝的平直，小臂应当与锯弓保持在同一直线上。

3）锯削时，压力、速度和往复长度要适当。由于两手在手锯上的压力和锯条在工件上的往复速度都影响锯削效率，因此锯削时的压力和速度必须按照工件材料的性质来决定。一般以每分钟往复 40 次为宜，锯削硬材料时慢些，软材料时快些。速度过快会使锯齿发热，进而导致锯条磨损加快。

4）锯削时，应使锯条全部长度都参与锯削，但不要碰撞到锯弓两端，这样锯条在锯削中的消耗平均分布于全部锯齿，而延长锯条的使用寿命。相反，只使用锯条的一部分将造成锯齿磨损不均，锯条使用寿命缩短。锯削时的往复长度一般不应小于锯条长度的 2/3。

11.3.5　锉削及工具

用锉刀对工件进行切削加工的方法称为锉削。锉削的尺寸精度可达 0.01mm 左右。锉削是钳工的操作技能之一，其工作范围较广，可以锉削工件的内、外表面和各种沟槽，钳工在装配过程中也经常采用锉削对零件进行修正。

1. 锉刀

（1）锉刀结构　锉刀是锉削的工具。锉刀用碳素工具钢 T12 或 T13 制成，并经热处理淬硬，其硬度为 62~67HRC。锉刀的典型结构如图 11-15 所示，其中的 l 为锉刀长度。

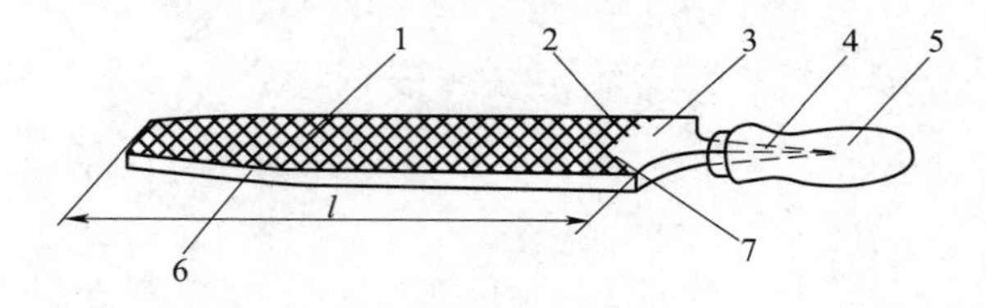

图 11-15　锉刀结构

1—锉刀面　2—底齿　3—锉刀尾　4—锉舌　5—木柄　6—锉刀边　7—面齿

（2）锉刀种类　锉刀通常可分为钳工锉、特种锉和整形锉三种。其中，钳工锉是钳工常用的锉刀，按其截面形状，又可分为扁锉、半圆锉、三角锉、方锉和圆锉，以适应各种表面的锉削，截面形状如图 11-16 所示。

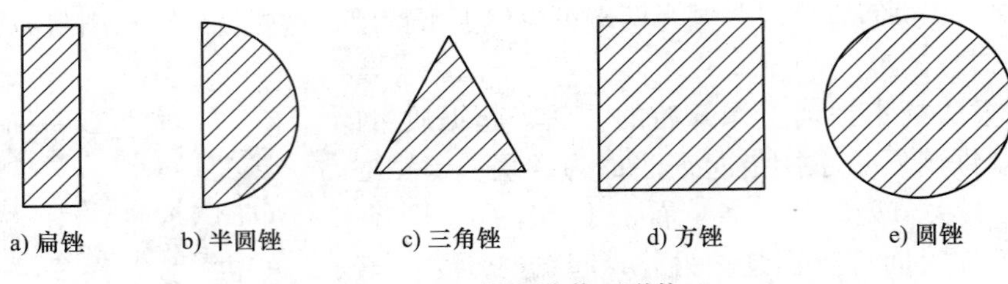

图 11-16　钳工锉截面形状

特种锉因其锉身的不规则形状，而主要用于加工零件上的特殊表面，如图 11-17 所示。

图 11-17　特种锉

整形锉用于修整工件上的细小表面部位，通常由 5 把、6 把、8 把、10 把或 12 把不同形状的锉刀组成一套，如图 11-18 所示。

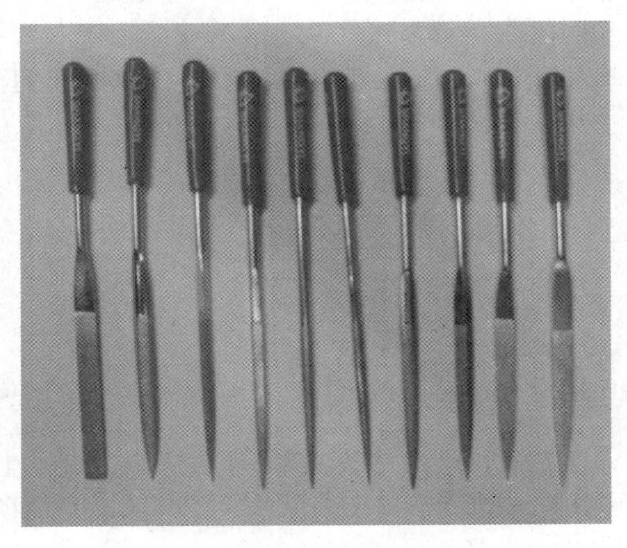

图 11-18　整形锉

（3）锉刀的选用和保养　每种锉刀都有各自不同的适用场合，只有合理地选择，才能充分发挥它的效能，而不至于使其过早地丧失锉削能力。锉刀的选择应根据工件锉削余量的大小、精度的高低、表面粗糙度和工件的材料而定。

锉刀截面形状的选择取决于工件锉削表面的形状，不同表面的锉刀选用如图11-19所示。

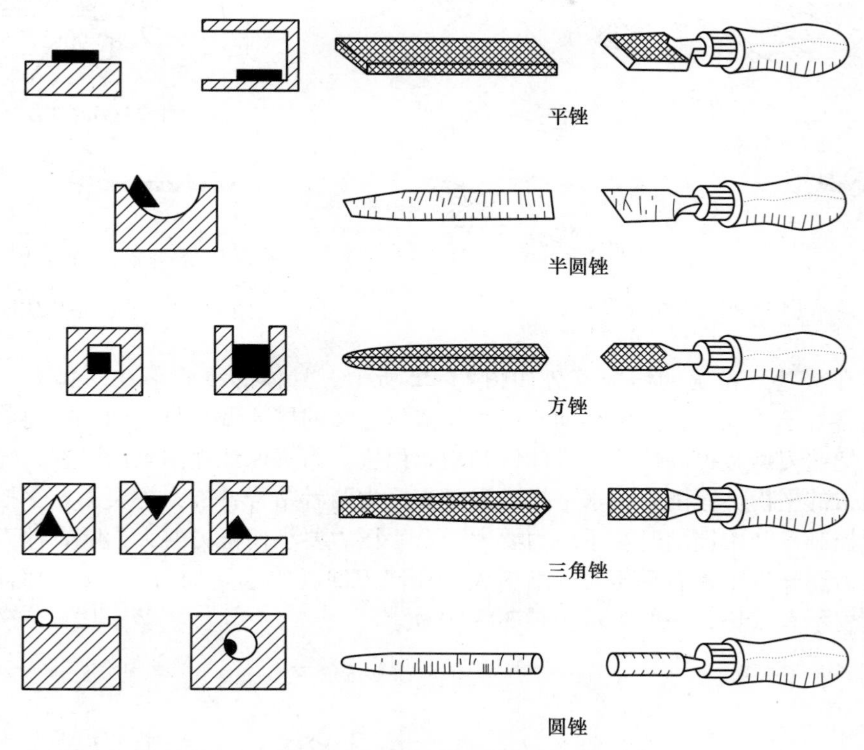

图11-19　不同表面锉刀选用

正确使用和保养锉刀是延长锉刀使用寿命的一个重要环节。锉刀的保养规则如下。

1）不可用锉刀锉削毛坯的硬皮及淬硬的表面，否则锉刀面齿会很快磨损而丧失锉削能力。

2）锉刀应先用一面，用钝后再用另一面。

3）发现锉屑嵌入面齿槽内时，应及时用铜刷顺着面齿槽的方向将锉屑刷去。

4）在锉削时不得用手触摸工件锉削表面，以免再锉时打滑，锉刀严禁接触油类。

2. 锉削方法

钳工要掌握锉削技能和提高锉削质量，就必须正确握持锉刀并采用正确的锉削姿势。

（1）锉刀的握法　由于锉刀的种类较多，因此锉刀的握法还必须随着锉刀的大小、使用场合不同而改变。

大型锉刀握法是用右手紧握锉刀柄，柄端抵住掌心，大拇指在锉刀柄上，其余手指由下而上地握着锉刀柄。左手的基本握法是大拇指自然屈伸，其余手指弯向手心，与手掌共同把持锉刀前端，如图11-20所示。

在使用中型锉刀时，右手握法与使用大型锉刀一致，左手只需用大拇指和食指捏住锉刀前端。使用小型锉刀时只用右手握住锉刀即可，食指放在上面，如图 11-21 所示。

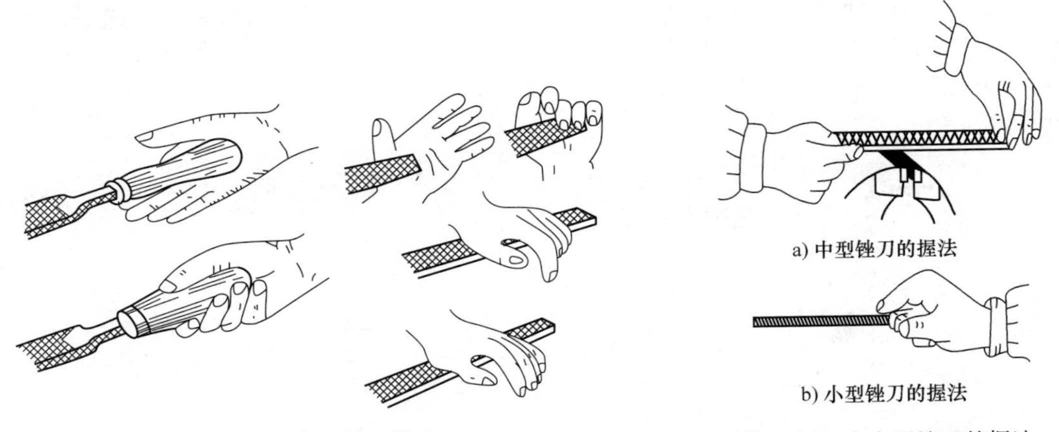

图 11-20　大型锉刀握法　　　　图 11-21　中小型锉刀的握法

（2）锉削姿势　正确的锉削姿势如图 11-22 所示。身体的重心落在左脚上，右脚要伸直，脚应始终处于站稳状态不可移动，而身体依靠左膝的屈伸做往复运动。在向前锉削的行程结束后，把锉刀略微提高使手和身体回到初始位置。为了保证锉削表面平直，锉削时必须掌握好锉削力的平衡。锉削力由水平推力和竖直压力两者结合，推力主要由右手控制，压力由两手协同控制。开始锉削时左手压力要大，右手压力要小而推力要大，随着锉刀向前的推进，左手压力逐渐减小，右手压力逐渐增大，在锉刀回程中不要加力，以减少面齿的磨损。锉削时的速度不宜太快，一般为每分钟 30~60 次。

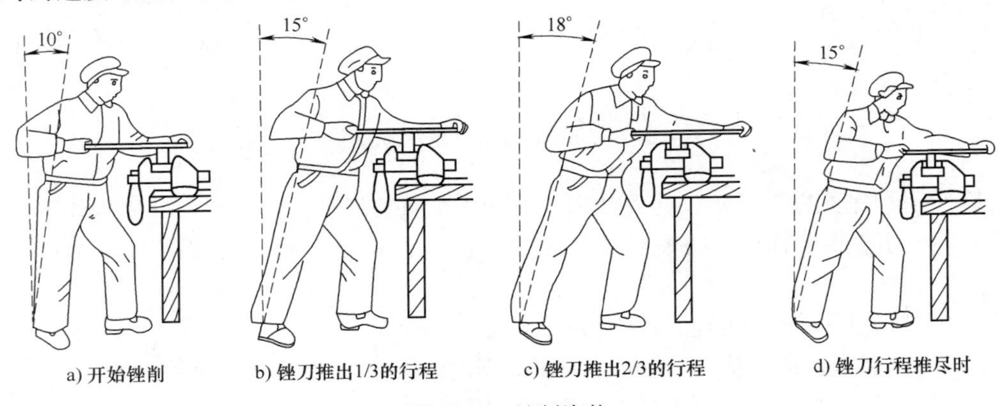

图 11-22　锉削姿势

（3）平面的锉法　平面的锉削有以下三种方法，如图 11-23 所示。

1）顺向锉法：是顺着同一方向对工件进行锉削，也是最基本的锉削方法。用此方法锉削可得到较直的锉痕，比较整齐美观，适用于工件表面最后的锉光和不大平面的锉削。

2）交叉锉法：是沿两个交叉的方向对工件进行锉削。锉削时锉刀与工件的接触面增大，容易掌握好锉刀的平稳状态，锉削时还可从锉痕上观察出锉削面的高低情况，用此方法锉削可使表面容易锉平，但锉痕不直。因此当锉削余量较多时，可采用交叉锉法，余量基本锉完时，再改用顺向锉法，使锉削表面锉痕平直、美观。

3）推锉法：是用双手对称地横握锉刀，用大拇指推动锉刀顺着工件长度方向进行锉削。推锉法适合于锉削窄长平面和修整尺寸。

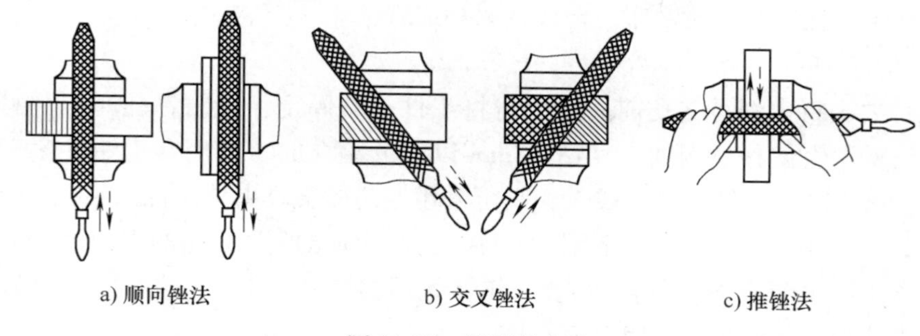
a) 顺向锉法　b) 交叉锉法　c) 推锉法

图 11-23　锉削的方法

在锉削平面时，不管采用顺向锉法还是交叉锉法，每次抽回锉刀时，都要将锉刀向旁边移动一些，这样可使整个加工面均匀地被锉削。

（4）外圆弧面锉削的方法　锉外圆弧时，一般采用锉刀顺着圆弧锉削。锉刀在做前进运动的同时，还应绕工件圆弧面的中心摆动。摆动时，右手将锉刀柄部往下压，而左手将锉刀往上提，这样反复摆动锉刀进行锉削，锉出的圆弧面才不会出现棱边，如图 11-24 所示。

（5）内圆弧面锉削的方法　锉刀应选用半圆锉或圆锉，且锉刀的圆弧半径需小于或等于待加工内圆弧面的半径。锉削内圆弧面时，锉刀要同时完成三个方向的运动：锉刀的前进运动（横锉运动）、锉刀沿圆弧方向的左右移动（推锉运动）、锉刀沿自身中心线的转动（锉刀转动），如图 11-25 所示。必须使这三种运动同时作用在工件表面，才能保证锉出的内圆弧面光滑、准确。

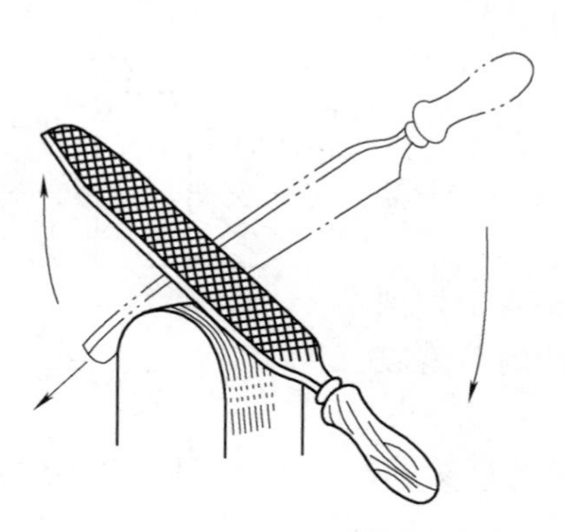
图 11-24　外圆弧面锉削

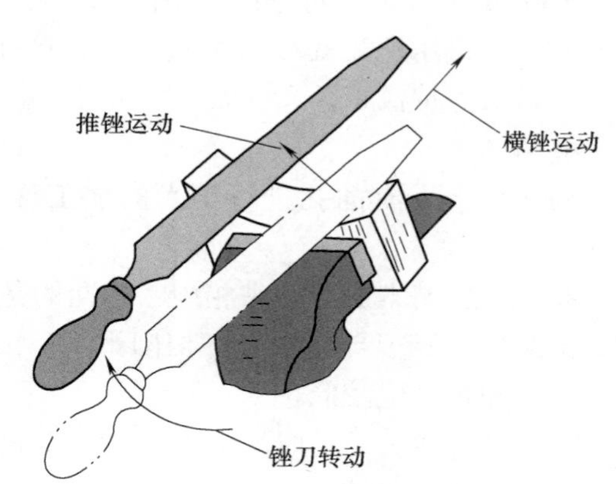

图 11-25　内圆弧面锉削

11.3.6　孔和螺纹的加工及工具

1. 钻孔

用标准麻花钻（又称钻头）在实心材料上加工出孔的方法称为钻孔。要将两个以上的零件用螺钉、铆钉、销等连接起来，则待连接件上必须有孔，因此钻孔是生产中的一项必不可少的工艺。

2. 钻床

用于实现钻孔操作的机床称为钻床。钻床的种类、形式很多，除去多头钻床和专业化钻床外，钻孔常用的钻床有立式钻床、台式钻床和摇臂钻床三类。

3. 钻孔注意事项

（1）工件要夹持牢固　钻孔前一般都需将工件夹紧固定，以防钻孔时工件移动折断钻头或使钻孔位置发生偏移。例如，在钻 ϕ8mm 以下的小孔时，可用台虎钳夹紧工件进行钻孔。若钻孔要求较高，零件批量又较大，则可采用专门的夹具夹持工件来钻孔。

（2）标记钻孔中心线和直径　钻孔前应在工件上划出所要钻孔的中心线和直径。在孔的圆周上用样冲打四个冲眼（间隔 90°），作钻孔后检查用。孔中心的冲眼作钻头定心用，应大而深，使钻头在钻孔时不易偏离中心。

（3）找正钻孔中心位置　钻孔开始时，先调正钻头或工件的位置，使麻花钻顶端对准钻孔中心，然后试钻一浅坑。若钻出的浅坑与所划的钻孔圆周线不同心，可移动工件或钻床主轴予以校正。若移动工件或钻头很难取得效果，则可用样冲或油槽錾子打几条沟槽，以减少切削阻力，达到校正的目的。

（4）其他钻孔注意事项　孔将要钻穿时，必须减小进给量，若是自动进给，则最好改为手动进给，以减少孔口的毛刺，并防止出现钻头折断或钻孔质量降低等现象。

钻不通孔时，可按钻孔深度调整挡块，并通过测量实际尺寸来控制钻孔深度。钻深孔时，一般在钻进深度达到直径的 3 倍时将钻头退出进行排屑，之后每钻进一定深度，钻头即退出排屑一次，以免切屑阻塞而扭断钻头。

ϕ30mm 以上的孔可分两次钻削，先用 0.5~0.7 倍于孔径的钻头钻孔，再用所需孔径的钻头扩孔，这样可以减小转矩和轴向力，既可保护机床，又可提高钻孔的质量。

4. 扩孔

将工件上原有的孔进行扩大的加工称为扩孔，如图 11-26 所示。

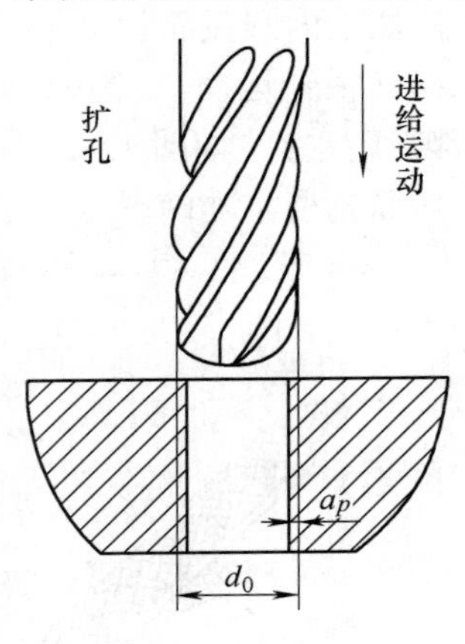

图 11-26　扩孔

扩孔钻：基本上与钻头相同，不同的是，它有 3~4 个切削刃，要求刚度高、导向性好、切削平稳，因此加工孔的精度较高、表面粗糙度值较低。

扩孔尺寸较大时，应先用于 0.5~0.7 倍孔径要求的钻头进行钻孔，再使用所要求孔径的钻头进行进一步钻孔。

11.4　钳工实践案例

本案例以图 11-27 所示开瓶器零件为例，练习钳工的加工过程。

1. 钳工实践案例分析

（1）准备要求　①熟悉图纸；②准备材料：2mm 不锈钢板；③检查和准备设备和工具。

（2）所用工具　①台虎钳；②手锯；③锉刀；④手锤；⑤样冲；⑥淡金水；⑦划线平

板；⑧划针。

（3）所用量具　①游标卡尺；②汽水瓶盖。

（4）要求　不准用砂轮或风磨机打磨加工表面。

2. 钳工实践操作过程

开瓶器钩子的钳工加工过程见表11-2。成品样件如图11-28所示。

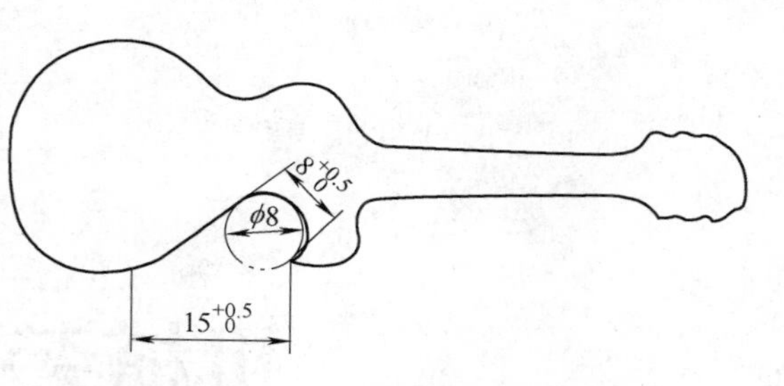

图11-27　开瓶器设计图

表11-2　开瓶器钩子的钳工加工过程

序号	工序	加工内容	工具和量具
1	设计	按技术要求设计零件	笔
2	涂料、划线	在零件表面涂上划线涂料，按图样1:1画出全部加工界限	淡金水
3	打样冲	在内孔中心位置打上冲眼以定位	样冲、手锤
4	钻孔	用ϕ6mm钻头顶端对准冲眼进行钻孔	麻花钻
5	锯削	沿轮廓外形尽可能锯削多余材料	手锯
6	锉削	按图样外形锉削加工	锉刀
7	倒角、抛光	用锉刀倒角并去除毛刺，再用砂纸抛光	锉刀、砂纸

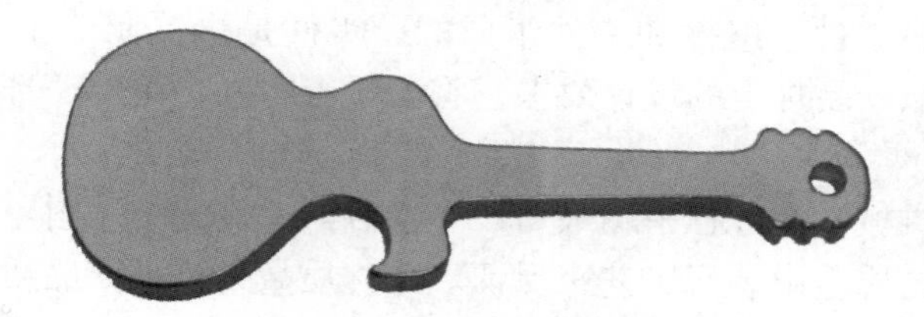

图11-28　开瓶器成品样件

思考题

1. 锉削窄长平面时，哪种锉削方法比较合适？
2. 起锯对于锯削起到什么作用？
3. 手锯分为哪两种？
4. 孔加工时，在什么情况下工件可用台虎钳夹持工件钻孔？
5. 为什么交叉锉法适用于余量较多的粗锉，而不适用于余量较少的精锉？

第12章

机械装配实践

12.1 实 践 目 的

1）了解机械装配的基本方法及基本的装配工艺知识。

2）熟悉机械装配工艺和处理方法。

3）掌握机械装配的基本技能和基本工艺，以及装配工具的基本使用方法。

4）初步建立机器装配精度的概念，掌握简单的精度检测和调整方法。

12.2 机械装配基本概念

机械产品是由许多零件、组件和部件组成的，零件是机器制造中最小的单元，如一根轴、一个螺钉等。按照产品规定的设计要求，将若干个零件、组件、部件组装成合格产品的工艺过程，称为装配。

机械装配是整个机械制造过程中的最后一个阶段，在制造过程中占有非常重要的地位。最终完成的机械产品的质量由装配工艺来保证。零件质量是机械产品质量的基础，零件质量合格而装配质量未达到设计要求的机器，其工作精度低，能耗大，寿命短；反之，一个零件即使制造精度稍低，但在装配过程中经过严格检验、仔细修配调整，仍能保证达到产品的设计要求。近年来，随着科学技术的快速发展，装配的机械化和自动化程度不断提高，进而大大提高了机器的装配质量和速度，大大提高了机器的总体质量。

1. 装配常用工具

装配常用工具有普通扳手（活扳手、呆扳手、梅花扳手、套筒扳手、内六角扳手等）、螺钉旋具（一字槽螺钉旋具、十字槽螺钉旋具等）、钳子、锤子、铜棒、錾子、刮刀、扭矩扳手及电动工具等，如图12-1所示。

2. 装配的分类

对于比较复杂的产品，其装配可分为组件装配、部件装配和总装装配，整个装配过程要按次序进行。

（1）组件装配　把几个零件安装在基准零件上构成组件。如蜗杆箱中，一根蜗杆轴与其上的挡油环、滚动轴承、定位螺母构成蜗杆轴组件，如图12-2所示。

（2）部件装配　把几个组件与零件安装在另一个基准零件上构成部件。如把蜗杆轴组件装入蜗杆箱孔中构成蜗杆箱部件，如图12-3所示。

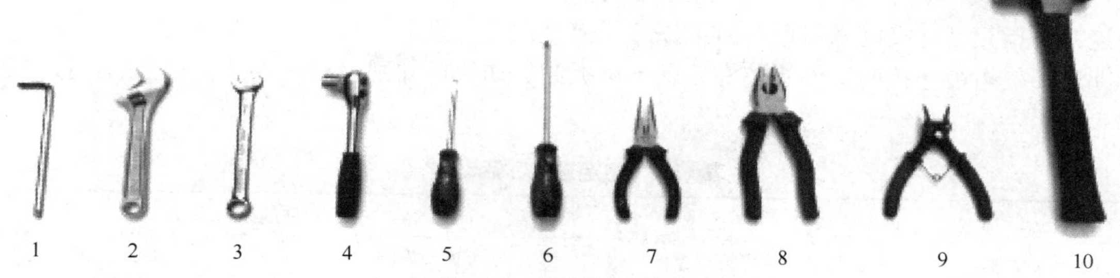

图 12-1　装配常用工具

1—内六角扳手　2—活扳手　3—呆扳手　4—棘轮扳手　5——字槽螺钉旋具　6—十字槽螺钉旋具　7—尖头钳　8—钢丝钳　9—挡圈钳　10—锤子

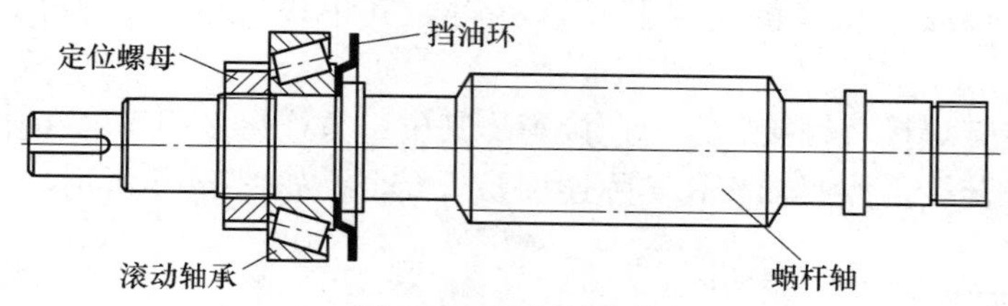

图 12-2　蜗杆轴组件

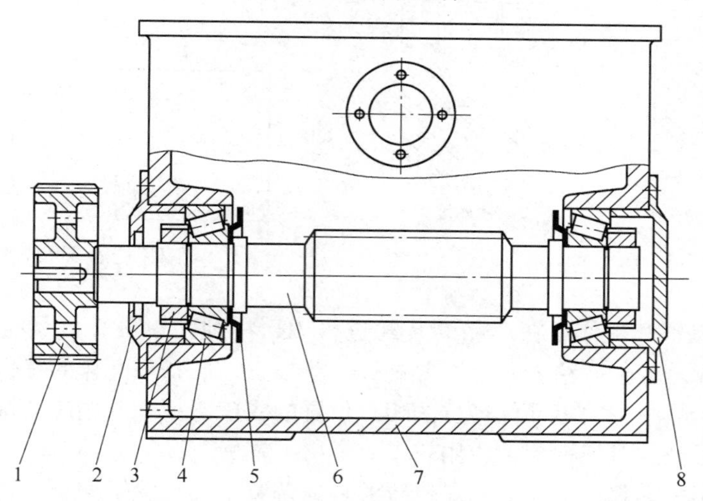

图 12-3　蜗杆箱部件

1—齿轮　2—左端盖　3—定位螺母　4—滚动轴承　5—挡油环　6—蜗杆轴　7—蜗杆箱　8—右端盖

（3）总装装配　将若干个部件、组件与零件共同安装在产品的基准零件上构成总装。如图 12-4 所示车床总装。

3. 装配的一般工艺要求

（1）清洗　在机械产品装配前，对零件、部件进行清洗，去除零件表面或部件中的油污及杂质。常用的清洗液有煤油、汽油及各种化学清洗液等。

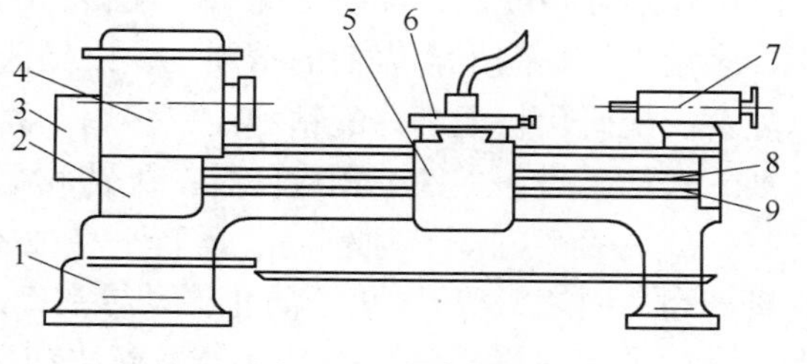

图 12-4　车床总装

1—床身　2—进给箱　3—挂轮箱　4—主轴箱　5—溜板箱　6—溜板及刀架　7—尾座　8—丝杠　9—光杆

（2）连接　装配过程中的连接方式一般有两种，即可拆卸连接和不可拆卸连接。可拆卸连接是指相互连接的零件拆卸时不损坏任何零件，并且拆卸后还能重新连接在一起；不可拆卸连接是指被连接的零件安装好后就不可拆卸，如要拆卸则会损坏零件。常见的连接见表12-1。

表 12-1　固定连接和活动连接

固定连接		活动连接	
可拆卸连接	不可拆卸连接	可拆卸连接	不可拆卸连接
螺纹、键、销等	焊接、铆接、压合、胶合、扩压等	轴与滑动轴承、柱塞与套筒等间隙配合	任何活动连接的铆合头

可拆卸连接有螺纹连接、键连接和销连接等，其中以螺纹连接应用最广，如图 12-5 所示。

不可拆卸连接有焊接、铆接和过盈连接等，其中过盈连接多用于轴和孔配合。过盈有最大过盈和最小过盈连接，按照轴和孔实际连接要求配合，如图 12-6 所示。

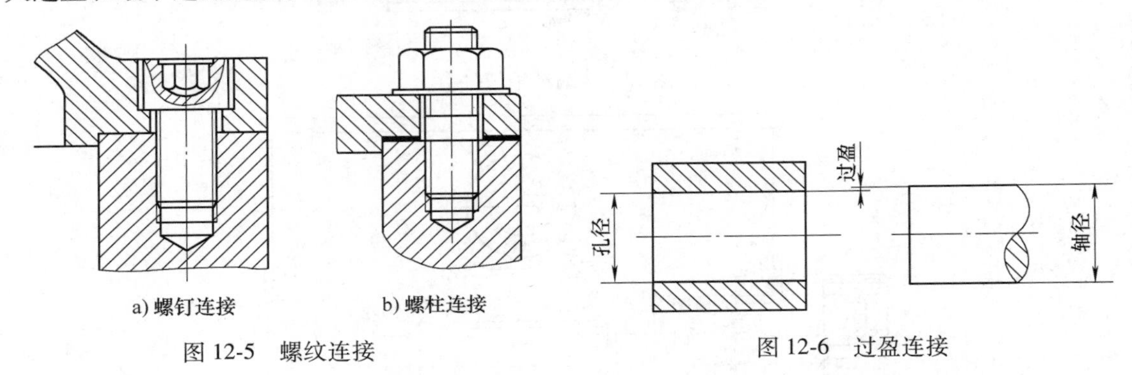

a) 螺钉连接　b) 螺柱连接

图 12-5　螺纹连接

图 12-6　过盈连接

（3）校正、调整和配作　在产品的装配过程中，特别在单件小批量生产的条件下，为了保证部件装配和总装装配精度，常需要进行一些校正、调整和配作的工作。

校正是指对产品中相关零部件进行的相对位置的找正、找平及相应的调整工作。校正在产品总装和大型机械的机架装配中应用较多。

调整是指对相关零部件进行的相对位置的具体调节工作。除了配合校正工作以调节零部件的位置精度外，还用来调节运动副间的间隙，以保证产品中运动零部件的运动精度。

配作通常指配刮、配研、配磨、配钻和配铰等。配刮是对零部件结合表面的一种钳工加工，多用于运动副配合表面的精加工，以保证较高的配合精度。在装配时通常以磨代刮，即以配磨、配研代替配刮。配钻和配铰多用于固定连接，是以连接件中一件已加工好的孔作为基准，去加工另一零件上相应的孔。配钻和配铰的应用较多，如图 12-7 所示。

（4）平衡　对于转速较高、运转平稳性要求高的机械产品（如精密磨床、电动机、汽轮机和高速内燃机等），为了防止振动导致产品工作精度降低。装配时需对其有关的旋转零部件进行平衡调整。平衡调整有静平衡法和动平衡法两种。对于直径较大而长度较短的零件，如飞轮和带轮等，一般采用静平衡法。对于长度较长的零件，如电动机转子、汽轮机转子和曲轴等，需要采用动平衡法。

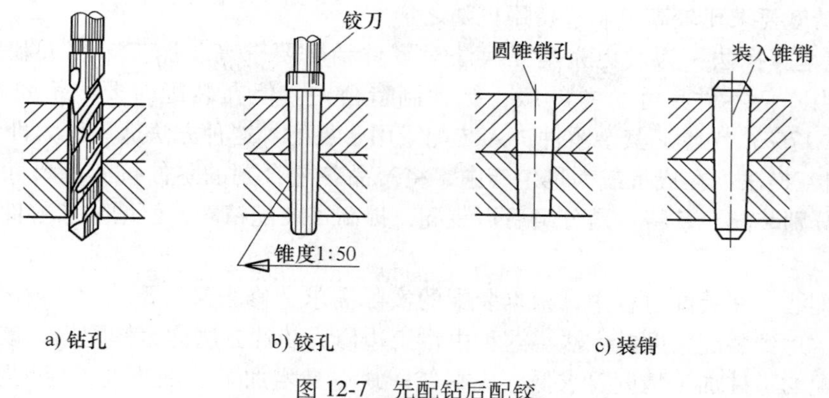

图 12-7　先配钻后配铰

（5）验收和试验　在机械产品装配调整结束后，应根据有关技术标准和规定，对产品进行较全面的检验和试验工作，验收合格的产品才准出厂。

4. 装配精度

在设计机械产品时，根据所设计产品的功能要求确定各有关部件、零件的相对位置精度、相对运动精度。在产品装配时，这些精度才能体现出来，故称为装配精度。

（1）装配精度的种类　产品的装配精度一般包括：零部件之间的距离精度、几何精度和相对运动精度等。

1）距离精度：距离精度是指有关零部件的距离尺寸精度。如车床主轴箱与尾座轴心线的不等高要求，就是主轴箱和尾座两个部件对车床床身部件导轨面之间的距离尺寸精度。距离精度还包括轴与轴承的配合间隙、齿轮啮合中的侧隙等，以及装配中其他应保证的各种间隙。

2）几何精度：装配中的几何精度包括相关零部件之间的平行度、垂直度和各种跳动等。如车床溜板箱部件移动方向对主轴轴心线的平行度、车床主轴锥孔轴心线的径向圆跳动等。

3）相对运动精度：相对运动精度是指相对运动的零部件在运动方向和相对速度上的精度。如车床横刀架在横向移动时对主轴轴心线的垂直度、车床车螺纹时主轴与丝杠的传动比等。

装配精度除上述精度外，还包括锥体配合和导轨副之间的接触精度。

（2）装配精度与零件精度之间的关系　产品的装配精度主要由零部件的加工精度来确定，但是零部件在加工过程中不可避免地会产生误差，这种加工误差对装配精度有着很大影响，因此装配过程不是简单地将有关零部件装配起来的过程，还需要进行必要的检测和调整，有时还需进行修配。

5. 装配方法

为了保证机器的工作性能和精度，在装配中所需的零部件必须达到相互配合的要求。根据产品的结构、生产条件和生产批量的不同，一般有如下三种装配方法。

（1）互换法　互换法可分为完全互换法、不完全互换法和分组互换法三种形式。

1）完全互换法：在装配时，各配合零件不经修配、选择和调整，即可达到装配精度。其特点是装配简单、易于掌握、生产率高、便于组织流水作业、维修时零件互换方便，但对零件的加工精度要求比较高，制造费用也随之加大。

2）不完全互换法：为避免完全互换法对零件精度要求高、加工难度大和成本高的缺点，可以适当降低零件尺寸公差等级，扩大制造公差。但在装配时要将少量超差的零件（概率小于0.17%）剔除，其余零件进入装配线用于装配，这种方法适用于大批量生产。

3）分组互换法：在成批或大量生产中，将产品各配合副的零件按实测尺寸分组，然后按相应的组分别装配。其特点是分组后再装配，提高了装配精度，但增加了零件测量、分组的工作量。

（2）修配法　在装配过程中，根据装配的实际需求，修去某一配合件上的少量预留量，以消除误差、达到装配精度的方法。这种由钳工边修边装的方法称为修配法。该方法的优点是对所需装配的零件加工精度要求低、成本低；缺点是增加了装配难度，延长了装配时间，因此只适用于单件或小批量生产。

如车床前、后顶尖不等高，为保证车床前、后顶尖等高度的装配尺寸链，就是通过刮研尾座的方法达到装配精度的要求。如图12-8所示，要求尺寸加工余量 A_0 为0.04mm（注意：只许尾座高），尾座底板尺寸 A_2 作为补偿环。用刮研法来改变 A_2 的实际尺寸，使之达到装配精度的要求。

（3）调整法　与修配法的原理相似，调整法通过改变零件尺寸大小或相对位置，来消除相关零件在装配过程中形成的累积误差，以达到装配精度的要求。根据调整形式，调整法可分为固定调整法和活动调整法两种。

固定调整法一般调整轴套、垫圈等，如调整左端垫圈（尺寸为 $2.5_{-0.12}^{\ 0}$mm）保证间隙要求，如图12-9所示。

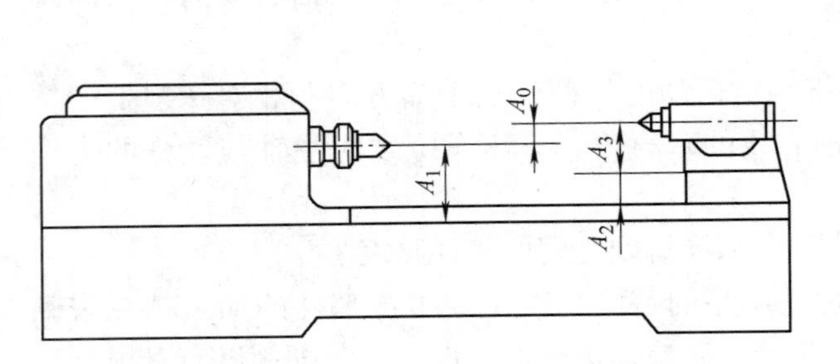

图12-8　保证车床前、后顶尖等高的装配尺寸链

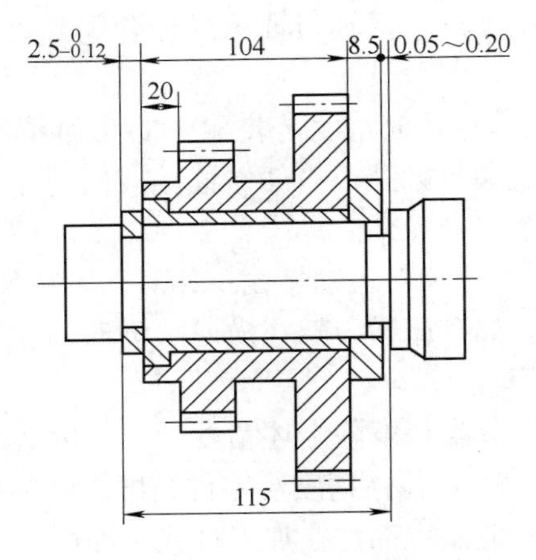

图12-9　固定调整左端垫圈

活动调整法一般调整螺钉、螺母、偏心体和弹性件等），如利用螺钉调整镶条保证配合间隙，调整套筒保证间隙Δ，如图12-10所示。

6. 装配注意事项

1）所有零件必须在检验合格后，才能进行装配。对过盈配合、单配或选配的零件，应在装配前对有关尺寸进行严格的复验，并做好配套标记。

2）注意倒角和消除毛刺，防止划伤手或零件表面受到损伤。

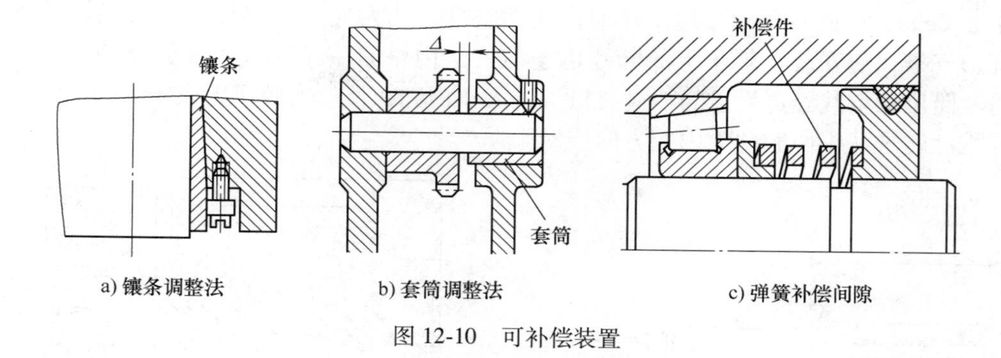

图 12-10　可补偿装置

3）选好清洗液及清洗方法，将零件清洗洁净，精密零件尤应仔细清洗，并注意干燥和防锈。

4）注意机座或机床床身安装的水平状况，防止重力或紧固变形影响总装精度。

5）零部件的装配一般按先下后上、先内后外、先难后易、先精密后一般、先重大后轻小的原则，并根据具体情况考虑先后顺序，使装配和调整工作能顺利进行。

6）要注意运动部件的相互关系，如机床导轨副要配刮或配磨、轴与滑动轴承要有适当间隙、变速和换向机构操纵要灵活等。

7）选定合适的调整垫圈，以便调整或修配到所要求的精度。

8）应安排必要的检验工序，特别在对产品质量和性能有影响的工序之后，一定要安排检验工序，检验合格后的零件、组件或部件才可进入后面的装配工序。

9）重型产品一般在制造厂总装、调试和试运转之后再拆卸运出厂，到使用场地后再装配为整机。为保证现场装配能顺利进行，应对部件装配的质量要求、检验项目及精度标准等予以严格控制。

10）电线、液压管、润滑油管等的安装工序必须合理安排，如电线、液压管、油管须放在一起，若油管泄漏，则易引起火灾。

12.3　气动枪装配实践案例

1. 气动枪关键零部件与结构

该装配案例为气动枪，该气动枪由本体、传动轴部件、气缸部件、气动马达、弹簧、螺钉、销等组成，其实物图如图 12-11 所示。

传动轴部件结构如图 12-12 所示。

为保证装配质量，不能把预装气缸部件直接装入本体内，而应按照总装要求，将零件依次分别装入本体内，如图 12-13 所示。

气动枪中的关键部件是气动马达，其结构如图 12-14 所示，其后盖结构如图 12-15 所示。气动马达是利用压缩气体的膨胀作用把压力能转化为机械能的动力装置。由于气缸内圆中心偏离气缸

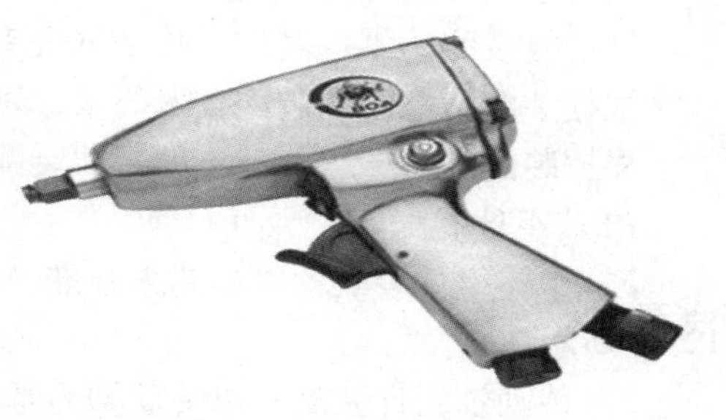

图 12-11　气动枪实物图

外圆中心 2mm，因此在气动马达工作时，压缩空气分为两路，一路压缩空气经过前盖和后盖的环形气槽，使安装在转子上的叶片迅速与气缸内壁紧密接触，将气缸分割成大、小内腔；另一路压缩空气经过后盖的槽进气口，进入小内腔，使小内腔压力大于大内腔压力，于是叶片推动转子从小内腔向大内腔方向旋转。

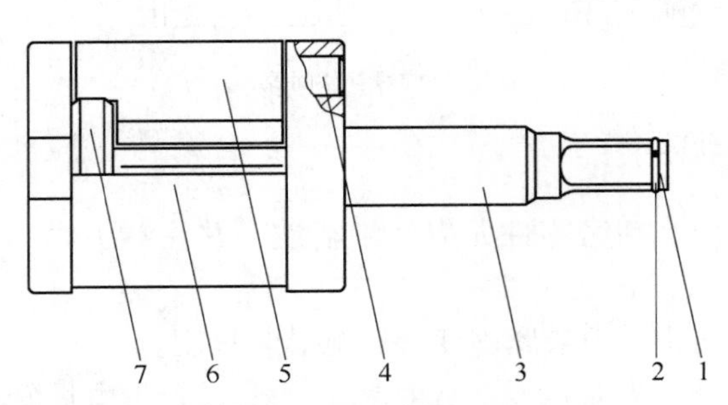

图 12-12　传动轴部件结构

1—O 形密封圈　2—传动轴防脱圈　3—传动轴
4—捶打棒　5—捶打块　6—捶打室　7—凸轮

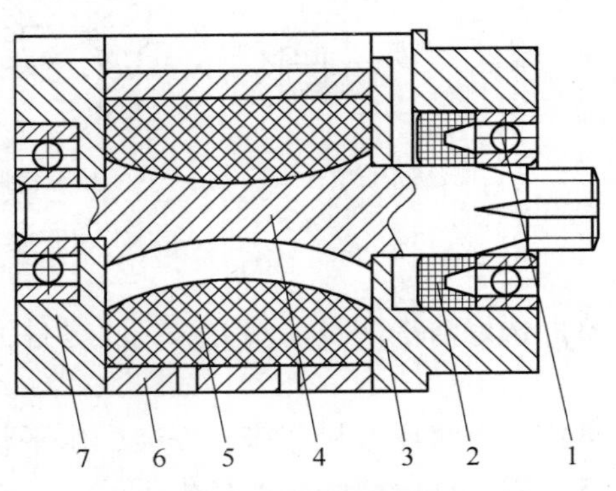

图 12-13　气缸部件

1—轴承　2—骨架油封　3—前盖　4—转子
5—叶片　6—气缸　7—后盖

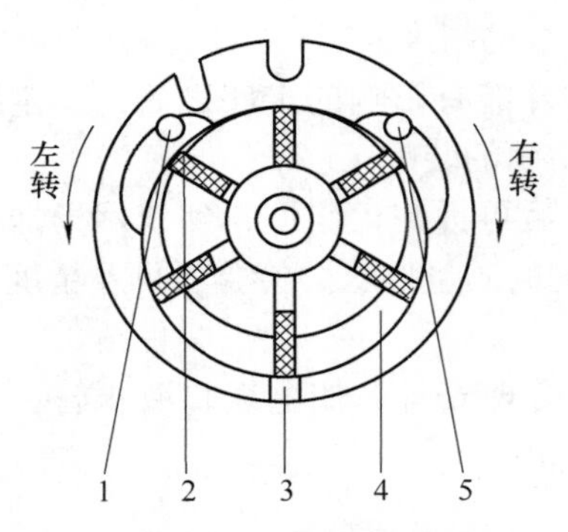

图 12-14　气动马达结构图

1—左进气孔　2—小内腔　3—出气孔
4—大内腔　5—右进气孔

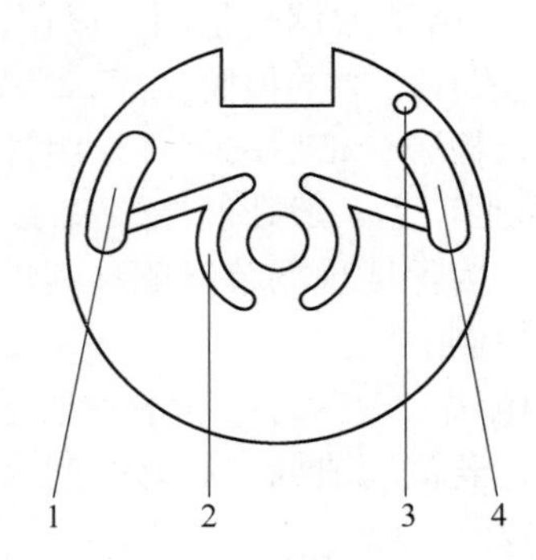

图 12-15　后盖结构图

1—左槽进气口　2—环形气槽
3—定位孔　4—右槽进气口

2. 气动枪装配过程

气动枪装配示意图如图 12-16 所示。

气动枪装配的零件名称及数量见表 12-2。

根据装配示意图和装配技术要求，可制订出气动枪装配工艺卡，见表 12-3。

根据装配工艺卡，气动枪的具体装配过程如下。

（1）组件装配

1）本体组件装配：以本体为基准，将枪管油封、含油轴套装入本体前端内孔中，如图 12-17 所示。

2）传动轴组件装配：以传动轴为基准，将 O 形密封圈、防脱圈装在传动轴外槽上，如图 12-18 所示。

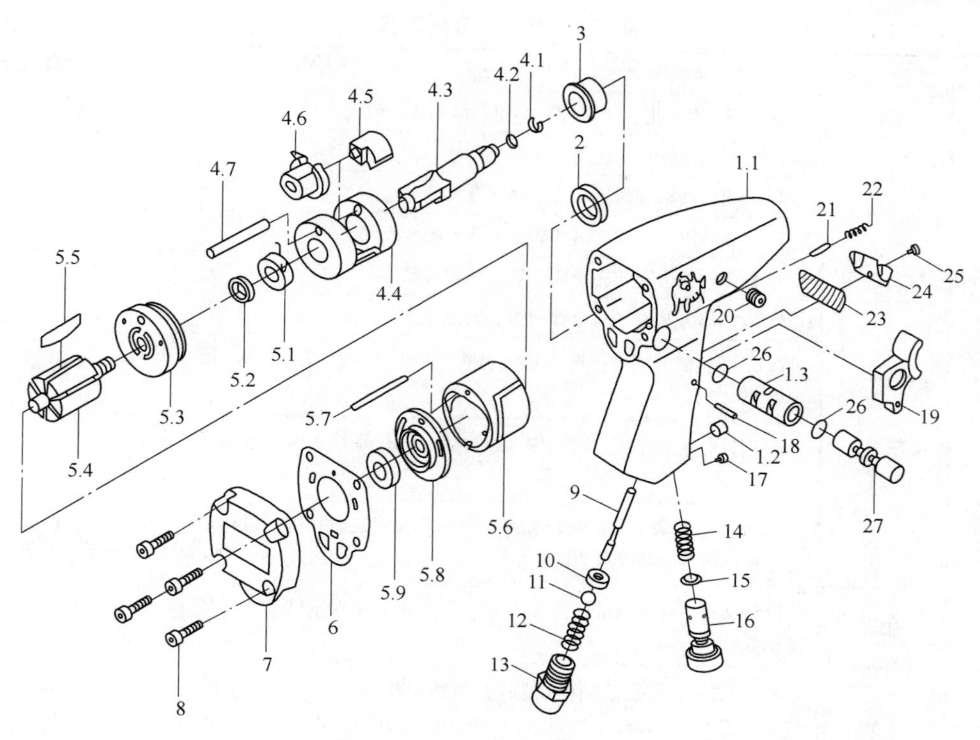

图 12-16　气动枪装配示意图

表 12-2　气动枪装配明细表

项目	零　件　名　称	数量	项目	零　件　名　称	数量
1.1	本体	1	7	封闭盖	1
1.2	铝塞	1	8	内六角头螺钉	4
1.3	铜管	1	9	空气开闭销	1
2	枪管油封	1	10	开闭销套环	1
3	含油轴套	1	11	钢珠	1
4.1	防脱圈	1	12	弹簧	1
4.2	O 形密封圈	1	13	进气接头	1
4.3	传动轴	1	14	弹簧	1
4.4	捶打室	1	15	O 形密封圈	1
4.5	捶打块	1	16	流量调节器	1
4.6	凸轮	1	17	紧定螺钉	1
4.7	捶打棒	1	18	弹簧销	1
5.1	轴承	1	19	扳机	1
5.2	骨架油封	1	20	紧定螺钉	1
5.3	前盖	1	21	止阀销	1
5.4	转子	1	22	弹簧	1
5.5	叶片	6	23	消声盖	1
5.6	气缸	1	24	钢片盖	1
5.7	定位销	1	25	自攻螺钉	1
5.8	后盖	1	26	O 形密封圈	2
5.9	轴承	1	27	旋控器	1
6	密封垫	1			

表 12-3 气动枪装配工艺卡

工序号	工序名称	内容及名称	工具、量具或设备
10	领料	领取装配有关的全部零件，倒角、修毛刺、清洗等	锉刀
20	检测	1. 检测含油轴套外径与本体配合尺寸	千分尺、塞规
		2. 检测含油轴套内孔与传动轴配合尺寸	
		3. 检测轴承外圈与前盖和后盖内孔的配合尺寸	
		4. 检测轴承内圈与转子前、后轴颈配合尺寸	
30	组装	1. 以本体为基准，将枪管油封、含油轴套装入本体前端内孔中	
		2. 以传动轴为基准，将 O 形密封圈、传动轴防脱圈装在传动轴外槽上	专用钳
		3. 以捶打室为基准，将凸轮、捶打块、捶打棒装在捶打室的开档内	
		4. 以前盖为基准，将骨架油封、轴承装入前盖内孔中。以后盖为基准，将轴承装入后盖内孔中	液压机
40	部装	以传动轴组件为基准，将捶打室组件套在传动轴组件上构成传动轴部件	
50	总装	将传动轴部件装入本体前端的含油轴套孔中，再将前盖组件、气缸、转子、叶片（6 片）、定位销、后盖组件，依次装入本体内，然后装上密封垫、封闭盖，最后拧上内六角头螺钉	内六角扳手、弯头钳
60	检验	检查气动枪转动灵活性及轴向窜动	千分表
70	试转	空运转、噪声、振动不得超过规定范围	
80	复验	各项指标应仍在规定范围内（试转后检查零部件是否松动）	

注：拧螺钉时，不得一次将螺钉完全拧紧，要对角拧，必须分几次拧，每次按顺序拧紧到同一程度，直到完全紧固为止。

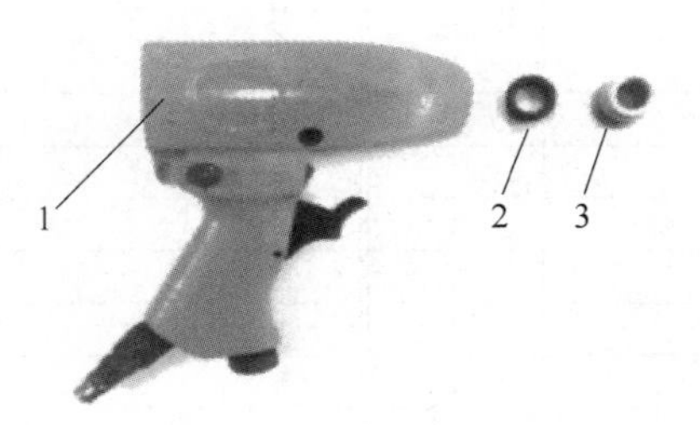

图 12-17 组件装配

1—本体 2—枪管油封 3—含油轴套

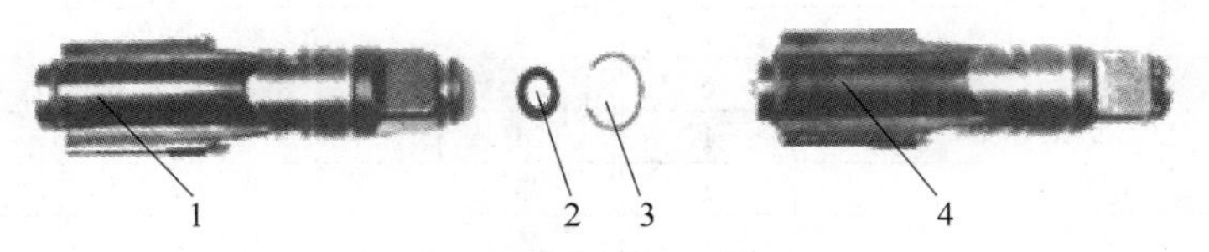

图 12-18 传动轴组件装配

1—传动轴 2—O 形密封圈 3—防脱圈 4—传动轴组件

3）捶打室组件装配：以捶打室为基准，将凸轮、捶打块、捶打棒，装在捶打室的开档内，如图 12-19 所示。

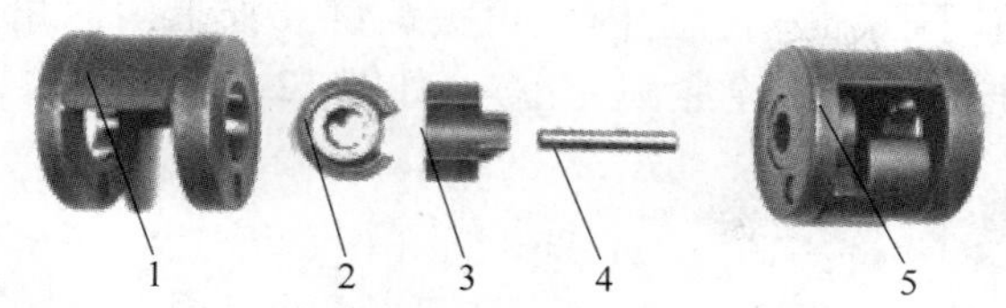

图 12-19　捶打室组件装配

1—捶打室　2—凸轮　3—捶打块　4—捶打棒　5—捶打室组件

4）前盖组件和后盖组件装配：以前盖为基准，将骨架油封、轴承装入前盖内孔中；以后盖为基准，将轴承装入后盖内孔中，如图 12-20 所示。

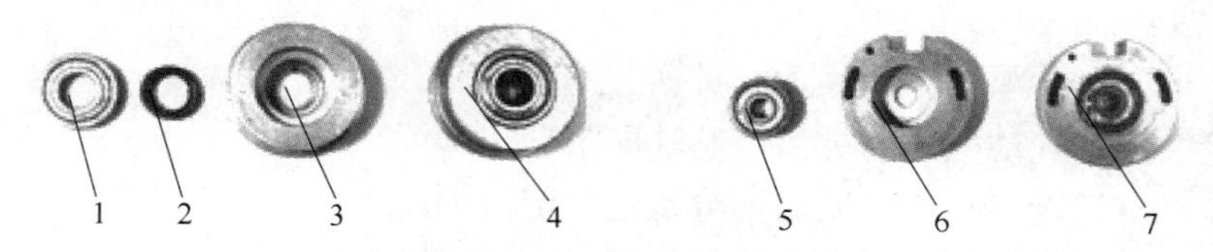

图 12-20　前盖组件和后盖组件

1—轴承　2—骨架油封　3—前盖　4—前盖组件　5—轴承　6—后盖　7—后盖组件

（2）部件装配　部件装配即传动轴部件装配，以传动轴组件为基准，将捶打室组件套在传动轴组件上，传动轴部件如图 12-21 所示。

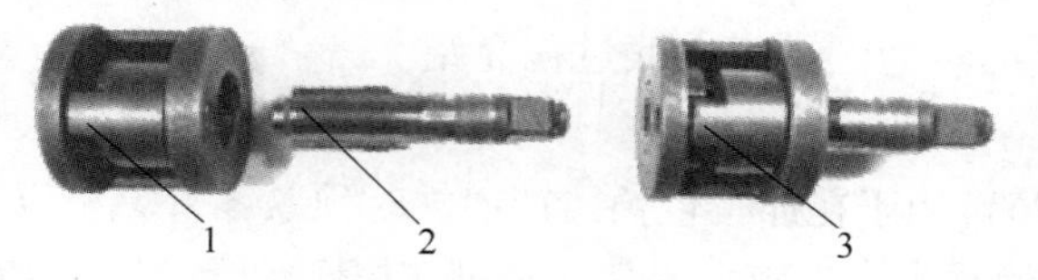

图 12-21　传动轴部件装配

1—捶打室组件　2—传动轴组件　3—传动轴部件

（3）总装装配

1）将传动轴部件装入本体前端的含油轴套孔中，如图 12-22 所示。

2）将前盖组件、定位销、气缸、转子和叶片（6 片），依次装入本体内，如图 12-23 所示。

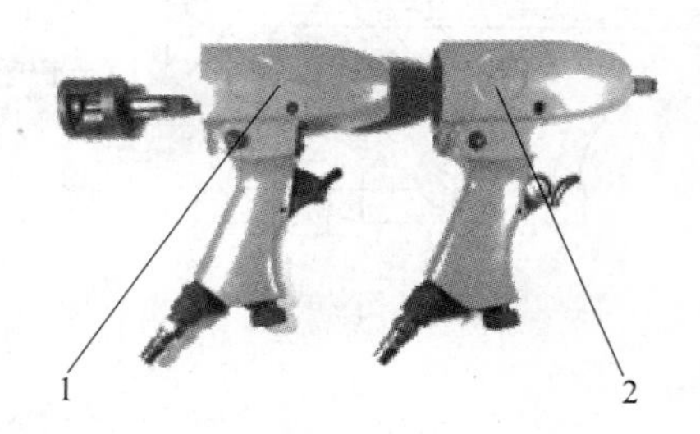

图 12-22　部件装入

1—装配前　2—装配后

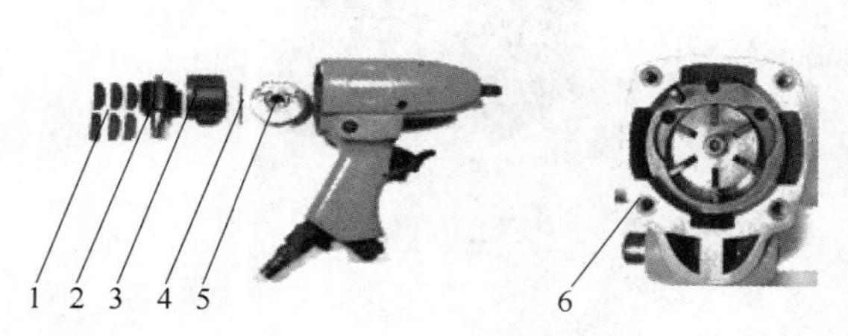

图 12-23　前盖组件、气缸及相关零件装入

1—叶片　2—转子　3—气缸　4—定位销

5—前盖组件　6—装配后

3）将后盖组件的定位孔对准定位销，装入本体后端面，如图 12-24 所示。

4）装上密封垫、封闭盖，最后拧上内六角头螺钉（拧上内六角头螺钉时，要对角拧，不能一次拧紧，分几次拧，直到完全紧固为止），如图 12-25 所示。

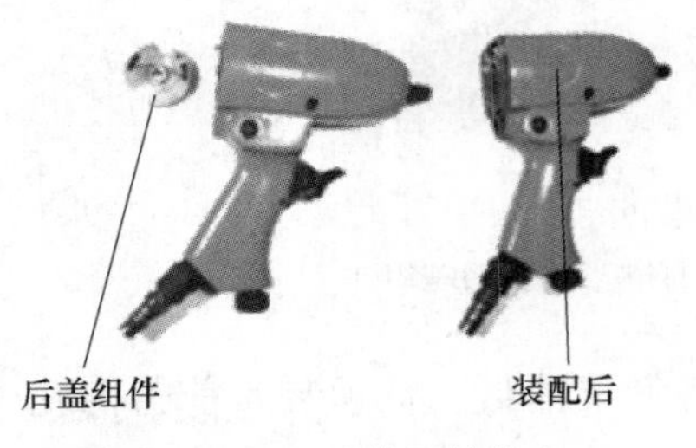

图 12-24　后盖组件装入

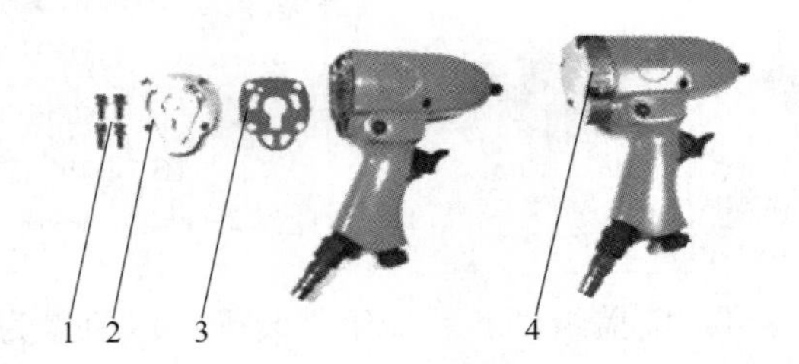

图 12-25　装配过程

1—内六角头螺钉　2—封闭盖　3—密封垫　4—装配后

（4）检验　检查气动枪转动灵活性及轴向窜动。

（5）试转　空运转、噪声、振动不得超过规定范围。

（6）复验　各项指标仍在规定范围内即可。

12.4　车床尾座拆装实践案例

在机器出现故障需要更换零件、进行维修，或者对机器进行保养时，就需要对机器进行拆装。本节以车床尾座拆装为例进行实践过程介绍。

1. 车床尾座结构

车床尾座（图 12-26）用于在加工较长回转零件时顶紧零件。可以在尾座的套筒里插入顶尖，尾座沿导轨移动，使顶尖支撑较长零件，也可在尾座的套筒里装夹钻头、铰刀和丝锥等刀具，实现钻孔、铰孔和攻螺纹等加工。车床尾座由尾座体、套筒、滑键、螺杆、手柄等组成。

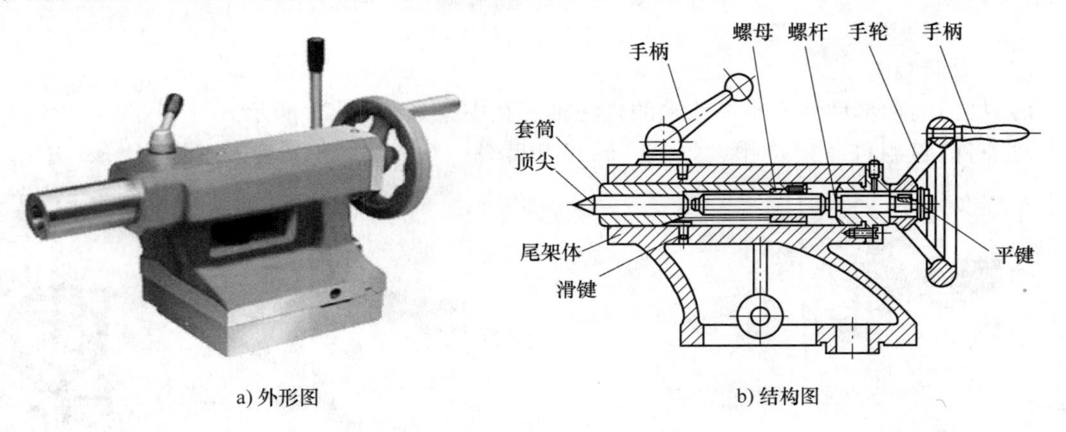

a) 外形图　　b) 结构图

图 12-26　车床尾座

2. 常用拆卸工具和材料

拆装需要使用以下常用工具：内六角扳手、活动扳手、螺钉旋具、铜棒、拉出器、锤子、弹性卡簧钳等，如图12-27所示。要正确掌握专用工具的使用方法。

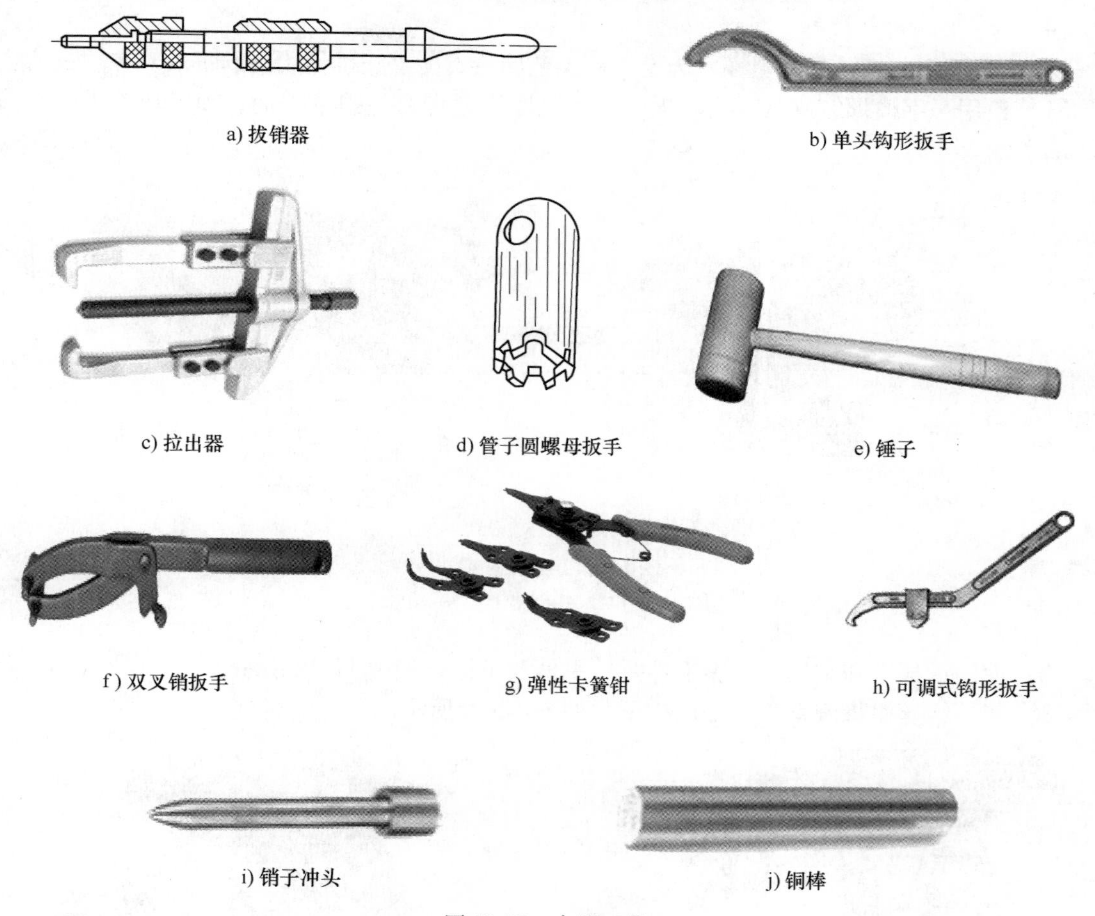

a) 拔销器　b) 单头钩形扳手　c) 拉出器　d) 管子圆螺母扳手　e) 锤子　f) 双叉销扳手　g) 弹性卡簧钳　h) 可调式钩形扳手　i) 销子冲头　j) 铜棒

图12-27　专用工具

清洗车床尾座使用的工具及材料包括：刷子、柴油、机油。

3. 机器拆卸注意事项

1）拆卸前，要先熟悉所拆卸机器设备的图样，防止盲目拆卸、猛敲乱拆，防止造成零件损坏。

2）确定拆卸方法，拆卸按照装配的相反顺序进行，即先装的零件后拆，后装的先拆，可按照先外后内、先上后下的原则，依次进行零部件的拆卸。

3）拆卸零件时，避免用铁锤敲零件，可用铜锤或木锤垫上软材料敲击，拆卸下的零件尽可能放置在软材料上，以防损坏零件。

4）拆下的零件要做好标志（如成套加工或不能互换的零件等），并按照次序摆放整齐，以防装配时装错。

5）对于较小零件，可按原次序临时装回轴上或用钢丝、绳索串联放置，也可以将拆下的零件（如止动螺钉、销等）立即拧上或插入孔中。对丝杠、长轴等较长零件，要用布包好并用绳索将其吊起放置，以防弯曲变形或碰伤。

6）拆卸螺纹连接或锥度配合的零件时，必须分清回旋方向，避免越拧越紧。

7）不可用棉纱清洗，棉纱会粘在零件表面上，影响传动精度。

4. 车床尾座拆卸过程

熟悉所拆卸车床尾座的图样，确定拆卸工艺路线，能够正确使用拆卸工具。

1）使用一字槽螺钉旋具、活动扳手，将尾座锁紧螺钉、锁紧手柄、锁紧块拆下，如图12-28所示。

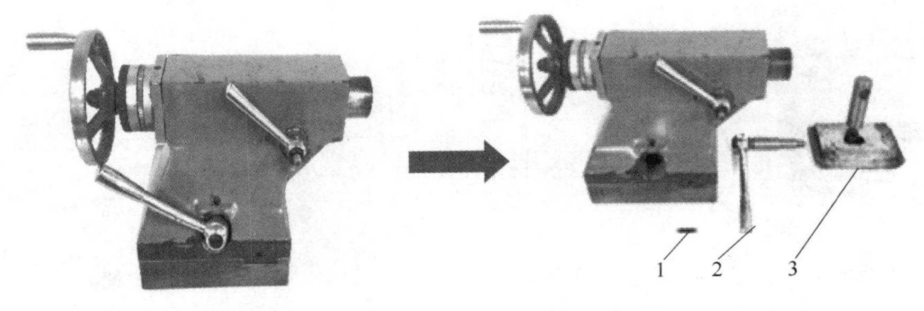

图 12-28 拆卸过程 1

1—锁紧螺钉 2—锁紧手柄 3—锁紧块

2）使用活扳手和钢丝钳，拆下螺帽、手柄及平键，如图12-29所示。

3）使用钢丝钳将刻度盘、平键拆下，如图12-30所示。

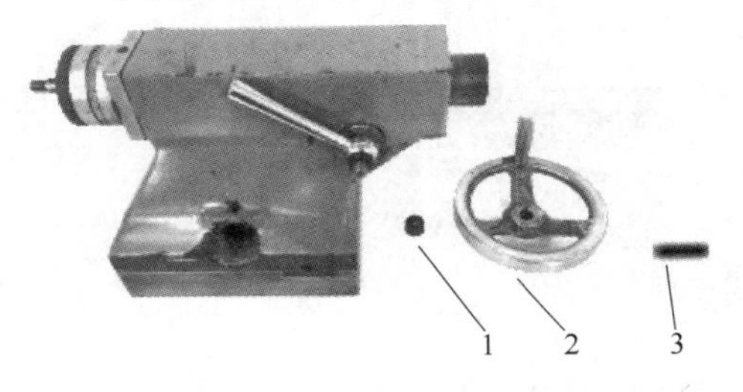

图 12-29 拆卸过程 2

1—螺帽 2—手柄 3—平键

图 12-30 拆卸过程 3

1—刻度盘 2—平键

4）使用内六角扳手卸下内六角头螺钉、后盖，如图12-31所示。

5）手动将螺杆慢慢旋出，如图12-32所示。

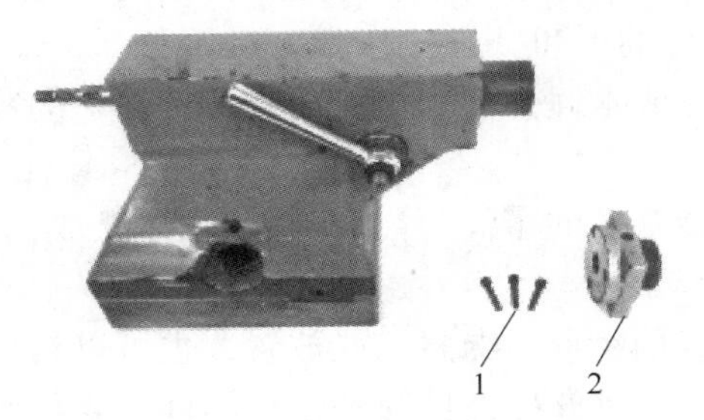

图 12-31 拆卸过程 4

1—内六角头螺钉 2—后盖

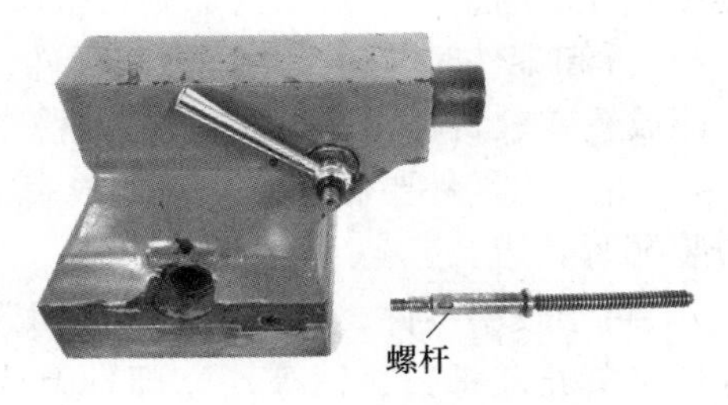

图 12-32 拆卸过程 5

6）使用铜棒、木锤、内六角扳手，将套筒轻轻取出，旋出内六角头螺钉，卸下螺母，如图 12-33 所示。

7）使用尖头钳，将楔铁手柄（锁紧套筒）轻拔出来，取出滑键，如图 12-34 所示。

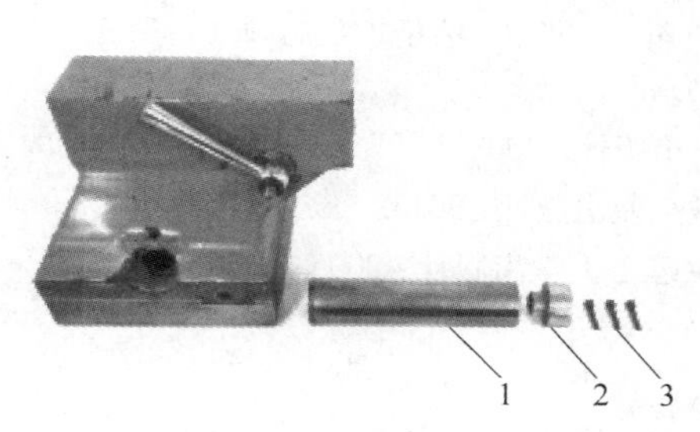

图 12-33　拆卸过程 6
1—套筒　2—螺母　3—内六角螺钉

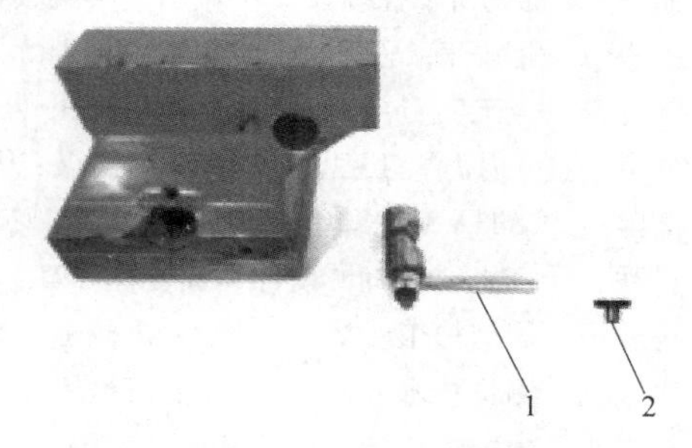

图 12-34　拆卸过程 7
1—楔铁手柄　2—滑键

5. 车床尾座维护过程

1）检查或检测轴承、导轨有无裂痕及磨损等，修复损伤的零部件或更换损坏的零部件。

2）把所有的零件分别放入油池清洗干净，传动部件要上润滑脂。

3）向尾座上面的油眼加油，保持润滑和保养。

6. 车床尾座装配过程

1）检测确定零件达到其要求后，可进入装配过程。

2）根据装配工艺的要求，按照拆卸反顺序将零件依次装配在一起。

3）在装配过程中，调整楔铁、螺杆、螺母等零件的间隙，确保间隙适当。

4）装配好之后，检查活动部位是否灵活，检查是否有遗漏零件没有安装。

5）检测并确定各项装配精度都在规定范围内，即可认为装配结束。

思　考　题

1. 什么叫装配？
2. 装配的一般工艺要求是什么？
3. 验收和试验的应用场合是什么？
4. 装配精度与零件精度之间的关系是什么？
5. 装配的方法有几种？
6. 什么是修配法？

参考文献

[1] 胡庆夕，张海光，徐新诚．机械制造实践教程［M］．2版．北京：科学出版社，2018.
[2] 王志海，舒敬萍，马晋．机械制造工程训练及创新教育［M］．北京：清华大学出版社，2014.
[3] 陈志鹏．金工实习［M］．北京：机械工业出版社，2015.
[4] 刘世平，贝恩海．工程训练［M］．武汉：华中科技大学出版社，2008.
[5] 詹熙达．CATIA V5R20 快速入门教程［M］．北京：机械工业出版社，2013.
[6] 付铁．计算机辅助机械设计实训教程［M］．北京：北京理工大学出版社，2005.
[7] 杨叔子．切削加工［M］．北京：机械工业出版社，2012.
[8] 唐家驹．测量技术［M］．北京：机械工业出版社，1991.
[9] 丘光明．中国古代计量史［M］．合肥：安徽科学技术出版社，2012.
[10] 傅士伟，乐旭东．机械装配与调试［M］．杭州：浙江大学出版社，2015.
[11] 鞠鲁粤．工程材料与成形技术基础［M］．3版．北京：高等教育出版社，2015.
[12] 鞠鲁粤．机械制造基础［M］．6版．上海：上海交通大学出版社，2014.
[13] 鞠鲁粤．金工实习报告［M］．2版．上海：上海交通大学出版社，2011.
[14] 高琪．金工实习教程［M］．北京：机械工业出版社，2012.
[15] 孙晓旭．金属材料与热处理知识［M］．北京：机械工业出版社，2008.
[16] 崔忠圻，刘北兴．金属学与热处理原理［M］．3版．哈尔滨：哈尔滨工业大学出版社，2018.
[17] 侯旭明．热处理原理与工艺［M］．2版．北京：机械工业出版社，2018.
[18] 王顺兴．金属热处理原理与工艺［M］．2版．哈尔滨：哈尔滨工业大学出版社，2019.
[19] 徐斌．热处理设备［M］．2版．北京：机械工业出版社，2020.
[20] 李魁盛．典型铸件工艺设计实例［M］．北京：机械工业出版社，2008.
[21] 中国机械工程学会铸造分会．铸造手册［M］．北京：机械工业出版社，2011.
[22] 谢应良．典型铸铁件铸造实践［M］．北京：机械工业出版社，2014.
[23] 历恩平，谢应良．铸铁用 DS-1 砂的研究［J］．铸造，1989（4）：10-15.
[24] 王世刚，王雪峰．工程训练与创新实践［M］．北京：机械工业出版社，2014.
[25] 刘云龙．焊工：初级［M］．2版．北京：机械工业出版社，2014.
[26] 石勇博．图解电焊工入门［M］．北京：化学工业出版社，2014.
[27] 洪松涛．焊工工艺学［M］．5版．北京：机械工业出版社，2013.
[28] 乌日根．金属材料焊接工艺［M］．北京：机械工业出版社，2019.
[29] 王洪光．实用焊接工艺手册［M］．2版．北京：化学工业出版社，2017.
[30] 孙德茂．数控机床车削加工直接编程技术［M］．北京：机械工业出版社，2005.
[31] 宋昭祥．机械制造基础［M］．3版．北京：机械工业出版社，2019.
[32] 孙永吉．机械制造工程训练全程指导［M］．北京：电子工业出版社，2015.
[33] 刘春玲，程美玲．数控车床操作入门［M］．合肥：安徽科学技术出版社，2013.
[34] 张维纪．金属切削原理及刀具［M］．3版．杭州：浙江大学出版社，2013.
[35] 魏杰．数控机床结构［M］．北京：化学工业出版社，2009.
[36] 王睿鹏．数控机床编程与操作［M］．北京：机械工业出版社，2009.
[37] 申如意．特种加工技术［M］．北京：中国劳动社会保障出版社，2014.
[38] 刘晋春．特种加工实验教程［M］．北京：机械工业出版社，2014.
[39] 张学仁．数控电火花线切割加工技术［M］．哈尔滨：哈尔滨工业大学出版社，2004.

[40] 周旭光．特种加工技术［M］．3版．西安：西安电子科技大学出版社，2017.
[41] 韩鸿鸾．数控加工工艺学［M］．2版．北京：中国劳动社会保障出版社，2005.
[42] 周旭光，佟玉斌，卢登星．线切割及电火花编程与操作实训教程［M］．北京：清华大学出版社，2006.
[43] 黎震．先进制造技术［M］．北京：北京理工大学出版社，2009.
[44] 周炳琨，高以智，陈倜嵘，等．激光原理［M］．7版．北京：国防工业出版社，2014.
[45] 李建新，王绍理．激光加工工艺与设备［M］．武汉：湖北科学技术出版社，2008.
[46] 郑启光，邵丹．激光加工工艺与设备［M］．北京：机械工业出版社，2010.
[47] 曹凤国．激光加工［M］．北京：化学工业出版社，2015.
[48] 邓守峰，李福运．激光加工原理与工艺［M］．北京：北京航空航天大学出版社，2019
[49] 胡庆夕，林柳兰，吴镝．快速成形与快速模具实践教程［M］．北京：高等教育出版社，2011.
[50] 王运赣．3D打印技术［M］．武汉：华中科技大学出版社，2014.
[51] 杨振国，李华雄，王晖．3D打印实训指导［M］．武汉：华中科技大学出版社，2019.
[52] 胡庆夕，韩琳楠，徐新诚．3D打印与快速模具实践教程［M］．北京：科学出版社，2017.
[53] 王继武．3D打印技术概论［M］．北京：中国劳动社会保障出版社，2019.
[54] 张海光，胡庆夕．现代精密测量实践教程［M］．北京：清华大学出版社，2014.
[55] 邬建中．测量技术基础与训练［M］．北京：高等教育出版社，2007.
[56] 朱士忠．精密测量技术基础［M］．北京：电子工业出版社，2008.
[57] 顾小玲．量具、量仪与测量技术［M］．北京：机械工业出版社，2009.
[58] 范家柱．零件测量与质量控制技术［M］．北京：清华大学出版社，2009.
[59] 杜继清．钳工［M］．北京：人民邮电出版社，2009.
[60] 人力资源和社会保障部教材办公室．钳工：初级、中级、高级［M］．2版．北京：中国劳动社会保障出版社，2014.
[61] 钟翔山．图解钳工入门与提高［M］．北京：化学工业出版社，2015.
[62] 陈刚，刘新灵．钳工基础［M］．北京：化学工业出版社，2014.
[63] 朱小琴．装配钳工实训：初级模块［M］．北京：中国劳动社会保障出版社，2016.
[64] 田大勇．装配钳工实训指导［M］．北京：化学工业出版社，2015.
[65] 吴余生．机修钳工：中级［M］．北京：机械工业出版社，2012.
[66] 胡家富．钳工：高级［M］．北京：机械工业出版社，2012.
[67] 徐洪义．装配钳工：高级［M］．北京：中国劳动社会保障出版社，2008.